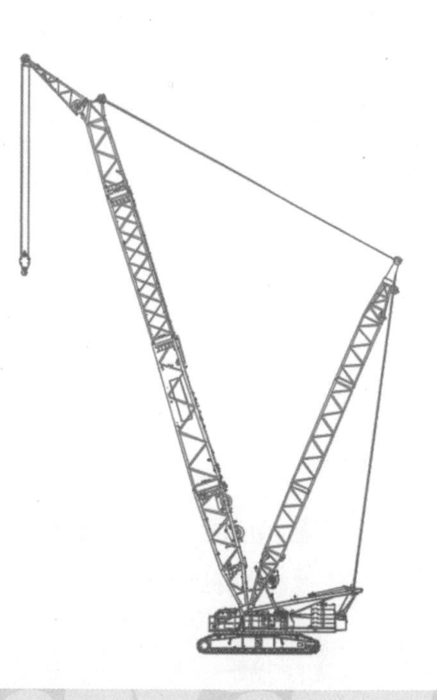

履带起重机

实用培训教材

中国电力建设企业协会　组编

中国电力出版社
CHINA ELECTRIC POWER PRESS

内 容 提 要

本书介绍了履带起重机的构造和工作原理，以及近些年的最新发展，重点介绍了液压和电气控制系统，并结合典型机构、典型部件进行了系统的阐述，还对履带起重机的安全保护装置、典型工况、接地比压的计算进行了详细的介绍。另外，对履带起重机常见的故障及排除方法、典型事故案例和日常使用过程中需要注意的要点，以及国家对履带式起重机的监管要求进行了介绍。本书内容翔实、图文并茂，通俗易懂，具有较强的系统性和实用性。

本书由履带起重机设计制造及使用单位的技术人员及专家根据多年工作经验编著而成，具有很强的针对性，可作为设备管理、维修、操作人员的培训教材使用，也可为设计、采购以及广大工程技术人员提供参考。

图书在版编目（CIP）数据

履带起重机实用培训教材/中国电力建设企业协会组编．—北京：中国电力出版社，2019.5
ISBN 978-7-5198-3147-9

Ⅰ.①履… Ⅱ.①中… Ⅲ.①履带起重机—技术培训—教材 Ⅳ.①TH213.7

中国版本图书馆 CIP 数据核字（2019）第 085164 号

出版发行：中国电力出版社
地　　址：北京市东城区北京站西街 19 号（邮政编码 100005）
网　　址：http：//www.cepp.sgcc.com.cn
责任编辑：郑艳蓉　韩世韬
责任校对：黄　蓓　马　宁
装帧设计：郝晓燕
责任印制：吴　迪

印　　刷：北京天宇星印刷厂
版　　次：2019 年 11 月第一版
印　　次：2019 年 11 月北京第一次印刷
开　　本：787 毫米×1092 毫米　16 开本
印　　张：14.5
字　　数：362 千字
定　　价：68.00 元

本书编委会

序

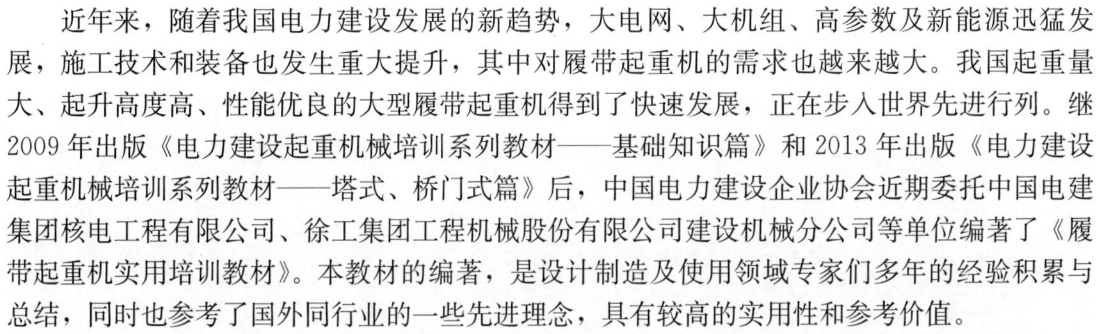

近年来，随着我国电力建设发展的新趋势，大电网、大机组、高参数及新能源迅猛发展，施工技术和装备也发生重大提升，其中对履带起重机的需求也越来越大。我国起重量大、起升高度高、性能优良的大型履带起重机得到了快速发展，正在步入世界先进行列。继2009年出版《电力建设起重机械培训系列教材——基础知识篇》和2013年出版《电力建设起重机械培训系列教材——塔式、桥门式篇》后，中国电力建设企业协会近期委托中国电建集团核电工程有限公司、徐工集团工程机械股份有限公司建设机械分公司等单位编著了《履带起重机实用培训教材》。本教材的编著，是设计制造及使用领域专家们多年的经验积累与总结，同时也参考了国外同行业的一些先进理念，具有较高的实用性和参考价值。

本教材不仅对履带起重机构造原理及最新发展等重点内容进行了阐述，还对履带起重机常见的故障及排除方法、典型事故案例和日常使用过程中需要注意的要点进行了介绍，内容翔实，图文并茂。

本教材的出版，旨在为电力建设企业的起重机械尤其是履带起重机技术人员、管理人员及操作人员提供一本培训教材，使得以上人员能够全面、系统地掌握履带起重机的结构、性能尤其是安全管理的核心技术及要点，使履带起重机在使用中发挥出最大效能，从而为电力建设工程安全、优质、高效地完成吊装作业发挥应有的作用。感谢组织者、编著者付出的辛勤劳动！

2019年9月10日

前　言

21世纪以来，经济全球化趋势和现代科学技术的加速发展，有力地促进了我国经济和科学技术的发展。随着建筑项目向大型化发展及风电、核电等新能源项目建设的快速推进，履带起重机迎来了前所未有的发展机遇。目前我国超大履带起重机的研发及总产量已居世界前列。作为特种设备的履带起重机，其安全使用历来备受关注。电力建设所用起重机械种类繁多，复杂程度高，起重力矩和起升高度大，居各行业之首，履带起重机便是其中之一。

随着市场的发展，履带起重机在生产和技术上也有了长足的进步，越来越多的新材料、新工艺、新技术被应用在履带起重机行业。在设计计算方面，近些年多采用了线性、非线性计算和有限元分析同步验证；在材料应用方面，高强度钢的出现大大减小了整机的外形尺寸和重量；在制造工艺方面，新的镀层工艺使磨损件的表面更加坚固耐磨，例如焦美特、达克罗、QPQ等工艺；超大吨位起重机多采用了整体及部件快速拆卸设计，保证了最大运输尺寸和重量不超限制；在控制方面，电控发动机的极限功率调节已逐渐成为系统标配；速度回馈手柄给了操作员更好的操作手感；精确的电比例控制阀已被广泛应用；负载传感技术也大大降低了整机的功率损失；双钩同步、远程遥控拆卸等技术使起重机的操作更加方便、安全。同时，作为特种作业设备，国家近几年出台并不断修订更新了一系列的标准及规范，如GB/T 14560—2016《履带起重机》、GB/T 28264—2017《起重机械　安全监控管理系统》、GB 6067.1—2010《起重机械安全规程　第1部分：总则》及GB/T 23723.1—2009《起重机　安全使用　第1部分：总则》、GB/T 31052.1—2014《起重机械　检查与维护规程　第1部分：总则》等，以加强履带起重机全生命周期的安全管理。

履带起重机一般在施工环境恶劣、作业工况复杂的条件下作业，其复杂机构和高危作业环境决定了其管理、操作、使用、维修等人员必须经过专业训练，不仅要具备较高的专业知识，而且还要具备较高的思想素质。本书系统地介绍了履带起重机的构造和工作原理，重点介绍了液压和电气控制系统，并结合典型机构、典型部件进行系统的阐述，还对履带起重机的安全保护装置、接地比压计算、超起工况进行了详细的描述。另外，本书对履带起重机日常使用过程中需要注意的要点和常见的故障、排除方法，以及国家对履带起重机的监管要求也进行了介绍。

本书由履带起重机设计制造及使用单位的技术人员及专家根据多年工作经验编著而成，具有很强的针对性和实用性，可作为设备管理、维修、操作人员的培训教材使用，也可为设计、采购以及广大工程技术人员提供参考。

由于作者专业水平、工作经验所限，本书疏漏和不妥之处在所难免，望读者和同行批评指正。

编　者

目　录

第一章 履带起重机概述

第一节 履带起重机发展历程

履带起重机由于具有起重量大、可带载行走、接地比压小、作业灵活等优势，一直是工程吊装施工中重要的起重机械。在欧、美等发达国家，工程起重机械中履带起重机的市场占有比例一般在8%～10%，日本则高达15%，而国内履带起重机的占有比例较低，约6%。随着国内外市场需求的增长，履带起重机在近几年取得了长足发展。

国外最早的履带起重机是20世纪20年代由欧洲Coles家族L. M. S制造的内燃机动力履带起重机（见图1-1）和美国挖掘机制造公司Bay City生产的履带起重机（最大载荷1.8t，基本臂长度为7.5m，4.5m木制加长臂，见图1-2）；马尼托瓦克起重机公司于1925年制造出第一台工厂自用的桁架臂履带起重机（见图1-3）。

图1-1 内燃机动力履带式起重机

图1-2 Bay City生产的履带式起重机

图1-3 桁架臂履带式起重机

国外主要生产履带起重机的公司多集中在德、美、日三国，这些公司的共同特点是生产规模大，都形成了系列产品。具有代表性的主要有特雷克斯-德马格、利勃海尔、马尼托瓦克、神钢等。它们的系列产品型谱较完善，市场占有率较高。

德国在工程机械领域，拥有深厚的历史积淀和强大的研发实力，创造了极其辉煌的成就。特雷克斯-德马格是欧洲老牌工程机械企业，拥有近200年历史，以其无与伦比的品质享誉世界。其履带起重机产品系列型谱较全，产品系列能够满足工程吊装的所有领域。特雷克斯-德马格CC系列履带起重机型谱见表1-1，已投入市场的CC8800-1 TWIN(3200t) 由2台CC8800-1(1600t) 组成，其最大起重力矩43 900t·m，最大起重能力3200t×12m运输最大宽度为3.5m，单件运输最大重量为60t。

表1-1　　特雷克斯-德马格CC系列履带起重机型谱

型号	最大起重能力	型号	最大起重能力
CC200	50t×3.7m	CC2500-1	500t×9m
CC280-1	80t×3.5m	CC2800-1	600t×9m
CC400	100t×4m	CC5800	1000t×8m
CC1800-1	300t×5m	CC6800	1250t×12m
CC2000-1	300t×6.5m	CC8800-1	1600t×12m
CC2200	350t×6m	CC8800-1 TWIN	3200t×12m

利勃海尔集团也是德国重型机械制造商之一，1949年由汉斯·利勃海尔创立于德国南部小镇基希多夫。经过多年的发展和积淀，利勃海尔履带起重机产品系列型谱较全，产品系列能够满足工程吊装的所有领域。利勃海尔集团在履带起重机设计制造过程中，创新能力很强，近年来其创新型的p型臂架系统值得关注。利勃海尔LR系列履带起重机型谱见表1-2，LR系列履带起重机整体上代表了国际先进水平，采用LICCON控制系统安全可靠。大吨位产品上安装了全球卫星定位通信系统，可对产品进行实时监控。

表1-2　　利勃海尔LR系列履带起重机型谱

型号	最大起重能力	型号	最大起重能力
LR1130	137.2t×3.5m	LR1600/2	600t×5.5m
LR1160	160t×3.7m	LR1750	750t×7m
LR1200	220t×4.1m	LR1800	800t×12m
LR1280	280t×4.3m	LR11200	1000t×12m
LR1350/1	350t×6m	LR11350	1350t×12m
LR1400/2-W	400t×4.5m	LR130000	3000t×16m

美国马尼托瓦克起重机公司，创建于1902年，位于美国威斯康星州马尼托瓦市，目前是世界最大的移动起重机制造商之一。2002年，将著名的全地面起重机制造商——格鲁夫收入囊中。其履带起重机产品系列型谱较全，能满足工程吊装的所有领域。马尼托瓦克履带起重机型谱见表1-3，马尼托瓦克产品在一定程度上体现了不拘形式的设计风格，21000型号的下车有4组8条履带，31000型号（2300t）产品具有可变位配重装置（Variable Position Counterweight)，可以在吊装过程中自动展开。

表 1-3　　马尼托瓦克履带起重机型谱

型号	最大起重能力	型号	最大起重能力
10000	90t×3.1m	1500	250t×4.6m
11000	91t×4.3m	2250	272t×5.5m
12000	110t×3.6m	16000	400t×6.4m
1015	120t×4.3m	18000	600t×7.3m
555	136t×4.6m	18000（超起）	750t×8.5m
777	181t×4m	21000	907t×8.5m
999	250t×4.6m	31000	2300t×12.5m

美国兰普森公司是著名的起重运输设备租赁公司，该公司设备一般都涂以蓝色，因此绰号“BIG BLUE”。2007 年 8 月 23 日，广东三门核电与美国兰普森公司在杭州签署 LTL-2600B 型履带式起重机合同。该机起重力矩高达 8 万 t·m，主臂长 65～146m，副臂长 49～73m，最大起重量为 2358.2t。

日本履带式起重机起步于 20 世纪 50、60 年代，以机械传动为主，70 年代开始迅速发展，传动以液压为主。日本的履带式起重机生产厂家，主要有神钢、日立住友和石川岛公司。神钢履带起重机型谱见表 1-4，主要有针对亚洲市场的 7000 系列和针对欧美市场的 CKE 系列。目前已投入市场的最大吨位产品为 SL13000(800t)。

表 1-4　　神钢履带起重机型谱

型号	最大起重能力	型号	最大起重能力
7070	70t×4m	CKE1350	135t×4.5m
7080	80t×4m	CKE1800	180t×3.75m
7120	120t×5m	CKE2000	200t×5m
7200	200t×4.5m	CKE2500	250t×4m
7300	300t×5m	CKE4000	400t×5m
7800	750t×5.6m	SL6000	550t×8.3m
CKE900	90t×3m	SL13000	800t×14m

日本企业生产的履带起重机，主要以 300t 以下为主，注重产品的精细化和系列化，以性价比取胜，比较适合发展中国家的市场需求。

我国目前是世界最大的起重机市场，但我国发展起重机的历史较短。2003 年之前，150t 以上的履带起重机全部为进口产品。

20 世纪 80 年代初期，随着改革开放，国内开始大规模基础设施建设，但急需的液压履带式起重机，仍然要高价从国外进口。为此国家采取以市场换技术的方式，分别从日本和德国引进中小吨位履带起重机生产技术。随着中国经济崛起，电力、石化、钢铁、交通基础设施进入建设高潮。国内履带式起重机市场快速膨胀。有实力的企业全力加大了对履带起重机的研发投入，抚顺挖掘机制造有限责任公司先后推出了 50t 级到 1000t 级履带起重机，徐工机械建设机械分公司先后推出了 35t 到 4000t 级履带起重机。三一科技有限公司先后推出 50t 级到 3600t 履带起重机。中联重科公司先后推出 50t 级到 3200t 履带起重机。至此，国内履带起重机已有 35t 级到 4000t 级十几个型号，形成了较为全面的产品型谱。中国履带起重机行业，用 5 年时间实现了整体式跨越。被国外企业占领的中小吨位履带起重机市场，已经逐步被国内企业收复。大型履带起重机市场，也越来越多地出现了国产品牌，形成与欧美企业分庭抗礼的局面。

根据国内外履带起重机的发展现状，未来履带起重机发展趋势如下：

1. 安全设计与安全控制策略

随着全球经济的持续发展，世界上超大型履带起重机不断突破，大型吊装记录不断刷新。伴随着千吨级以上大型物件的一次吊装施工作业，重物的单笔吊装价值越来越大，作为特种设备的履带起重机的安全设计及安全控制必将成为未来履带起重机发展的重中之重，智能化操作控制系统、远程故障诊断、实时监控等将会成为产品的标准配置。

2. 向超大吨位发展

随着电力、石油化工、造船、工程建筑等行业的蓬勃发展，工程建设规模越来越大，施工周期越来越短。为了提高工程建设的施工质量和施工效率，施工单位摸索出了以空间换时间的新型作业模式，对超大型起重设备的需求越来越多。吊装设备的大型化、重型化、专业化也体现了广阔的市场前景。同时，超大吨位履带起重机的研制也必将极大的拉动材料、制造、电气等专业技术的发展。履带起重机持续向超大吨位发展必将引起两点质的飞跃，一是超起工况将成为履带起重机的标准工况，超起原理及超起装置的完善及技术突破将成为产品研发的重点；二是新型结构设计将成为产品设计的核心。

3. 严格的单件运输成本控制成为必然

面对全球化的国际市场，单件运输尺寸及运输重量稍有超差，即会带来运输成本成倍的增加，因此严格控制最大单件运输重量与运输尺寸，是打造国际化产品的必然要求。新材料、新工艺、新设计方法及新型结构等将得到越来越充分的应用。

4. 打造专用和多功能的变型产品

面对越来越成熟的市场和差异化细分的客户需求，具有领先意识的企业越来越重视打造专用的履带起重机变型产品，加快技术更新以巩固行业地位。利勃海尔的 LR1400/2-W 和特雷克斯 德马格的 CC2800-1NT 即为针对风电市场开发的专用起重机。同时，强夯起重机，多功能履带起重机的开发，也极大拓宽了履带起重机的使用范围。

5. 模块化、系列化、人性化

随着履带起重机核心技术和专业技术的日趋成熟，具备完善的产品系列型谱的专业生产厂家越来越多。面对竞争激烈的国际市场，实现产品模块化、系列化开发，提高通用化与模块化程度，重视人性化与人机工程学，降低成本，提高产品竞争力，是产品持久生存的立足之本。

第二节　履带起重机整机介绍

履带起重机是将起重作业部分装在履带底盘上，能实现 360°带载回转，行走依靠履带装置的流动式起重机。

履带起重机可进行物料起重、运输、装卸和安装等作业。履带起重机具有起重能力强、接地比压小、转弯半径小、爬坡能力大、作业时不需支腿、带载行驶、作业稳定性好以及桁架式起重臂可自由组合更换等优点，在电力、市政、桥梁、石油化工、水利水电等行业广泛应用。整机结构如图 1-4 所示。

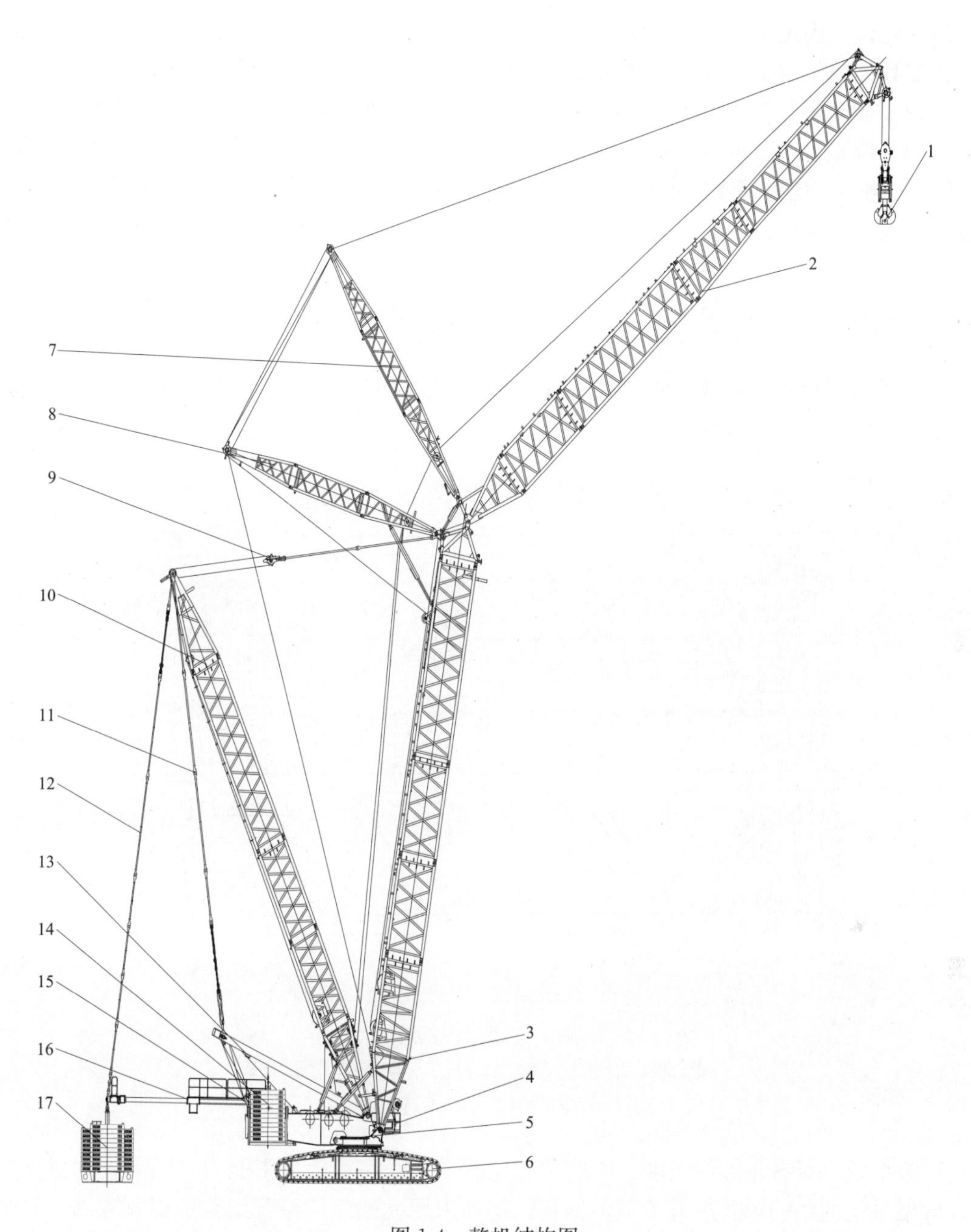

图 1-4　整机结构图

1—吊钩；2—变幅副臂；3—主臂；4—操纵室；5—转台；6—履带梁；7—变幅副臂动撑臂；
8—变幅副臂定撑臂；9—超起变幅滑轮组；10—超起桅杆；11—桅杆与超起桅杆间拉板；
12—超起配重悬挂拉板；13—桅杆；14—转台配重；15—主变幅滑轮组；
16—超起平衡重推移装置；17—超起配重

一、臂架系统

臂架系统是履带起重机中的重要系统之一，根据工况不同，可包含主臂、变幅副臂、桅杆、超起桅杆、固定副臂、专用副臂、风电鹅头臂等多种臂架组合，每种臂架具有各自的特点，依据具体的吊装工况选择合适的臂架组合完成吊装任务。

臂架一般为多节臂节组成，目前臂架大多运用中间等截面、两端变截面的空间桁架式抗扭曲结构。调整臂节数后可改变臂架长度，臂架下端通过销轴连接至转台前部，顶端与拉板（或拉索）连接，拉板（或拉索）连接桅杆或通过变幅钢丝绳滑轮组连接超起桅杆，通过变幅卷扬收放钢丝绳可以改变臂架系统的倾角及幅度。通过起升卷扬收放钢丝绳可以改变物料的高度。

臂节是臂架系统的组成单元。臂节是由接头、主弦管、腹管、拉板托架、走台板等组成，如图 1-5 所示。臂节是臂架系统最基本的承力单元，主弦管是臂节中主要承力件之一，主弦管是否损坏直接影响臂架的承载能力。如果主弦管有严重损伤，在额定吊载下可能使整个臂架系统弯折而出现事故。

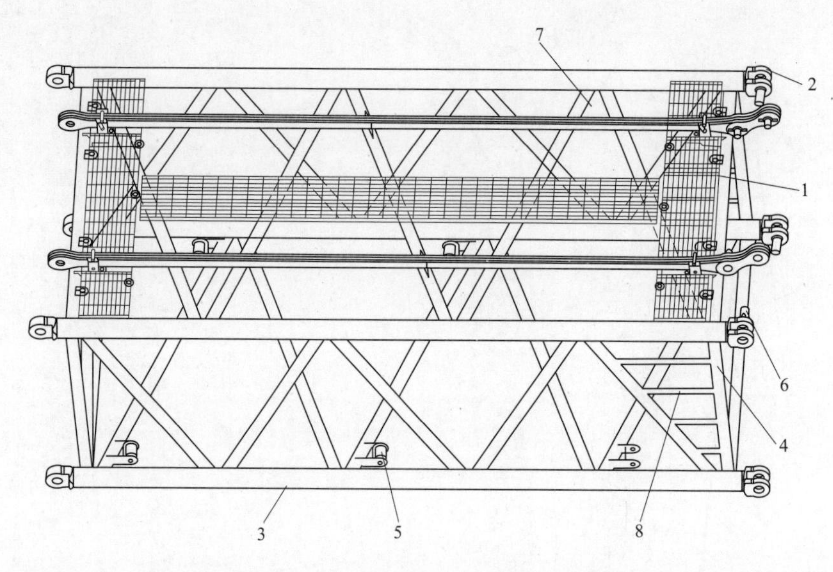

图 1-5　臂架中间节

1—走台板；2—接头；3—主弦管；4—腹管；5—套装托架；
6—连接销轴；7—拉板；8—爬梯

臂架系统要具有足够的强度、刚度和稳定性。为提高臂架吊重能力，随着技术进步和发展，臂架系统的结构形式进行了很多创新，例如采用大截面薄厚臂组合的臂架系统、P 型臂系统、组装臂系统等，以调整臂架系统重量并增加其承载能力。

二、转台

转台是履带起重机中关键的部件，上边连接整个臂架系统，下边将整个臂架系统的受力通过转台传递给车架，车架将力传递给履带梁，如图 1-6 所示。

转台是整个液压、电气、动力单元、机构的核心承载体。转台依据起重机吨位的不同，其内部的布置有差别，但主要包括发动机、液压油路、电气控制系统、机构等，是履带起重机的核心部件之一。

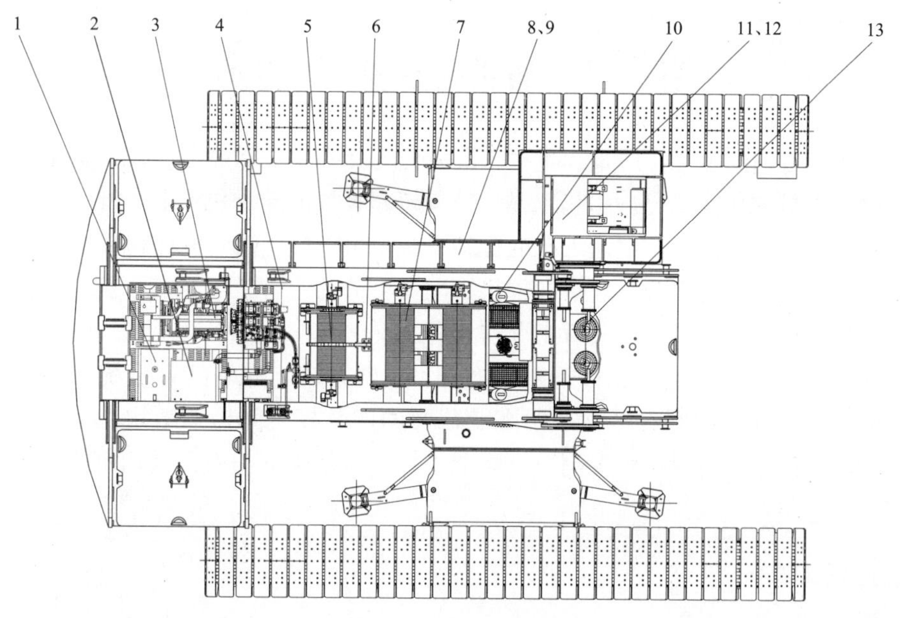

图 1-6　转台组成图

1—燃油箱；2—液压油箱；3—发动机；4—油泵；5—变幅机构；6—棘爪锁止机构；7—起升机构；8—左走台；9—扶手；10—桅杆顶伸机构；11—操纵室；12—操纵室走台；13—回转机构

三、底盘

底盘是履带梁和车架的统称。

底盘主要由履带、车架、车身压重和回转中心体等组成，见图 1-7。履带由履带架和行走装置组成。行走装置由行走减速机、驱动电动机、支重轮、导向轮、拖链轮、履带板等组成，主要作用是将减速机的圆周运动转化为履带的直线运动，实现整车直线行走。

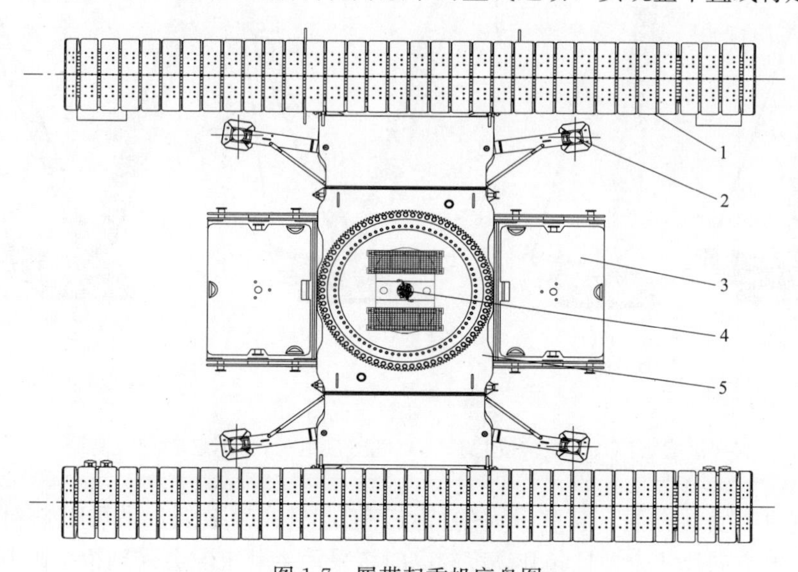

图 1-7　履带起重机底盘图

1—履带；2—车架支腿；3—车身压重；4—回转中心体；5—车架

第三节　履带起重机工况分类

依据是否带有超起装置，履带起重机工况可分为标准工况和超起工况。标准工况是不带超起装置的起重机的作业工况。超起工况是带有超起装置的起重机作业工况。标准工况的臂架系统是由桅杆和臂架组成，超起工况的臂架系统是由桅杆、超起桅杆和臂架组成。

依据臂架系统不同的组合，履带起重机工况又可分为主臂工况、变幅副臂工况、固定副臂工况、专用副臂工况和风电鹅头臂工况这 5 种工况。

履带起重机臂架系统包括桅杆、超起桅杆、主臂系统、变幅副臂系统、固定副臂系统等，臂架的结构型式为中间等截面，两端变截面的四弦杆空间桁架结构，是由钢管焊接而成。主弦管采用高强度管材，强度高，承载能力强。臂架顶部与根部采用钢板加强，以利于传递载荷。

一、主臂工况

主臂工况分为重型主臂工况和轻型主臂工况。添加超起装置后变为超起重型主臂工况和超起轻型主臂工况，如图 1-8 所示。重型主臂工况由重型主臂臂架系统组成。轻型主臂的臂节均为借用重型主臂臂节及变幅副臂或副臂臂节（常规组合方法）。主臂工况的臂头可配置臂端单滑轮，并配备单钩，实现小起重量的快速起升下降。

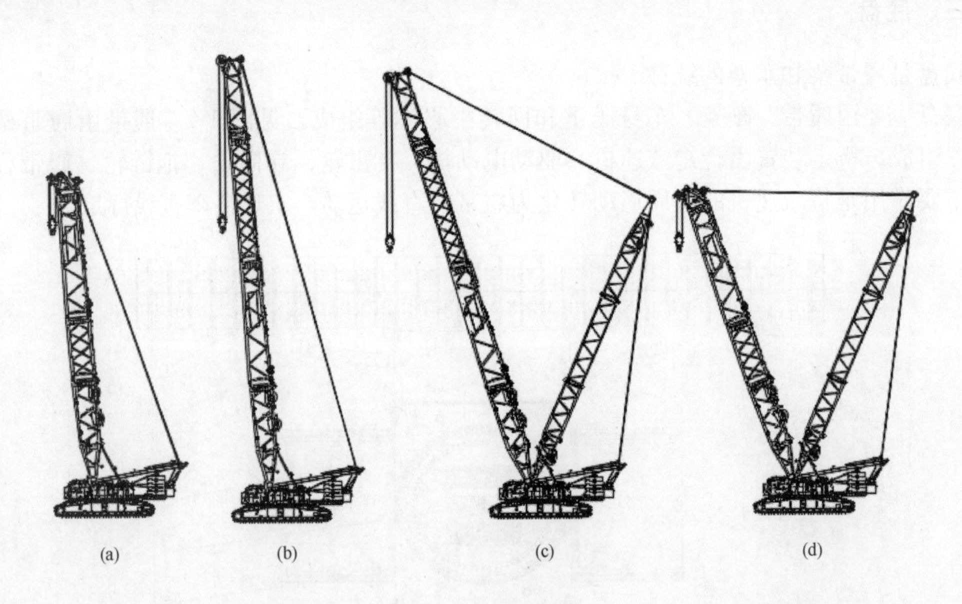

图 1-8　主臂工况图

（a）重型主臂；（b）轻型主臂；（c）超起轻型主臂；（d）超起重型主臂

主臂工况具有安装方便、起重量大的特点，但起升高度较低、吊重时物料易与臂架碰杆。物料在长宽方向尺寸较大且起升高度较高时，采用主臂工况会受到很多限制，宜采用其他工况。

二、变幅副臂工况

变幅副臂工况分为标准变幅副臂工况和超起变幅副臂工况，如图 1-9 所示。

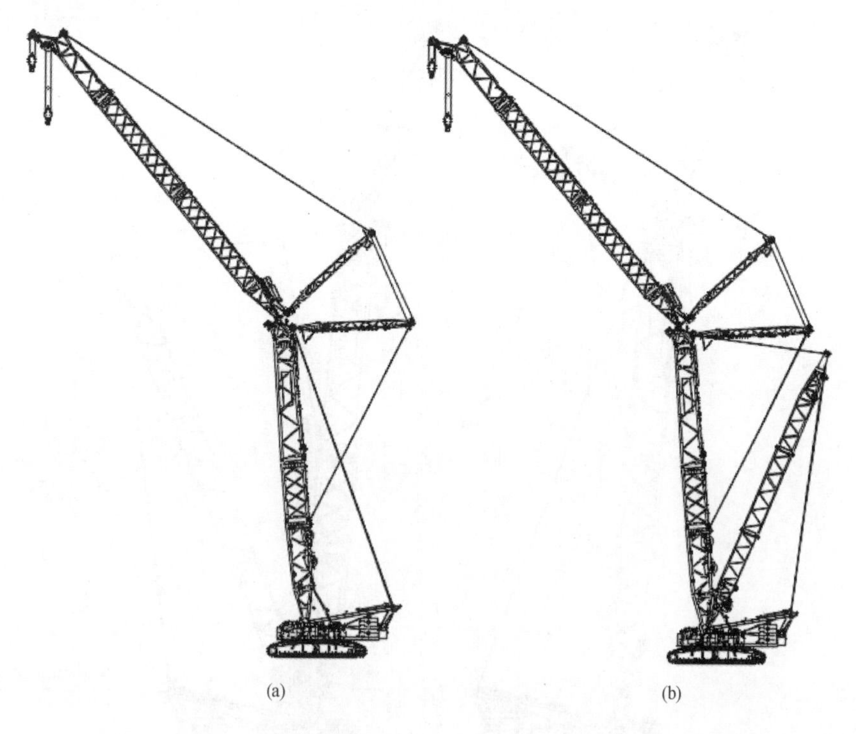

图 1-9　变幅副臂工况

（a）标准变幅副臂；（b）超起变幅副臂

变幅副臂工况的臂架系统是在主臂的基础上，通过变幅副臂变幅卷扬连接变幅副臂动撑臂、变幅副臂定撑臂和变幅副臂而组成。

通过变幅副臂前拉板将变幅副臂头部与变幅副臂动撑臂连接，构成三角形结构；通过变幅副臂后拉板将变幅副臂定撑臂顶部与主臂底节连接，构成三角形结构；通过变幅副臂变幅钢丝绳将变幅副臂动撑臂与变幅副臂定撑臂连接。通过变幅副臂变幅钢丝绳收放，实现变幅副臂角度变化，实现变幅副臂幅度的变化。

变幅副臂工况主臂角度一般有 65°、75°、85°、87° 4 个固定角度，变幅副臂可选 20°～75°内任意角度。随着技术的进步，国外和国内一些厂家增加了塔式主臂无级变幅功能，该功能实现了变幅副臂工况主臂在 65°～87°之间任意角度位置都可以起吊作业，该功能大大增强了变幅副臂工况的灵活性。

变幅副臂工况是通过变幅副臂变幅钢丝绳收放实现变幅副臂动定撑臂之间角度变化，以实现变幅副臂变幅。变幅副臂工况涉及部件多，是履带起重机所有工况中最复杂的一种工况，在采用变幅副臂工况时，要严格参照相关操作规程。

变幅副臂工况安装操作复杂，起重量比主臂工况低，但同臂长情况下，变幅副臂幅度变化范围大，比较适合起吊长宽方向较大的重物，碰杆风险低。

三、固定副臂工况

固定副臂工况分为标准固定副臂工况和超起固定副臂工况，常用标准固定副臂工况，如图 1-10 所示。

图 1-10　固定副臂工况

(a) 固定副臂；(b) 超起固定副臂

固定副臂工况的臂架系统是在主臂的基础上增加固定副臂支架和固定副臂而组成固定副臂。固定副臂与主臂的夹角通常采用 10°、15°、20°和 30°。固定副臂是通过主臂角度变化实现幅度变化的，固定副臂长度可以变化，一般以 6m 为长度递增。固定副臂通常通过固定副臂防后倾和固定副臂支架防后倾来防止副臂后翻，支架防后倾一般采用弹簧式防后倾或者刚性杆防后倾，副臂防后倾常采用内外套管式刚性杆防后倾。

为适应风电吊装工况的需要，很多产品配备了风电式固定副臂。目前最大可以完成 5.0MW（如徐工 XGC18000 履带起重机）及以下风机安装。采用风电式固定副臂进行风机吊装与采用主臂进行风机吊装相比，比采用主臂所用臂节少，碰杆风险低，但安装不方便；与采用变幅副臂进行风机吊装相比，比采用变幅副臂操纵、拆装方便。

固定副臂工况适用于起重量小，起升高度较高，降低碰杆风险的场合。

四、专用副臂工况

专用副臂可分为标准专用副臂和超起专用副臂，如图 1-11 所示。

专用副臂工况与固定副臂工况类似，其差别在于固定副臂工况副臂后拉板下铰点位于主臂过渡节上，专用副臂工况副臂后拉板下铰点位于主臂下部位置。专用副臂后拉板的受力形式比固定副臂后拉板受力形式更好，对主臂产生的影响也更小，所以专用副臂的起重量偏大。

专用副臂工况副臂与主臂的角度通常采用15°或20°，副臂臂长通常是12m和18m两种。专用副臂通过主臂角度的变化实现副臂幅度的变化。

专用副臂工况适用于起重量大、起升高度高的场合，该工况碰杆风险低，多应用于石化、煤化工等工程中罐体的吊装。

五、风电鹅头臂工况

风电鹅头臂工况可分为标准风电鹅头臂和超起风电鹅头臂，如图1-12所示。

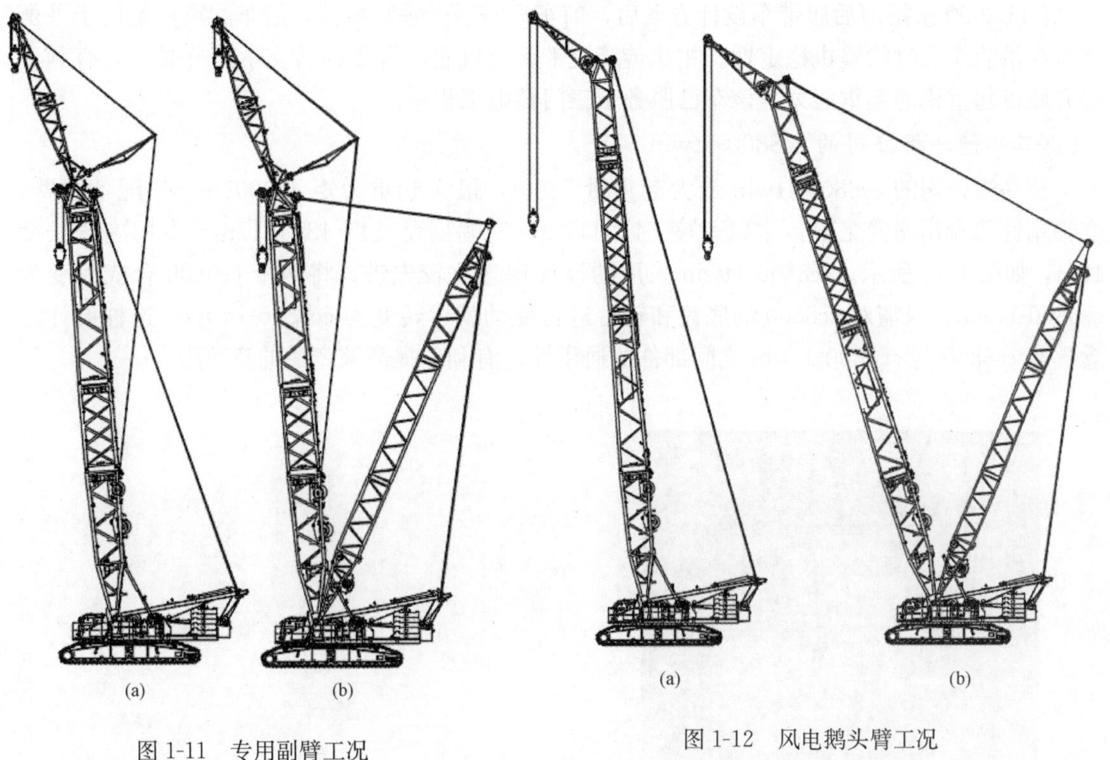

图1-11　专用副臂工况

(a) 专用副臂；(b) 超起专用副臂

图1-12　风电鹅头臂工况

(a) 标准风电鹅头臂；(b) 超起风电鹅头臂

风电鹅头臂工况是在主臂臂节基础上增加鹅头臂的方式实现。该工况最大的特点是兼具了主臂工况安装的方便性，同时兼顾了固定副臂和专用副臂工况碰杆风险低的优点，是专门针对风机吊装而设计的工况。

第四节　超大吨位履带起重机介绍

随着国内石油、石化、核电、火电、钢铁等大型工程项目的增多，我国对超大型设备吊装的需求增长快速。特别是近几年，国内用户的强劲需求让世界上最大的几款起重机纷纷落户中国。这也激发了国内履带起重机制造商的研发热情，徐工、中联、三一相继推出了自己的超大吨位履带起重机。

超大吨位履带起重机在石化、核电等工程中应用较多，超大吨位履带起重机满足了国内外大型施工工程的要求，下面简要介绍一下国内外超大吨位履带起重机。

一、国外超大吨位履带起重机介绍

（一）Lampson公司的LTL2600履带起重机

Lampson公司的LTL2600履带起重机最大起重量2360t，最大起重力矩80481t·m，配备主臂和副臂工况，主臂长度65～146m，副臂长度49～73m。LTL2600履带起重机局部突破了履带起重机的设计理念，采用了前后履带车的设计理念，采用单臂架系统，通过钢丝绳卷扬系统实现起升和变幅，如图1-13所示。

LTL2600采用前后履带车设计方案后，前车只需承受垂直载荷，后车配重重量用于平衡整车在吊装作业时的整机稳定性。相比传统履带起重机它改善了回转支承部分受力，有利于提升履带起重机的起重能力。该车已服务于三门核电工程中。

（二）德马格公司的cc8800-1twin

德马格公司的cc8800-1twin最大起重量3200t，最大起重力矩44000t·m，配备主臂、变幅副臂和专用副臂工况，主臂长度54～117m，变幅副臂长度42～117m，专用副臂长度15m，如图1-14所示。cc8800-1twin采用的设计理念比较先进，将两个cc8800合成后变为cc8800-1twin，只需对cc8800的底盘和转台进行变动就可转变为cc8800-1twin。这种设计理念提高cc8800与cc8800-1twin之间部件的通用性，有利于提高该产品的竞争力。

图1-13　LTL2600履带起重机

图1-14　cc8800-1twin

cc8800-1twin 采用先进的单双车组合设计理念，整车方案中有很多亮点。其臂架系统采用双臂架系统和双桅杆系统，双臂架系统增强了臂架系统的侧向稳定性，大大提高整个臂架系统的承载能力。其回转系统采用了回转支承+回转台车的方式，回转台车的回转直径比较大，在同样倾覆力矩的情况下，可以减小回转支承受力，解决了传统履带起重机回转支承在超大吨位起重机中能力不足的问题。

（三）利勃海尔公司的 LR13000

德国利勃海尔公司的 LR13000 履带起重机最大起重量 2993t，最大起重力矩 50 000t・m，如图 1-15 所示。整体方案采用传统的履带起重机结构形式，臂架系统采用单臂架空间桁架结构型式，回转支承采用传统回转支承方式。

（四）马尼托瓦克公司的 31000 履带起重机

马尼托瓦克公司的 31000 履带起重机最大起重量 2300t，最大起重力矩 34 804t・m，如图 1-16 所示。其配备了主臂、副臂和专用副臂工况，主臂长度 55～138m，专用副臂长度 24～42m。其整体方案采用四履带+回转台车+单臂架的方案。

图 1-15　LR13000 履带起重机

图 1-16　31000 履带起重机

二、国内超大吨位履带起重机介绍

（一）徐工 XGC88000

徐工 XGC88000 履带起重机最大起重量 3600t，最大起重力矩 88 000t・m，配备主臂、副臂和专用副臂工况，主臂长度 60～144m，副臂长度 30～108m，专用副臂长度 15～33m，如图 1-17 所示。该车整体上采用大跨距前后车+组合臂+组合回转装置的方式，可以实现单双车转换，如图 1-18 所示。其主要应用于大型石化和核电工程。

图 1-17 徐工 XGC8800

XGC88000 采用了组合式双臂架系统、三个独立动力单元、多级组合平衡回转机构、变幅绳双绳力系平衡技术、多种整机运行模式、智能化控制等技术，保证了整车受力合理、动力分配合理，提高了整车工作状态的安全性和可靠性。尤其其单双车变换功能，兼具了 4000t 级履带起重机和 1800t 级履带起重机的功能，提高了产品的通用性，提高了整机工作的灵活性和适应性。

XGC88000 先后在烟台石化工程、宁夏煤化工工程和福建石化工程中进行吊装。

（二）三一 SCC86000TM

履带起重机最大起重量 3600t，最大起重力矩 83 000t·m，配备主臂和专用副臂工况，主臂长度 66～120m，专用副臂长度 30～42m。该车整体上采用前后四履带车的方式，后车不带动力单元，靠主机驱动，臂架系统采用单双结合式臂架，无法实现单双车转换，不带超起配重车时可降级为 1300t 使用，如图 1-19 所示。

(a)

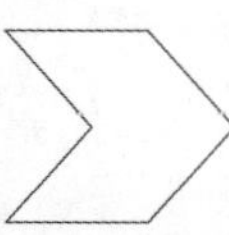

(b)

图 1-18 XGC88000 单双车转换图

（a）4000t 级履带起重机；（b）1800t 级履带起重机

（三）中联 ZCC3200NP

中联 ZCC3200NP 履带起重机最大起重量 3200t，最大起重力矩 82 000t·m，配备主臂和专用副臂工况，主臂长度 60～120m，专用副臂长度 30～48m。该车整体上采用前后双履带车的方式，后车带动力单元，臂架系统采用双臂架，如图 1-20 所示。

图 1-19　三一 SCC86000TM

图 1-20　中联 ZCC3200NP

第二章 履带起重机结构及布局

第一节　上车结构及布局

一、臂架系统

臂架是履带起重机的主要承重部件之一。通过起升机构可以改变物料的起升高度，通过变幅机构改变臂架的仰角实现臂架幅度改变。履带起重机臂架一般采用桁架式结构，其为中间等截面，两端变截面的四弦杆空间桁架焊接结构，弦杆与腹杆均采用圆形钢管结构，以提高臂架强度、刚度及稳定性。此种结构具有风阻力小，传力清晰，刚度大等特点。臂架端部与根部均有钢板加强，避免应力集中。臂架是由臂节组成的，臂节之间通过销轴将多个臂节连接为一体式臂架，目前常用的臂架形式主要有以下几种，如图 2-1 所示。

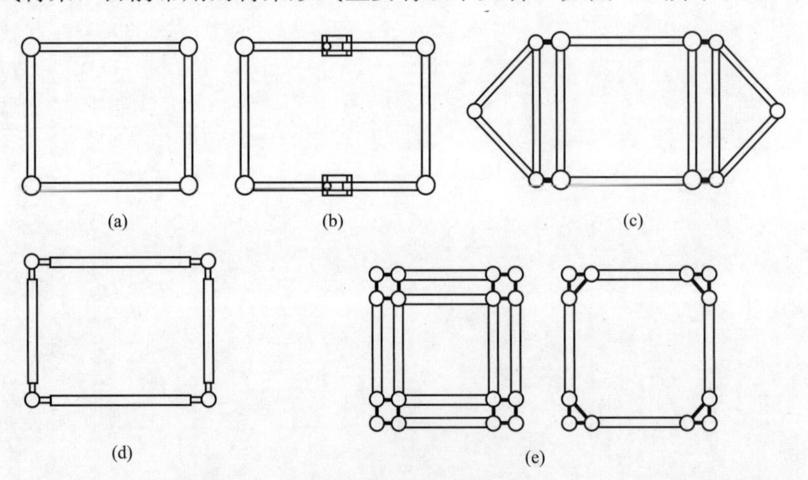

图 2-1　臂架截面图

(a) 整体式；(b) 2 个 U 形连接；(c) 方形＋三角形；(d) 所有腹杆装配或两面装配；(e) 复合式主弦杆

臂架系统包含主臂、变幅副臂、固定副臂、风电鹅头臂、超起桅杆、桅杆、拉板等部件。通过以上部件有序地连接组成臂架系统。主臂、变幅副臂、固定副臂等臂架结构形式基本一致，都由底节臂、中间节和顶节臂组成。下面以主臂臂架（见图 2-2）为例简要介绍臂架组成。

主臂底节臂（见图 2-3）处于整个臂架系统最下面，底节臂接头连接转台，臂架系统的力通过底节臂传到转台。在整个臂架系统中，底节臂承力较大。

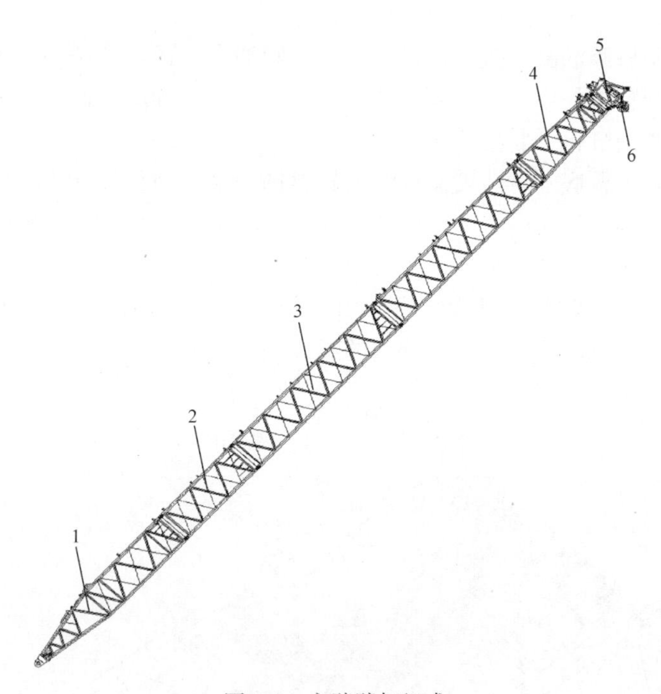

图 2-2　主臂臂架组成

1—主臂底节臂；2—6m 中间节；3—12m 中间节；4—过渡节；5—臂头；6—臂端滑轮

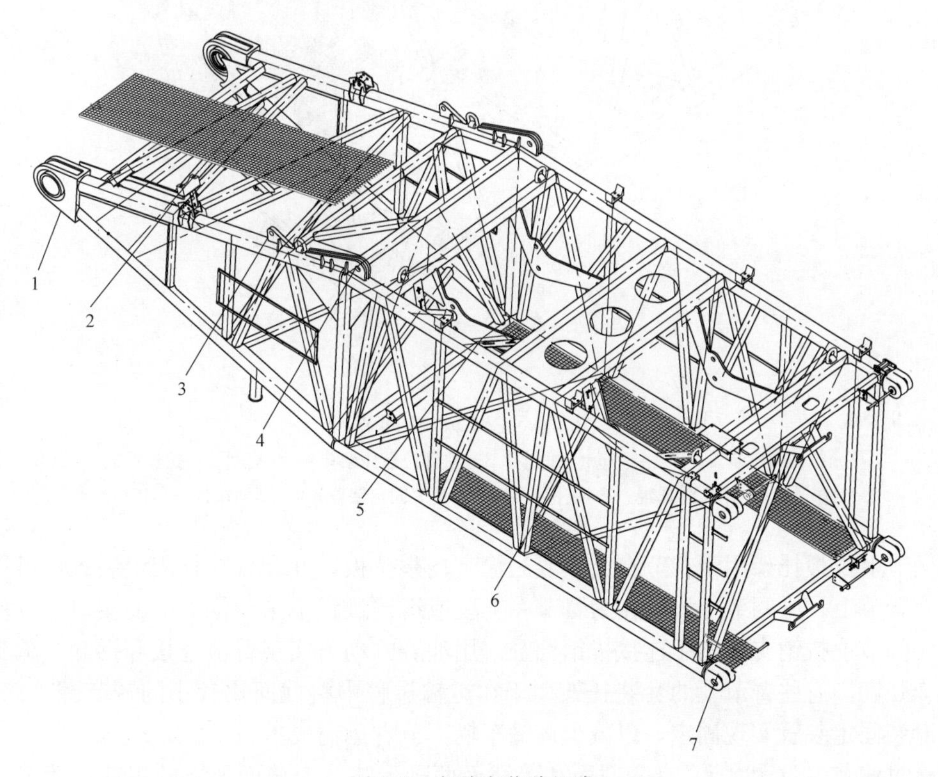

图 2-3　主臂底节臂组成

1—底节臂接头；2—防后倾油缸托架；3—防后倾油缸连接孔；4—变幅副臂后拉板连接孔；
5—臂端滑轮安装架；6—变幅副臂变幅卷扬安装架；7—臂节连接销轴

主臂底节臂上防后倾油缸连接孔位置安装防后倾油缸，通过防后倾托架限制防后倾油缸的位置，实现主臂起臂过程中，防后倾油缸自动进入转台上的防后倾滑道，同时在落臂过程中，实现主臂防后倾油缸自动脱槽。

小吨位产品中，主臂底节臂会安装臂端滑轮卷扬。中大吨位产品中主臂底节臂安装有臂端滑轮和变幅副臂变幅卷扬机构。主臂底节臂安装何种形式卷扬机构及安装位置，因各厂家的设计不同，会有变化，具体参见各厂家说明。

根据臂节长度不同，臂架中间节可分为 3m 中间节、6m 中间节（见图 2-4）、12m 中间节等臂节，臂节长度虽有所不同，但各臂节的组成和结构形式是一致的。

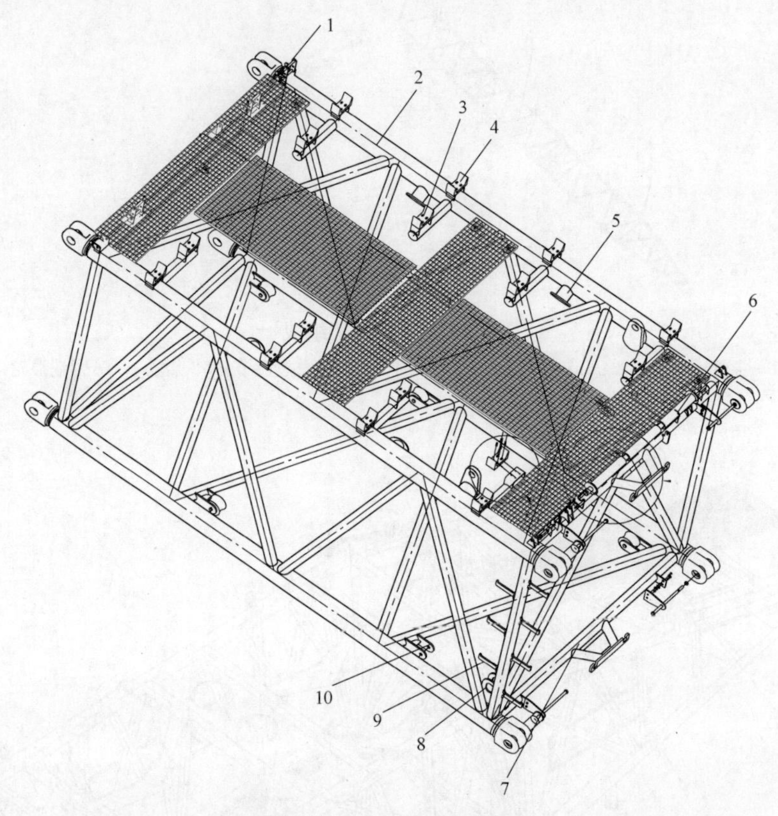

图 2-4　主臂 6m 中间节

1—拉板固定装置；2—主臂 6m 中间节；3—主臂拉板托架；4—变幅副臂后拉板托架；
5—吊耳；6—钢丝绳托辊；7—拔销支架；8—套装固定装置；9—爬梯；10—套装托架

中间节上拉板托架用于臂节在安装或运输时托举拉板，并配合拉板固定装置，可以将拉板固定在臂节上。中间节上吊耳作为臂节在安装或运输过程中吊运钢丝绳的接口，方便臂节安装。中间节上拔销支架用于连接拔销油缸，用油缸的动力实现臂节连接和拆卸，减少操作人员工作强度。有些臂节上的套装托架用于在运输过程中将截面比较小的臂节翻入该位置，并通过套装固定装置实现固定，以减少运输车辆，节省运输成本。

主臂过渡节（见图 2-5）有变截面和等截面两种形式。变截面形式的主臂过渡节一般连接臂头一侧截面尺寸较小，连接中间节一侧截面尺寸较大。等截面形式的主臂过渡节是臂节前后两侧的截面大小一致。主臂过渡节上的变幅副臂防后倾油缸滑道用于塔式工况时安装变幅副臂后支架防后倾油缸，并且滑道上有安装孔，在变幅副臂后支架防后倾油缸安装时固定在该孔，用于支撑变幅副臂后支架，防止其后翻。主臂过渡节上变幅副臂变幅导向滑轮托架用于安装变幅副臂副臂变幅导向滑轮，导向滑轮用于改变变幅副臂变幅钢丝绳的走向。

主臂过渡节上其他装置与中间节相同。

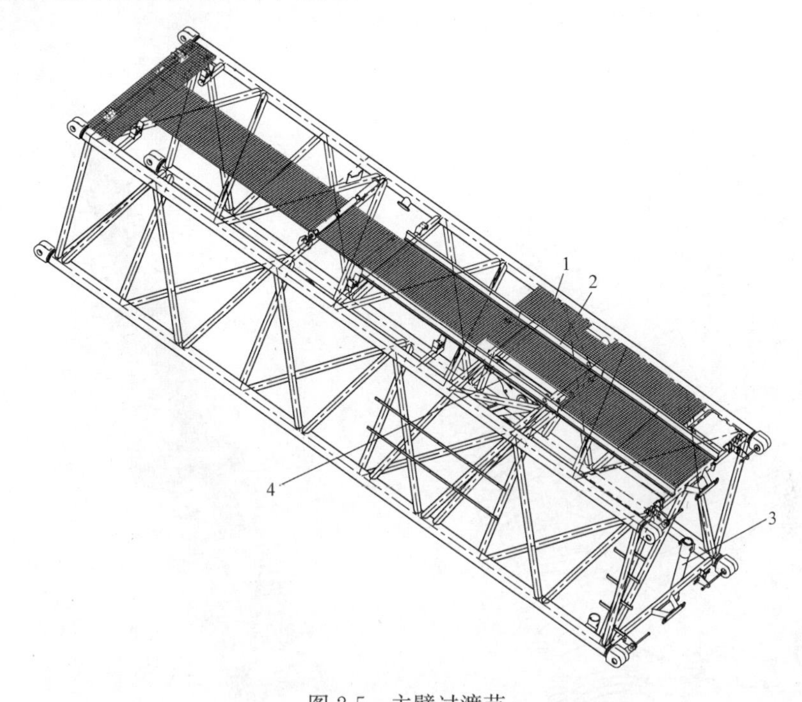

图 2-5 主臂过渡节

1—主臂过渡节；2—变幅副臂防后倾油缸滑道；3—支腿；4—变幅副臂变幅导向滑轮托架

臂头（如图 2-6 所示）是臂架系统中结构最复杂的部件之一。主臂臂头是履带起重机最大载荷的作用点，通过合理的结构设计，将最大载荷合理的传递给主臂臂架。臂头的结构形式有多种，本书中以桁架式臂头为例说明其特点和功用。

臂头上的起升导向滑轮用于改变起升钢丝绳的走向，使起升钢丝绳通过导向滑轮后在滑轮组和吊钩之间缠绕一定倍率。在此需要注意，钢丝绳的走向及钢丝绳的缠绕方法要严格参照厂家相关说明书的内容。如不按厂家说明书的要求进行绕绳，将可能使滑轮承受侧载而被破坏。

主臂臂头上还预留了变幅副臂、变幅副臂后支架和臂端滑轮连接接口，连接接口方式和方法因各厂家设计不同而有区别，实际使用时要参照操作手册的内容。

超起桅杆（如图 2-7 所示）是超起工况关键部件之一。各吨级产品超起桅杆的长度不一样，通常有 30m、36m、42m 超起桅杆之分。超起桅杆由超起桅杆底节臂、超起桅杆卷扬节、超起桅杆 6m 中间节、超起桅杆 12m 中间节、超起桅杆顶节臂组成。

在超起工况中，超起桅杆用于改善主臂受力，提高主臂承载能力，还可以在超起桅杆后侧悬挂超起配重，提高整车稳定性。超起桅杆起升钢丝绳的走绳路线各厂家之间略有区别，一种采用顶端入绳，底端出绳的方式走绳，即采用起升钢丝绳从卷扬到超起桅杆顶节臂，从顶节臂到超起桅杆底节臂，从超起桅杆底节臂到主臂臂头导向滑轮的方式；另一种采用顶端入绳，顶端出绳的方式。以上两种走绳方式本质上无太大差别。

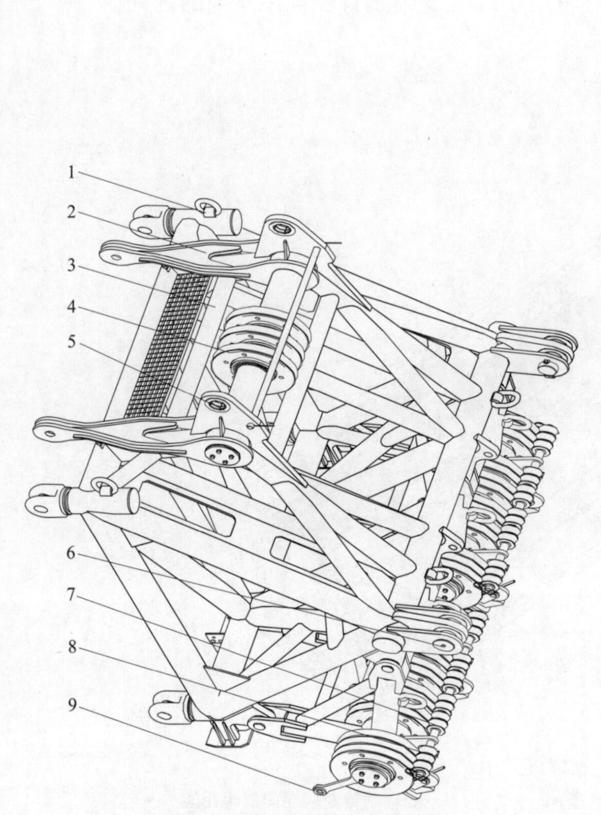

图 2-6　主臂臂头

1—吊环；2—主臂拉板；3—主臂臂头；
4—起升导向滑轮；5—变幅副臂后支架连接孔；
6—变幅副臂连接孔；7—起升滑轮组绳档；
8—起升滑轮组；9—起升钢丝绳绳头挂板

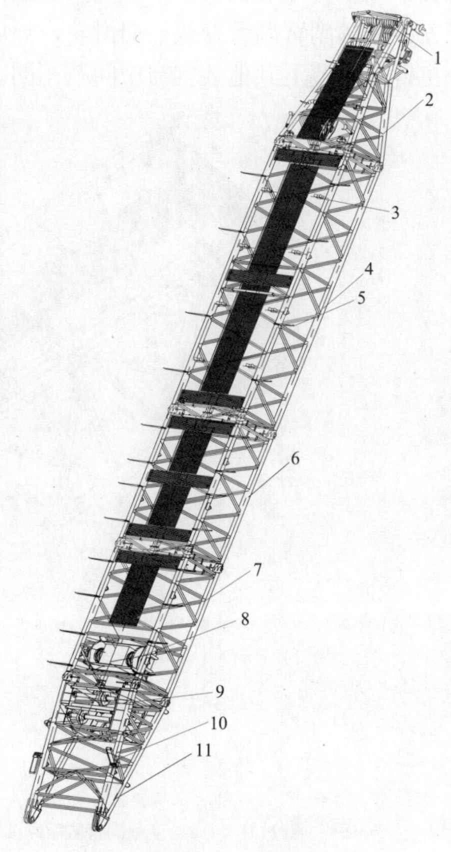

图 2-7　超起桅杆

1—超起变幅滑轮组；2—超起桅杆顶节臂；
3—桅杆与超起桅杆间拉板托架；4—超起桅杆 12m 中间节；
5—超起配重悬挂拉板托架；6—超起桅杆 6m 中间节；
7—超起桅杆卷扬节；8—超起变幅卷扬；
9—起升导向滑轮；10—超起防后倾油缸托架；
11—超起桅杆底节臂

超起桅杆使用过程中，超起桅杆安装是首要关注的问题，安装过程中，严格按照相关操作手册的要求连接桅杆和超起桅杆间拉板，按照操作手册的要求缠绕超起桅杆与超起变幅滑轮组之间钢丝绳。其次防后倾的正确入槽和使用是保证超起桅杆正常工作的前提。在整个吊装施工过程中，要注意观察超起变幅钢丝绳在卷筒上的排绳情况，防止钢丝绳损坏。

二、臂架系统及机构布置

随着科学技术的发展尤其是施工现场大幅度、大起升吊装需要，多工况组合臂架系统已经成为设计的首选。多工况组合臂架主要有主臂、副臂、支架、钢丝绳、拉板、桅杆、超起桅杆，臂端单滑轮等组成，如图 2-8 所示。

臂架系统是由很多臂架按照一定方式组合而成的臂架。臂架系统越复杂，其连接方式和操作过程也比较复杂，并且较多的连接节点增加了臂架系统的风险点，降低了臂架系统的可靠性，在某些对安全可靠性要求比较高的场合，要尽量采用主臂工况进行吊装。

臂架系统的幅度变化会涉及机构的布置，大型臂架系统中，机构要放在整机合适位置，并合理穿绕钢丝绳才能实现臂架系统的动作。

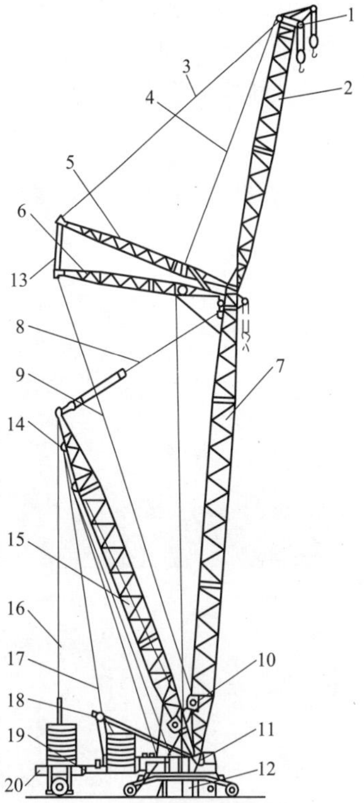

三、防后倾及功用

为防止臂架系统后翻、限制臂架正常工作时的工作范围，提高起重机的安全性，在履带起重机上设置防后倾装置，其结构形式有机械—弹簧套筒式、液压油缸式、油气缸式、蓄能器式液压缸式、自吸液压缸式，如图 2-9 所示。

防后倾装置的主要作用是保证臂架系统工作状态时不会后翻。臂架在接近临界角度之前，防后倾装置会提供臂架系统防止后翻的力，消减臂架后翻趋势，确保臂架系统工作安全。

机械—弹簧式防后倾装置主要用于小吨位产品，其工作原理是在主臂角度达到后翻临界之前，弹簧开始压缩，随着压缩量的增加，防后倾装置提供的防后翻力逐渐增大，减小主臂后翻力矩，防止臂架系统后翻。

液压油缸式防后倾在工作时具有高压和低压两种状态，根据各厂家产品特点，防后倾控制策略不同，但工作原理基本一样。在臂架系统有后翻趋势之前，液压防后倾油缸必须入槽（提前入槽角度值各厂家有所差异），并提供油缸顶伸力，随着臂架角度逐渐增大，防后倾系统依据控制策略切换系统的高低压状态，提供给整个臂架系统足够的防后倾力，防止臂架系统后翻。

图 2-8　超起变幅副臂工况

1—臂端滑轮；2—变幅副臂；3—变幅副臂拉板；4—起升钢丝绳；5—变幅副臂前支架；6—变幅副臂后支架；7—主臂；8—超起主臂拉板；9—变幅副臂后拉板；10—变幅副臂变幅卷扬；11—转台；12—下车；13—变幅副臂变幅钢丝绳；14—超起变幅滑轮组；15—超起桅杆；16—超起配重悬挂拉板；17—桅杆与超起桅杆间拉板；18—桅杆；19—超起配重变幅装置；20—轮式超起配重小车

油气缸式防后倾系统主要用于变幅副臂前防后倾，其工作原理是在油缸一端填充液压油，在油缸另一端填充一定压力的氮气，使整个油缸处于伸长状态（见图 2-10），之后安装至变幅副臂防后倾位置，在变幅副臂处于临界后翻之前，油气缸式防后倾要提前入槽，随着变幅副臂角度增加，油气缸被动压缩而使防后倾力逐渐增大，防止变幅副臂后翻。需要引起注意的是油气缸式防后倾系统有特殊的打压要求，操作者在操作时要参照各厂家提供的操作手册。如操作者未按厂家操作手册要求进行打压操作，可能会使油缸处于刚性状态，在操作过程中造成结构损坏。油气缸在长时间使用后，油气缸的气密性可能会变差，在使用前要对油气缸的气密性进行检查。如油气缸有漏气现象，而未能及时发现，在使用过程中可能导致提供的防后倾力不足，而使臂架系统后翻，引发事故。

蓄能器式液压缸和自吸式液压缸都可用于变幅副臂后支架防后倾位置，其工作方式一致，主要区别在于供油方式不同，在此不再赘述。

在臂架系统中，防后倾装置有主臂防后倾、副臂防后倾、超起桅杆防后倾，排布位置如图 2-9 所示。

图 2-9 油缸及布置形式

（a）液压油缸式；（b）机械—弹簧套筒式；（c）油气缸式；（d）蓄能器式；（e）自吸式

四、主变幅系统

主变幅系统是履带起重机的重要系统之一，主变幅系统是由桅杆和人字架组成（见图 2-11～图 2-13），实现主臂变幅的功用。不同厂家、不同吨级的履带起重机具有不同的主变幅结构，但主要是人字架、人字架和桅杆、桅杆和主变幅滑轮组提供支撑力，通过主变幅卷扬钢丝绳收放来实现主臂变幅。整机臂架起臂和幅度变化都是通过主变幅系统而实现的。主变幅钢丝绳从主变幅卷扬经过人字架或者是桅杆上的滑轮或滑轮组按照一定的钢丝绳缠绕倍率与主变幅滑轮组相连，主变幅滑轮组再依据不同工况与主臂相应的拉索或者拉板连接，构成完整的主变幅系统。

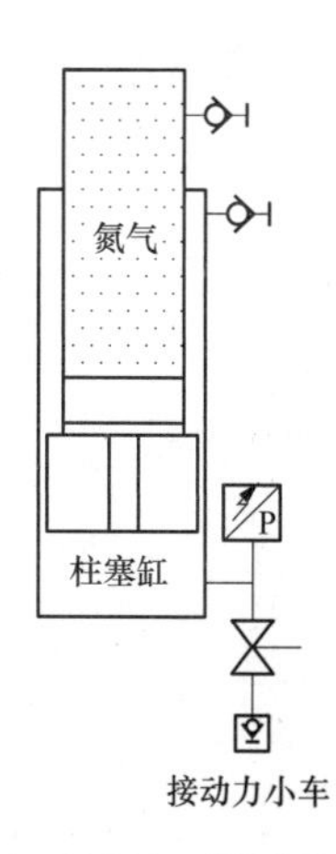

图 2-10　油气缸式液压缸原理图

图 2-11　人字架变幅

图 2-12　人字架和桅杆变幅

图 2-13　桅杆变幅

人字架或者桅杆结构一般采用平行矩形梁结构拼焊而成。桅杆是承压构件，主要承受主臂拉板和主变幅拉板在桅杆方向的分力。

中大吨位履带起重机上设有桅杆顶升机构，主要将桅杆由后翻运输状态通过油缸顶升至工作状态。桅杆顶伸过程中要注意观察主变幅钢丝绳的松紧状况，根据主变幅钢丝绳的松紧判断桅杆受力状态，防止桅杆在顶升过程中顶弯。某些厂家的产品配备了桅杆一键搬起功能，该功能实现了桅杆的一键搬起，即在开启该功能后，桅杆顶升油缸的伸长量和主变幅卷扬的旋转速度自动调节，防止桅杆承受较大弯矩而发生弯折。虽然某些厂家的车配备了桅杆一键搬起功能，但在实际工作过程中，操作人员在使用一键搬起功能时，也需要仔细观察主变幅钢丝绳的松紧度，一旦钢丝绳太紧的情况发生，要及时停止动作，防止桅杆顶弯。

五、转台结构及内部布局

转台是整个履带起重机的核心部件，其通过回转支承装在底盘上，可将转台上的全部重量传递给底盘，转台上装有动力装置、传动系统、卷扬系统、操纵机构、平衡重、机棚等。动力装置通过回转机构可使转台做 360°回转。回转支承由上、下滚盘和其间滚动件（滚球、滚柱）组成，可将转台上的全部重量传递给底盘，并保证转台自由回转。转台内部布局如图 2-14 所示。

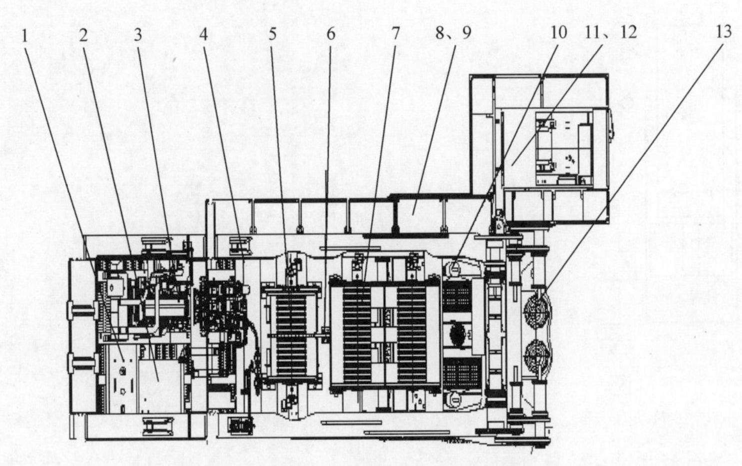

图 2-14　转台布局图

1—燃油箱；2—液压油箱；3—发动机；4—油泵；5—变幅机构；6—棘爪锁止机构；7—起升机构；8—左走台；9—扶手；10—桅杆顶伸机构；11—操纵室；12—操纵室走台；13—回转机构

转台组合方式有两种，一是转台、回转支承于车架一部分连成为一体，转台其他部分可独立运输，或再拆解运输，如马尼托瓦克的 M21000 型履带起重机。二是将上下车分开运输，分开部分与回转支承采用快速链接方式，如徐工 XGC15000 型履带起重机。

转台的结构形式按照吨位大小主要有以下几种类型：中小吨位的转台一般采用平板式（见图 2-15）、变截面箱梁式（见图 2-16）；随着履带起重机吨位的不断增大，转台的尺寸也在不断增加，为满足公路运输条件，800t 级以上履带起重机转台结构一般都采用分体式转台结构，上下转台通过销轴连接，如图 2-17 所示。

图 2-15　平板式转台结构

板式结构，主要由封闭的平板式箱型结构承载，动力系统、液压系统和所有机构都布置在转台平板之上，整体结构平整、规则，安装和维护便利。箱梁式转台，主要由两侧变截面

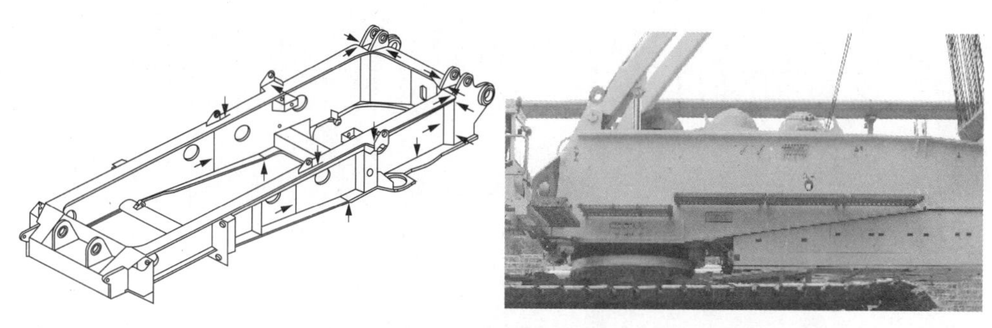

图 2-16　箱梁式转台结构

图 2-17　分体式转台结构

工字梁承载，受力变形协调能力好，动力系统、液压系统和机构布置在内侧，维护及检修便利性稍差。分体式转台结构形式各异，有前后分体、上下分体、左右分体等，各分体结构的主结构形式还是两侧变截面工字梁形式。

无论何种转台结构，其内部均布置有动力系统、起升及变幅机构、液压系统、操纵系统等核心部件，各部件的位置可根据设计方案的需求进行调整。

转台通过回转支承与车架连接在一起，转台及其上部结构可以实现 360°回转。整个工作过程中，转台主要承受垂直力和弯矩，转台结构要具有一定刚度，避免在承受弯矩时转台变形过大。转台结构形式复杂，在关键受力位置要避免应力集中，防止长时间使用后造成转台某些位置开裂。

第二节　底盘结构及布局

从结构角度看，履带起重机底盘由车架和履带梁组成，前者直接承担上车所有的垂直力和弯矩，并通过后者传递给地面；后者由履带架、四轮一带（驱动轮、导向轮、支重轮、托链轮、履带板）、行走机构（行走电动机、行走减速机）等组成。现阶段，履带起重机行走系统基本采用液压传动方式，传动系统执行元件行走电动机驱动行走减速机，带动驱动轮旋转，进而通过履带链传动，带动导向轮和支重轮转动，实现整机的行走。整个履带起重机底盘的作用是支撑履带起重机并实现履带起重机作业时的承载、行驶、前进、后退、转弯等动作。履带起重机下车具有支撑面积大、接地比压小、不易打滑、行驶性能好等优点，如图 2-18 所示。

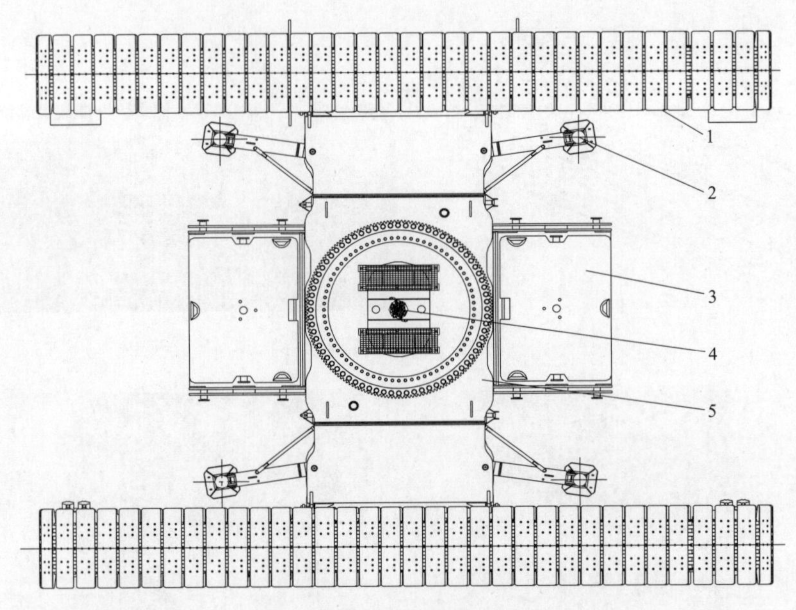

图 2-18　履带起重机底盘布局

1—履带梁；2—车架支腿；3—车身压重；4—回转中心体；5—车架

一、履带组成及结构

图 2-19 中以四驱履带为例，从图中可以看出，履带主要由履带架和行走装置组成。履带架是履带起重机的重要支撑部件，采用结构钢板焊接成箱型结构，在支重轮安装处和与车架连接处增设必要的筋板，保证有足够的强度和刚度。履带行走装置主要包含四轮一带及行走机构，即支重轮总成、托链轮总成、导向轮总成、行走机构（含驱动轮）、履带板总成。大吨位超大吨位履带梁上还会根据需要配置侧向支腿。

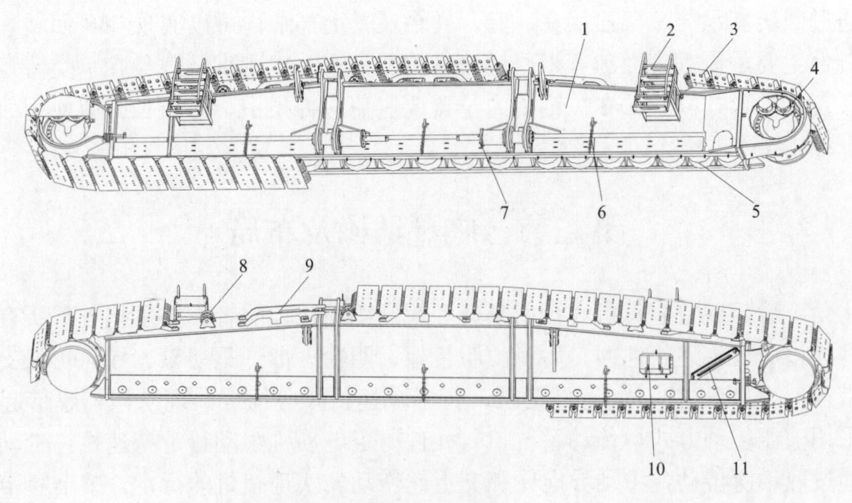

图 2-19　履带

1—履带架；2—扶梯；3—履带板；4—行走减速机；5—支重轮；6—链条；
7—拔销装置；8—托链轮；9—托链板；10—涨紧油缸；11—涨紧板

根据与车架的连接形式的差别可将履带结构分为两种类型，一种是插入式，即车架 4 个外伸梁直接插入履带架，此种连接形式行走时可改变轨距，整机的通过性能好，适用于小吨位履带起重机；另一种是车架与履带梁采用铰接形式和挤压接触相结合的固定方式，履带架与车架上分别设置铰接结构、挤压块结构，此种连接形式自拆装较为方便，适用于中大型履带起重机。

通过履带可实现履带起重机空载和带载行走，也可实现履带起重机带载转弯等功能。履带起重机的行走功能是通过将行走电动机和行走减速机的旋转运动转变为履带的直线运动来实现的，在直线行走过程中，左右两侧行走减速机的回转速度要一致，整机在行走过程中才不会跑偏。履带起重机的转弯功能是通过左右两侧行走减速机的速度不同而实现整机转弯。整机转弯过程中，履带要克服与地面的摩擦力，所以，履带起重机转弯的地面要平整硬实，避免在转弯过程中摩擦阻力过大损坏其他构件，更要避免带载转向。

二、车架组成及结构

车架主要承受着来自上车的垂直力和弯矩，将来自上车的自重载荷、风载荷、吊重等载荷传递到履带梁上，再由履带梁传递到支重轮上，最后通过履带板传到地面。车架一般采用整体大箱形结构型式，在回转支承下方增加必要的筋板，有效的传递载荷并保证车架的整体刚度与强度，如图 2-20 和图 2-21 所示。

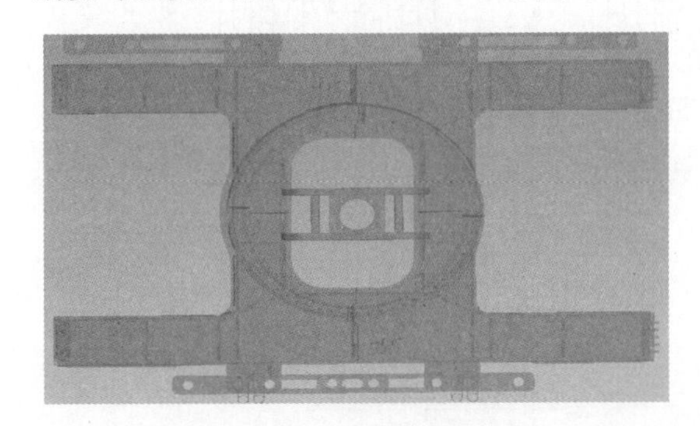

图 2-20 小吨位车架结构图

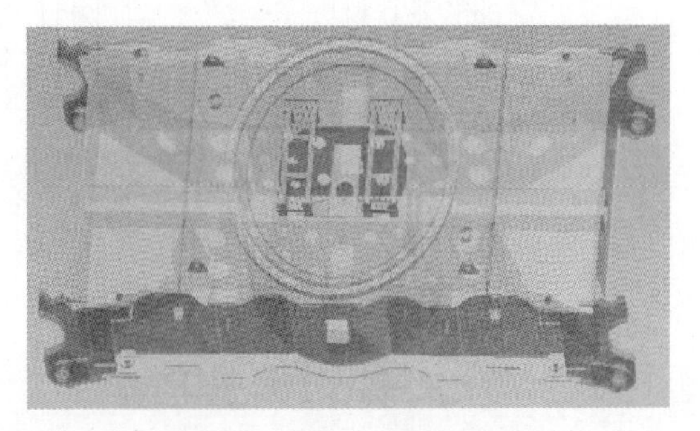

图 2-21 中大吨位车架结构图

一般中、小吨位履带起重机由于车身重量较轻，履带、车架及转台可以作为整体一起运输。履带可以通过履带伸缩油缸的作用沿车架伸出的四条滑道移动，在运输状态时向内收缩从而减少运输宽度。

车架结构本质上是两个横梁连接左右两侧履带，其实际吊载工况的受力模式比较复杂，总体上看，在吊载工况时，载荷在侧向时，车架受力相对较好，此时一侧履带受力会比较大。

三、回转支承功能

回转支承的结构型式主要有单排四点接触球式、单排交叉滚柱式、双排异径球式、三排滚柱式、球柱联合式、双列球式等，图 2-22 为常见回转支承结构形式。

回转支承是一种主要承受垂直力和弯矩的大型轴承，结构与普通轴承类似，能够起到支承、回转的功能，可同时承受较大的轴向、径向负荷和倾覆力矩，是履带起重机的核心部

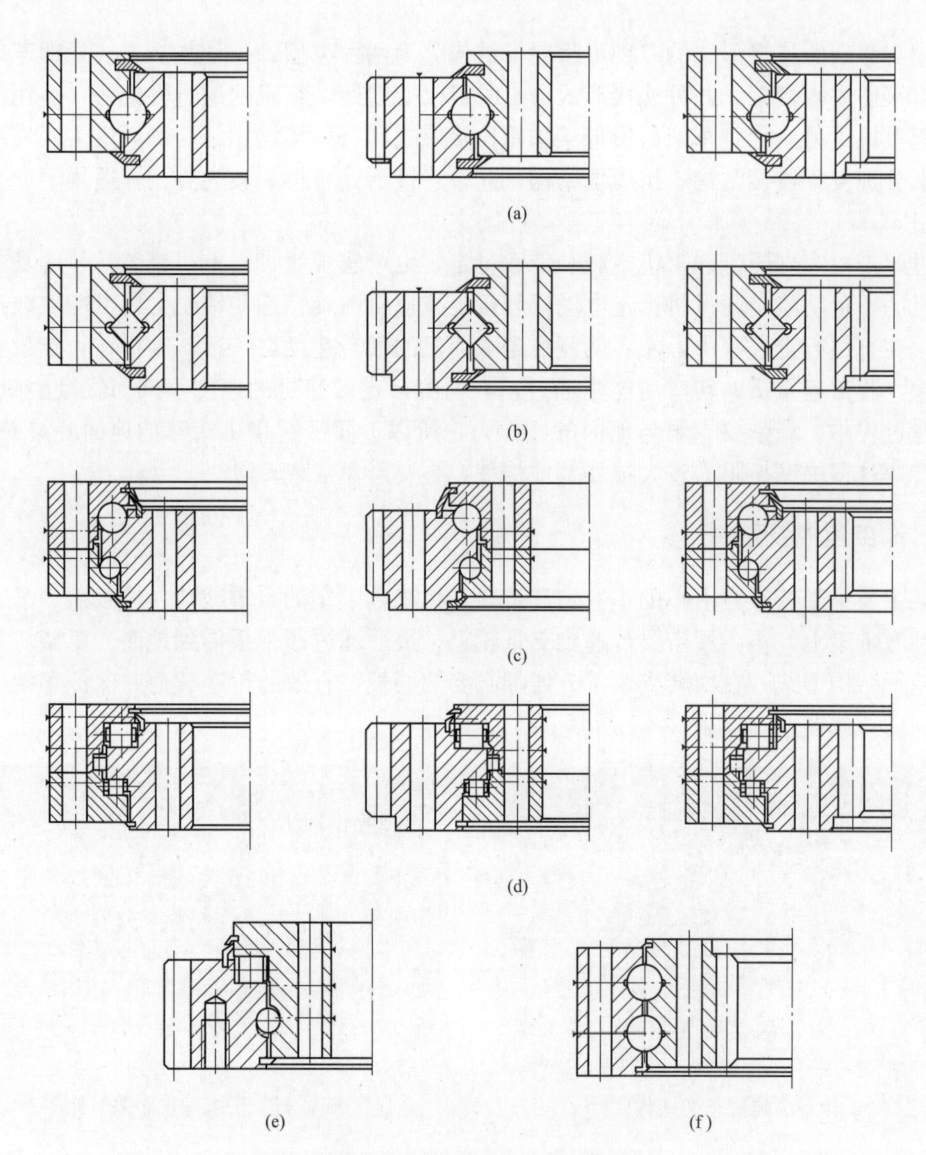

图 2-22　回转支承结构形式

（a）单排四点接触球式；（b）单排交叉滚柱式；（c）双排异径球式；（d）三排滚柱式；（e）球柱联合式；（f）双列球式

件。中小吨位履带起重机一般选用双排或单排球回转支承，大吨位的一般选用三排滚柱回转支承。图 2-23 为履带起重机典型回转支承的结构形式。

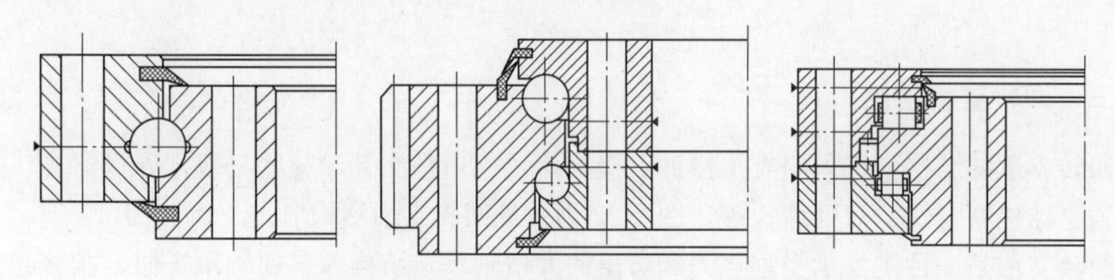

图 2-23　履带起重机典型回转支承形式

回转支承在使用过程中，一般要承受轴向力 F_a、径向力 F_r 以及倾覆力矩 M 共同作用，对不同的应用场合，由于主机的工作方式及结构型式不同，上述三种载荷的作用组合情况将有所变化，有时可能是两种载荷的共同作用，有时也有可能仅仅是一个载荷的单独作用。回转支承的一般受力形式如图 2-24 所示。

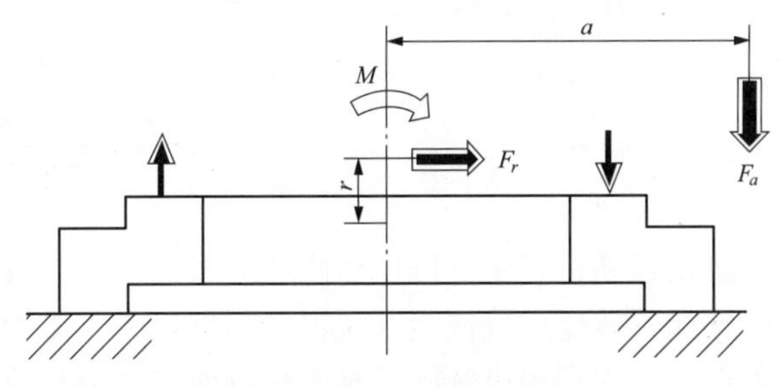

图 2-24　回转支承受力形式

第三章
履带起重机液压系统

一部完整的机器通常是由原动机、工作机构和传动装置三部分组成。原动机是机器的动力源泉，用于把各种形式的能量转变成机械能，在履带起重机中主要为柴油发动机；工作机构是机器直接对外做功的部分，它利用机械能来改变材料或工件的性质、状态或者位置，被用于生产产品或达到其他预定目的，在履带起重机中工作机构主要有各类工作油缸及卷扬减速机等；传动装置是设置在原动机与工作机构之间的部分，用于实现动力的传递、转换和控制，以满足工作机构对力（或转矩）、工作速度（或转度）及位置的要求，目前被广泛应用在履带起重机中的传动类型为液压传动。

液压传动是以液压油作为工作介质，利用封闭系统中液压油的静压能实现动力和信息的传递，与其他传动形式相比，具有其独特的技术特点。

液压传动系统的优势有：

（1）功率密度大。可以以较轻的设备重量获得很大的输出力和转矩。

（2）布局灵活方便。液压部件的布置不受严格空间位置限制，各部分之间通过液压管路连接，布局安装具有很大的柔性。

（3）调速范围广。通过控制阀可以实现大范围的无极速度调整。

（4）工作稳定，快速性好。液压油具有弹性，能吸收冲击使系统传递均匀平稳，易于实现快速启动、换向等。

（5）与电控系统配合易于实现电液一体化。

液压传动系统的劣势有：

（1）液压油的可压缩性及泄漏不能保证定传动比。

（2）液压油泄漏因素易造成环境污染。

（3）能量的多次转换及液压油泄漏导致系统传动效率低。

（4）液压系统对温度较为敏感，工作的稳定性易受温度影响。

第一节　液压系统组成及分类

一、液压系统的组成

液压系统通常由5部分组成，即动力元件、执行元件、控制元件、辅助元件及液压油。

（1）动力元件的作用是将原动机的机械能转换成液体的压力能，它是液压系统中的油泵，向整个液压系统提供动力（见图3-1中1）。

（2）执行元件（例如液压缸和液压马达）的作用是将液体的压力能转换为机械能，驱动

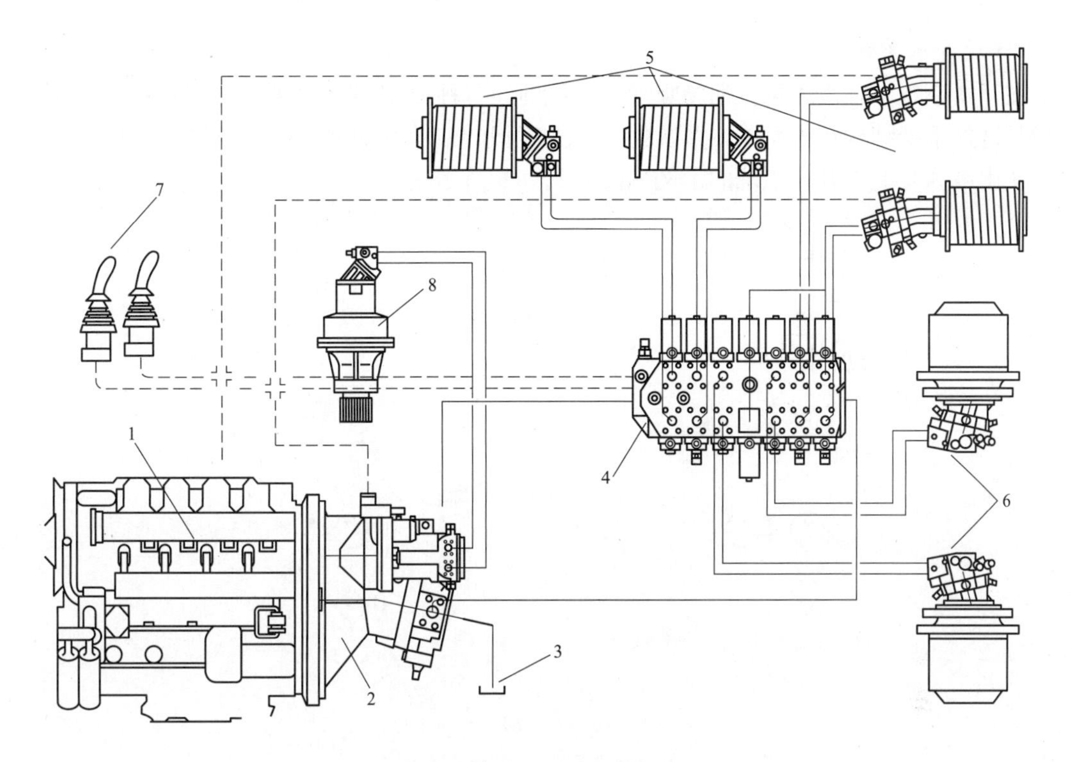

图 3-1　典型履带起重机液压系统

1—发动机；2—液压泵；3—液压油箱；4—换向阀；5—起升机构及平衡阀；
6—行走机构及平衡阀；7—控制手柄；8—回转机构

负载做直线运动或回转运动（见图 3-1 中 5、6、8）。

（3）控制元件（即各种液压阀）在液压系统中用于控制和调节液体的压力、流量和方向（见图 3-1 中 4、7）。根据控制功能的不同，液压阀可分为压力控制阀、流量控制阀和方向控制阀。压力控制阀又分为溢流阀（安全阀）、减压阀、顺序阀等；流量控制阀包括节流阀、调速阀等；方向控制阀包括单向阀、液控单向阀、梭阀、换向阀等。

（4）辅助元件包括油箱（见图 3-1 中 3）、过滤器、油管及管接头、密封圈、压力表、油位油温计等。

（5）液压油是液压系统中传递能量的工作介质，有各种矿物油、乳化液和合成型液压油等几大类。

二、液压系统的型式

液压系统种类繁多，其中根据油液的循环方式，可分为开式系统和闭式系统；根据采用的液压泵的数目可将其分为单泵系统、双泵系统和多泵系统；按照所用液压泵型式的不同，可将液压系统分为定量系统和变量系统；按向执行元件供油方式的不同，可将液压系统分为串联系统和并联系统。履带起重机液压系统就是一个综合的合成体，下面按照油液的循环方式将其分类并进行分析说明，这样分类得到的两类系统也是履带起重机中最常用的控制系统。

（一）开式系统

在开式系统中，液压泵自油箱吸油，液压油经各种控制阀驱动液压执行元件后回油返回油箱。这种系统结构较为简单，系统配有较大容积的油箱及油散，散热效果好，在履带起重机中使用最为普遍。开式系统的示例如图 3-2（a）所示。

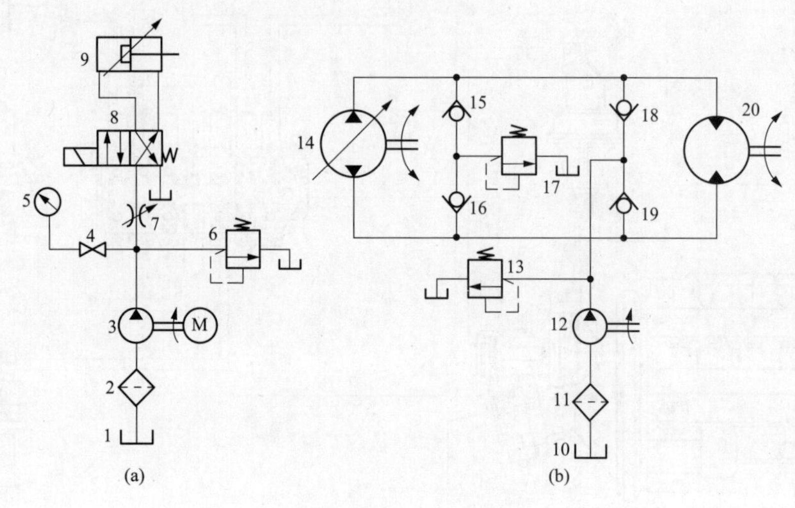

图 3-2　液压系统的分类

（a）开式系统；（b）闭式系统

1、10—液压油箱；2、11—过滤器；3—液压泵；4—测压接头；5—压力表；
6、13、17—溢流阀；7—节流阀；8—换向阀；9—液压缸；12—补油泵；
14—闭式液压泵；15、16、18、19—单向阀；20—液压马达

图 3-2（a）中液压泵 3 经过滤器 2 从油箱 1 吸油，经各类换向阀 8 进入执行元件 9（液压马达或者液压油缸），执行元件的回油经由换向阀 8 返回油箱 1，液压油经过油散及油箱的冷却及沉淀后再次被液压泵吸入进入下一个循环。

在开式系统中由于换向及调速方式的不同又可分为阀控系统及泵控系统。

阀控系统顾名思义就是指液压系统的执行元件的换向及调速均由阀来完成，如图 3-2（a）所示，阀控系统中液压泵 3 可以是变量泵也可以是定量泵，换向阀 8 均为比例阀，执行元件的换向由多路阀来完成，而其速度的大小则依赖于换向阀的开口大小。

力士乐（Rexroth）的负荷传感泵＋M7 多路阀系统在履带起重机液压系统中运用广泛，是一个典型的阀控系统。

在图 3-2（a）所示的系统中，当液压泵 3 采用变量泵，换向阀 8 为开关阀时就变成了泵控系统。泵控系统中执行元件的换向由多路阀来完成，而其速度大小则直接由变量泵的排量来控制。

在泵控系统中，取消换向阀 8，并将液压泵 3 换成双向变量泵就变成了泵控系统的一种特殊形式——闭式系统，如图 3-2（b）所示。

（二）闭式系统

闭式系统中，液压泵的进油管直接与执行元件的回油管相连，液压油在系统的管路中进行封闭循环，系统的运行效率较高。

鉴于闭式系统管路封闭的特点，需要补油装置来弥补液压油的泄漏，并加装冲洗阀对系统进行散热。

此系统多用在履带起重机的回转机构中，大吨位履带起重机的卷扬提升机构也多采用此种方式。闭式系统的示例如图 3-2（b）所示。

图 3-2（b）中变量液压泵 14 的吸油管路直接与液压马达 20 的回油管路相连，形成一个闭合的回路，系统中补油泵 12 通过单向阀 18、19 向低压侧补油，用于补偿系统中各液压元件的泄漏损失。液压马达 20 是通过改变液流方向及流量来实现换向和调速的，故闭式系统多采用双向变量泵。

（三）开式系统和闭式系统的优缺点

1. 开式系统的优点

（1）一般采用双泵或三泵供油，当液压执行元件功率较大时，方便实现合流。

（2）引入多路阀，方便实现系统的复合动作，复合动作在履带起重机中是必不可少的。

2. 开式系统的缺点

当执行复合动作时，由于液压油优先向负载轻的执行原件流动，导致高负载的执行器动作困难，系统中需增加压力补偿。

3. 闭式系统的优点

（1）闭式系统中，补油、溢流等功能阀均集成在泵上，使得闭式系统的管路连接比较简便，缩小了安装空间，减少了由管路衔接造成的泄漏和管道振动，提高了系统的稳定性。

（2）设置有独立的补油，增加了泵进口处的压力，防止大流量时空蚀，提高泵的转速并防止吸空，延长了系统的寿命。

4. 闭式系统的缺点

（1）闭式系统管路为封闭结构，不能在主油路中增加滤清器，因此对系统内油液要求较高，如果油液污染，系统出现故障的概率较高。

（2）闭式系统中只有部分油液与外界进行交换，发热较大，不利于系统散热。

（3）补油不足时，系统极易损坏。

第二节　液压系统典型部件功能原理

一、液压泵

液压泵是液压系统的动力元件，是靠发动机或电动机驱动，从液压油箱中吸入油液，形成压力油排出，送到执行部件的一种元件。液压泵都是容积式液压泵，依靠周期性变化的密闭容积和配流装置来工作的，液压泵的性能好坏直接影响到液压系统的工作性能和可靠性。液压泵按结构可分为齿轮泵、叶片泵和柱塞泵，其中齿轮泵和柱塞泵是起重机中应用最广泛的两种液压泵。

（一）液压泵的工作原理及特点

1. 工作原理

液压泵是依靠密闭容积变化的原理进行工作的，故一般被称为容积式液压泵。单柱塞液压泵的工作原理图如图 3-3 所示。

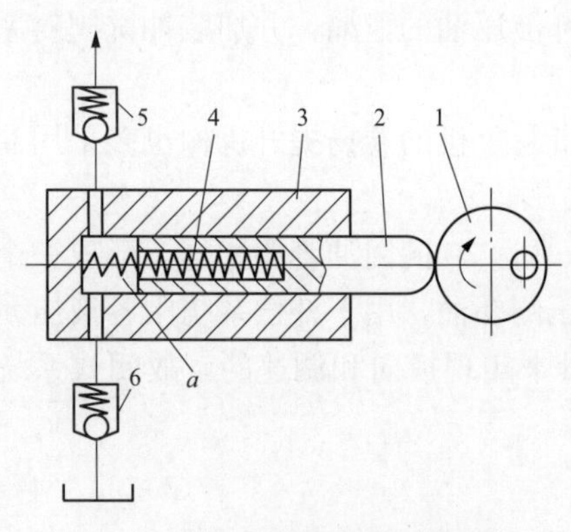

图 3-3　单柱塞液压泵工作原理
1—偏心轮；2—柱塞；3—缸体；
4—弹簧；5、6—单向阀

图 3-3 中柱塞 2 装在缸体 3 中形成密闭容积 a，柱塞在弹簧 4 的作用下始终压在偏心轮 1 上，原动机驱动偏心轮 1 旋转带动柱塞 2 做往复运动，使密闭容积 a 的大小发生周期性的交替变化，当 a 由小变大时就形成部分真空，使油箱油液在大气压的作用下经吸油管顶开单向阀 6 进入油腔 a 从而实现吸油；反之当 a 由大变小时油腔中吸满的油液将顶开单向阀 5 进入系统，从而实现压油。这样液压泵就将原动机输入的机械能转换成液体的压力能。原动机驱动偏心轮的不断旋转就实现了液压泵的不断吸油与压油。

2. 液压泵的特点

单柱塞液压泵具有一切液压泵的基本特点。

(1) 具有若干个密封且有可以周期性变化的空间。

液压泵的输出流量与密闭空间的容积变化量和单位时间内的变化次数成正比，与其他因素无关。这是容积式液压泵的一个重要特点。

(2) 油箱内液体的绝对压力必须恒大于或等于大气压力。

这是容积式液压泵能够吸入液压油的外部条件。为保证液压泵正常吸油，油箱必须与大气相通，或采用密闭的充压油箱。

(3) 具有相应的配流机构。

配流机构的作用是将吸油腔和排油腔隔开，保证液压泵有规律的连续吸排液压油。

(二) 液压泵的主要参数

1. 压力

工作压力：液压泵实际工作时的输出压力称为工作压力。工作压力与流量无关，主要取决于外负载的大小及管路上的压力损失。

额定压力：液压泵正常工作条件下，根据试验标准规定连续运转的最高压力称为液压泵的额定压力。

最高允许压力：在超过额定压力的情况下，根据试验标准规定，允许液压泵短暂运行的最高压力值，称为液压泵的最高允许压力。

2. 排量和流量

排量 V：液压泵每转一周，由其密封几何尺寸变化计算而得到的排出液体的体积叫液压泵的排量。排量可以调节的液压泵称为变量泵，排量不能调节的液压泵则称为定量泵。

理论流量 q_t：理论流量是指在不考虑液压泵泄漏的条件下，在单位时间内排出的液体体积。如果液压泵的排量为 V，主轴转速为 n，则该液压泵的理论流量 q_t 为 $q_t=Vn$。

实际流量 q：液压泵在某一具体工况下，单位时间内所排出的液体体积称为实际流量，它等于理论流量 q_t 减去泄漏和压缩损失后的流量 q_1，即 $q=q_t-q_1$。

额定流量 q_n：液压泵正常工作条件下，按照试验标准规定（额定压力和额定转速下）必须保证的流量。

3. 功率和效率

液压泵的功率损失：液压泵的功率损失有容积损失和机械损失两部分，容积损失是指液压泵在流量上的损失，而机械损失指的是液压泵在转矩上的损失。

液压泵输入功率 P_i：输入功率是指在液压泵主轴上的机械功率，等于转矩 T_i 与角速度 ω 的乘积 $P_i = T_i\omega$。

液压泵输出功率 P：输出功率是指在液压泵实际工作过程中的实际吸、压油口之间的压差 Δp 与输出流量 q 的乘积 $P = \Delta pq$。

液压泵的总效率：液压泵的总效率是指液压泵的实际输出功率与其输入功率的比值，为容积效率与机械效率的乘积。

（三）液压泵的分类

液压泵按其在单位时间内能输出油液的体积是否可以调节而分成定量泵和变量泵两类；按结构形式可分为齿轮泵、叶片泵和柱塞泵。

1. 齿轮泵

齿轮泵是液压系统中广泛采用的一种液压泵，它一般为定量泵，按结构不同又可分为外啮合齿轮泵和内啮合齿轮泵，而目前以外啮合齿轮泵应用更为广泛。

图 3-4 为外啮合齿轮泵工作原理图，它由壳体内的一对齿轮组成。当齿轮按图示方向旋转时右侧吸油腔由于相互啮合的轮齿逐渐分开，密闭工作空间逐渐增大，形成部分真空，因此油箱中的油液自大气压的作用下经吸油管进入吸油腔，将齿轮间槽充满，并随着齿轮旋转，把油液带到左侧压油腔内。在压油腔测，由于齿轮在此逐渐啮合，密闭工作空间逐渐减小，油液被挤出去，从压油腔输送到压力管路中去。在整个工作过程中，只要齿轮泵的旋转方向不变，其吸排油腔的位置也就不变，因此齿轮泵中不需要设置专门的配油机构，这是它和其他类型的容积式液压泵的不同之处。

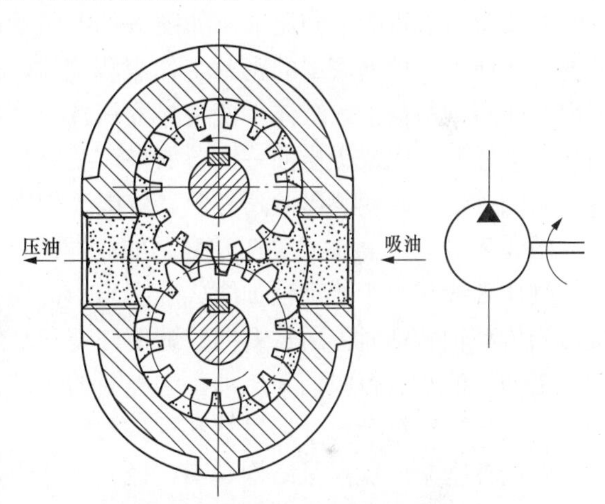

图 3-4　外啮合齿轮泵的工作原理

外啮合齿轮泵的优点是结构简单，尺寸小，重量轻，制造方便，价格低廉，工作可靠，自吸能力强，对油液的污染不敏感，维护容易。它的缺点是某些基件受不平衡径向力，磨损严重，泄漏量大，工作压力的提高受到限制，流量脉冲大，导致的压力脉冲及噪声均较大。

在履带起重机液压系统中，齿轮泵主要用在压力及流量要求不高的场合，如低压力油缸及控制或补油油路。

2. 叶片泵

叶片泵的结构较齿轮泵复杂，工作压力高，流量脉动小，工作稳定，噪声小，寿命较长，被广泛应用在专用机床，自动化生产线等中低压液压系统中，履带起重机中应用较少，因此此处不做详细介绍。

3. 柱塞泵

柱塞泵是靠柱塞在缸体中做往复运动造成密封容积的变化来实现吸油与压油的液压泵，与齿轮泵与叶片泵相比，柱塞泵有许多优点：①构成密封容积的零件为圆柱形的柱塞和缸孔，加工方便，可得到较高的配合精度，密封性能好，在高压下工作仍有较高的容积效率；②只需改变柱塞的工作行程就可改变流量，易于实现变量；③柱塞泵主要零部件均受压应力，材料强度性能可以得到充分利用。由于柱塞泵压力高，结构紧凑，效率高，流量调节方便，故常用在高压、大流量和大功率的系统和流量需要调节的场合，在履带起重机上应用较为广泛。

柱塞泵根据排列和运动方向的不同又可分为径向柱塞泵和轴向柱塞泵，其中轴向柱塞泵在履带起重机上应用最为广泛。

轴向柱塞泵是将多个柱塞轴向配置在一个共同缸体的圆周上，并使柱塞中心线和缸体中心线平行的一种泵，轴向柱塞泵有斜盘式和斜轴式两种形式。

图 3-5（a）为斜盘式轴向柱塞泵的工作原理，这种泵主要由缸体 1、配油盘 2、柱塞 3 和斜盘 4 组成。柱塞沿圆周均匀分布在缸体内。斜盘与缸体轴线倾斜一角度 γ，柱塞靠机械装置或低压油作用压紧在斜盘上（图 3-5 中使用弹簧压紧），配油盘 2 和斜盘 4 固定不变，当原动机通过传动轴使缸体转动时，由于斜盘作用，使柱塞在缸体内做往复运动，并通过配油盘的配油窗口进行吸油和压油。如图 3-4 中所示的回转方向，当缸体转角在 $\pi \sim 2\pi$ 范围内，柱塞向外伸出，柱塞底部的密封工作容积变大，通过配油盘的吸油窗口吸油。在 $0 \sim \pi$ 的范围内，柱塞被斜盘推入缸体，使密封容积减小，通过配油盘的压油窗口压油。缸体每回转一周，每个柱塞个完成吸压油一次，如果改变斜盘倾角，就可以改变柱塞行程的长度，即改变液压泵的排量。改变斜盘倾角方向，就能改变吸油和压油的方向，即成为双向变量泵。

图 3-5（b）为斜轴式轴向柱塞泵的原理图。

缸体轴线相对于传动轴轴线成一倾角，传动轴端部用万向铰链与缸体中的每个柱塞相连接，当传动轴转动时，通过万向铰链使柱塞和缸体一起转动，并迫使柱塞在缸体内做往复运动，借助配油盘进行吸油和压油。这类泵的优点是变量范围大，泵的强度较高，但与斜盘式相比，其结构较复杂，外形尺寸和重量均较大。

轴向柱塞泵的优点是结构紧凑，径向尺寸小，惯性小，容积效率高，一般应用在高压系统中，但其轴向尺寸较大，轴向作用力也较大，结构比较复杂。

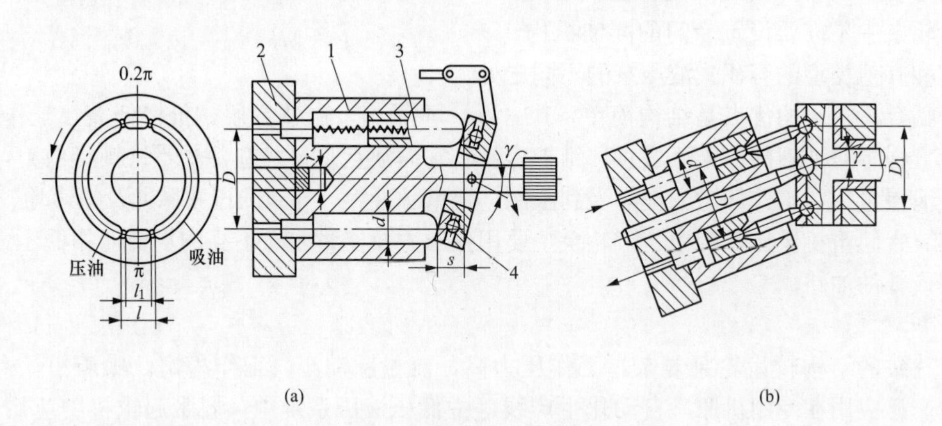

图 3-5　轴向柱塞泵工作原理

（a）斜盘式；（b）斜轴式

1—缸体；2—配油盘；3—柱塞；4—斜盘

（四）常用液压泵

1. 电比例控制变量柱塞泵 A11VLO190EP2D（见图 3-6）

（1）泵的排量变化与比例电磁铁的电流大小成正比，随着控制电流变大，排量由小变大，可实现无级调速。

（2）具备压力切断功能。压力切断是一种压力调节控制，当达到预先设定的工作压力时，压力切断阀将泵的排量调整到最小，消除过载时候的溢流损失。

（3）设置有辅助吸油泵，提高了冷启动性能。

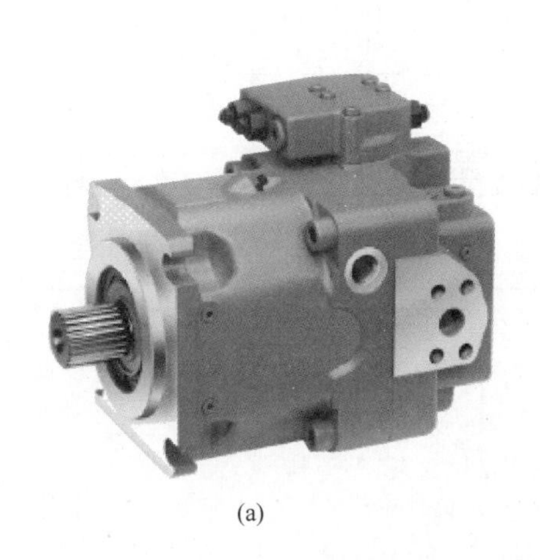

(a)

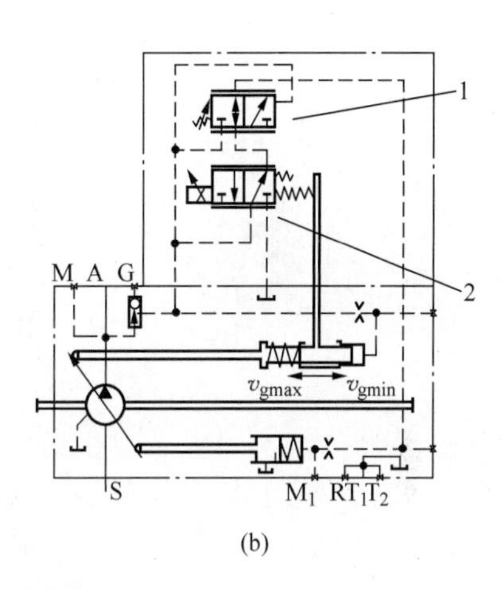

(b)

图 3-6　电比例控制变量柱塞泵

（a）外形图；（b）内部原理图

1—压力切断阀；2—变量调节电磁阀

2. 遥控压力控制变量柱塞泵 A10VO45DRG（见图 3-7）

（1）工作压力保持恒定；

（2）带远程控制端口 X。通过在 X 口切换不同压力溢流阀来实现泵输出压力的切换。

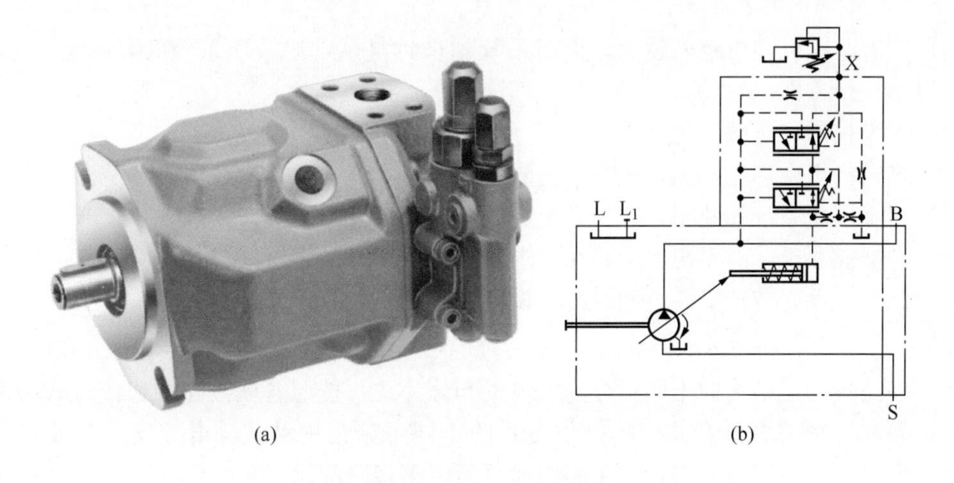

图 3-7　遥控压力控制柱塞泵

（a）外形图；（b）内部原理图

3. 电比例控制变量柱塞泵 A4VG180EP4D（见图 3-8）

（1）泵的排量变化与比例电磁铁中的电流强度成正比，随着控制电流变大，排量由小变大，实现无级调速；

（2）斜盘可以摆过中位，实现流向的平稳改变；

（3）泵在高压油侧配备两个溢流阀［图 3-8（b）中 1、2］来保护液压系统免于超载；

（4）内置压力切断阀［图 3-8（b）中 2］；

（5）内置辅助泵用作补油泵和控制油泵。

(a)

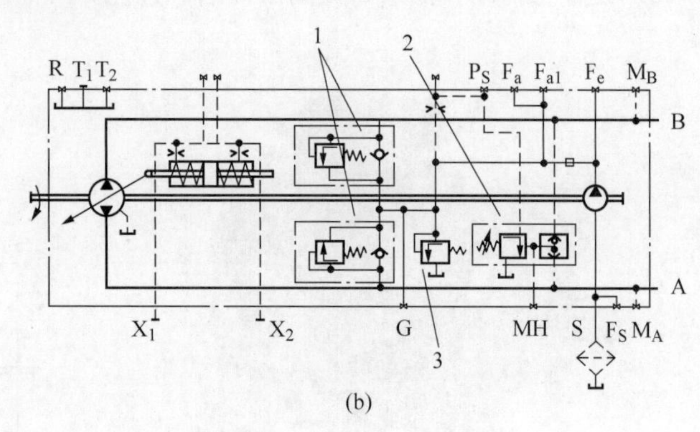

(b)

图 3-8　电比例控制变量柱塞泵

（a）外形图；（b）内部原理图

1—高压溢流阀；2—压力切断阀；3—补油溢流阀

二、多路阀

多路阀是将两个以上的阀块组合在一起，用以操纵多个执行元件的运动。因它可根据不同液压系统的要求，把各种阀组合在一起，所以它结构紧凑，管路简单，压力损失小，而且安装方便，所以被广泛应用于工程机械，起重运输机械和其他要求操作多个执行元件运动的机械中。

（一）多路阀的作用

目前随着起重机吨位越来越大，液压系统越来越复杂，对液压系统的要求也越来越高，主要有以下几个方面：

（1）无极控制与负载变化无关。

（2）多卷扬组合动作，满足多个机构的同时工作。

（3）提高液压系统的效率，减少系统发热。

（4）有减震要求，对系统的平稳性要求高。

（5）高集成性，节约安装空间，减轻设备自重。

（二）多路换向阀的分类

按照多路阀铸造结构的不同可分为整体式和分片式。按照各联油路的连接方式不同可分为串联、并联、串并联混合式。按操作方式的不同可分为手动式、电控式、液控式和气动式。按节能效果的不同可分为普通多路阀和负荷传感多路阀。

1. 多路换向阀的基本工作原理

（1）压力损失原理。

黏性流体在管道内流动时，都要受到与流体流动方向相反的流体的阻力，消耗能量，并以压力的形式反映出来，故称压力损失，如图 3-9 所示。压力损失一般分为局部压力损失和延程压力损失。

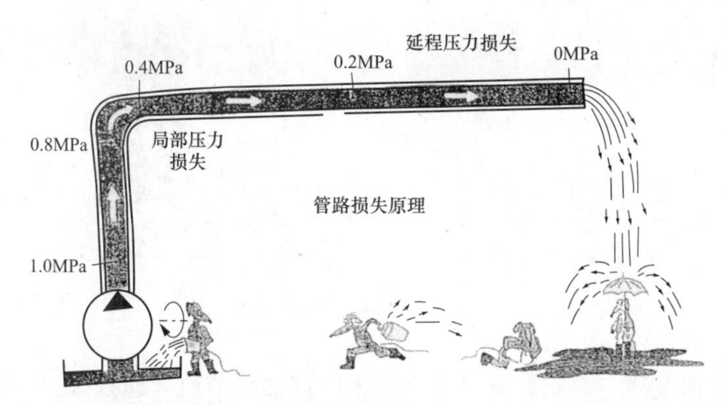

图 3-9　管路损失原理

（2）压力控制阀——溢流阀原理。

溢流阀用来控制系统压力的阀，依靠阀芯的调节作用，可使阀的进口压力不超过或者保持设定值，在系统中用来限制系统的最高压力，如图 3-10 所示。

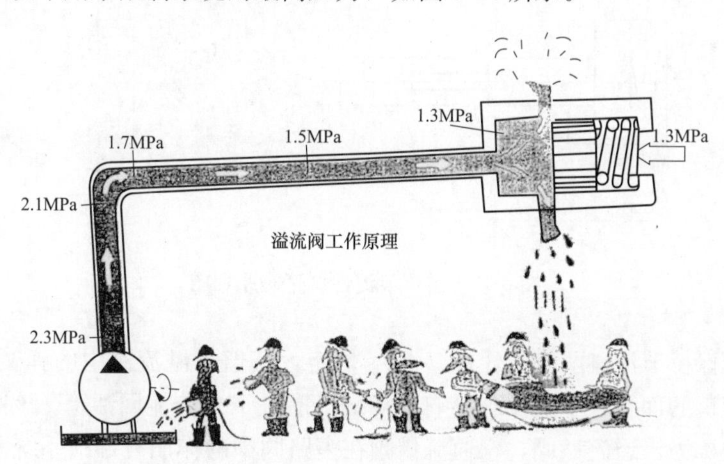

图 3-10　溢流阀工作原理

（3）流量控制阀——节流阀原理。

节流阀主要通过改变节流截面来控制流量的阀，使用在负载变化不大或速度稳定性不高的场合，如图 3-11 所示。

（4）流量控制阀——调速阀原理。

调速阀的作用也是调节流量，控制执行元件的速度，使所调节的流量稳定，该流量只决定于调速阀的开口量的大小，不受负载变化的影响。

调速阀可分为溢流节流型调速阀和减压节流型调速阀。

1）溢流节流型调速阀。

组成：溢流阀和节流阀并联，如图 3-12 所示。

原理：靠定压作用的溢流阀进行压力补偿，保持节流口前后压差恒定。

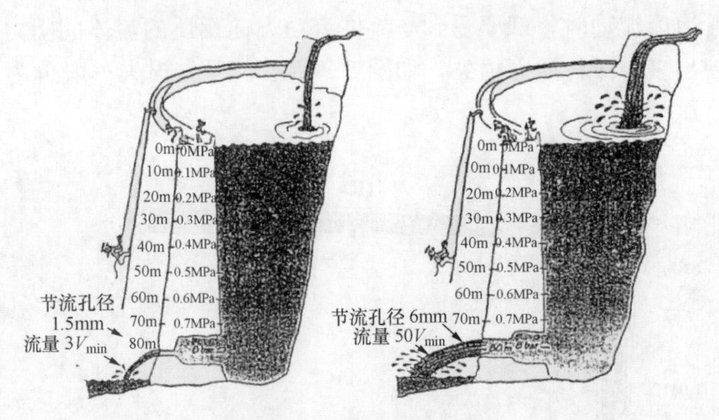

图 3-11　节流阀工作原理

适用范围：对速度稳定要求较高且功率较大的进油路节流调速系统。

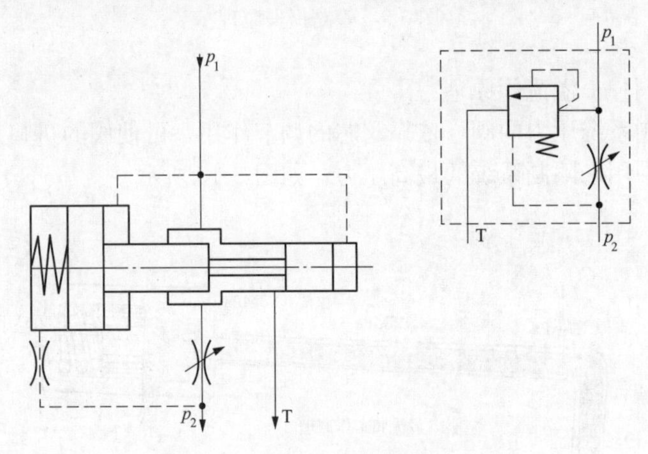

图 3-12　溢流节流性调速阀原理图

通过溢流阀保持节流口两侧的压差 p_1-p_2 恒定，其值为溢流阀中的弹簧力 F_s。所控流量只取决于节流口的面积，不受负载影响，多余流量由 T 口分流回油箱。该阀因有一个进口两个出口故也被称为三通流量阀，三通流量阀在多路阀中的作用有卸荷系统总流量、控制每片阀的总流量、建立系统所需压力、具有一定的减震作用。

2）减压节流型调速阀。

组成：减压阀和节流阀串联，如图 3-13 所示。

原理：靠定压减压阀来保持节流口前后压差恒定。

适用范围：负载变化大，运动稳定性要求高的场合。

一般的多路换向阀中，两组以上的换向阀同时工作时，压力油首先流向负载低的一侧油路，而在多路阀中增加了此阀后，起到了压力补偿的作用，在负载压力不同的情况下也可以进行各种复合动作。鉴于此阀的此种作用，故常被称作为压力补偿阀，由于其有一个进口一个出口，也被称为两通流量阀。

2. 常用多路阀 M7（见图 3-14）

LUDV 控制与负载压力无关的流量分配，LUDV 压力补偿器均与最高压力有关。LUDV

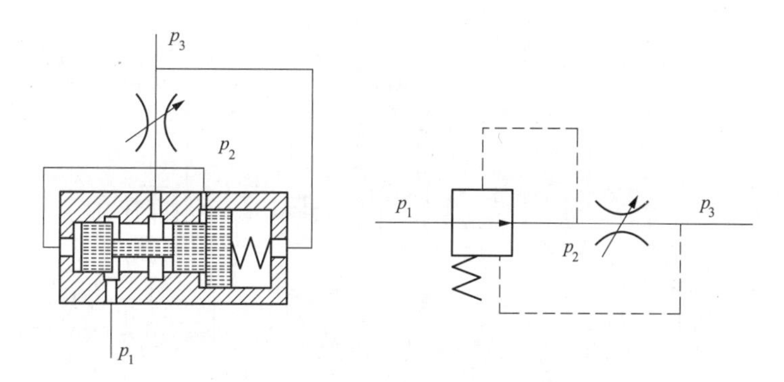

图 3-13　减压节流型调速阀原理图

控制的最大优点就是如果系统供油不足，不会有任何执行器停止工作。

LUDV 负载传感阀是力士乐公司生产的一种多路阀，采用阀后压力补偿的方式，实现“与负载压力无关的流量分配”。其主要特点是如果系统内出现流量不足，即油泵不能按所要求的速度向各执行元件提供足够的流量时，各执行元件的速度将按比例减小，而不会有任何执行元件停止工作。此类型的多路阀在起重机和挖掘机上应用比较广泛。下面将对其工作原理进行分析。

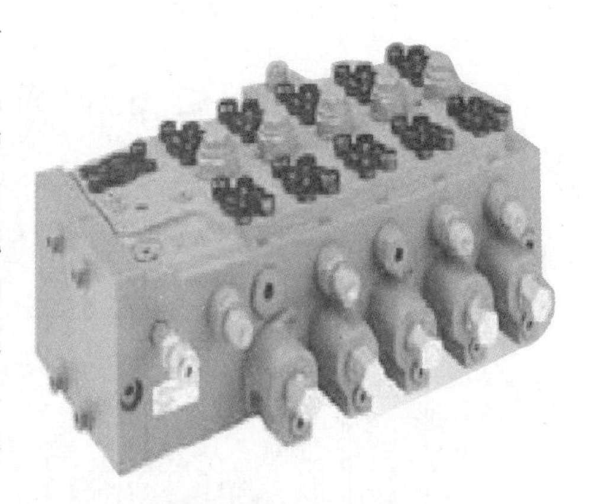

图 3-14　M7 多路阀

图 3-15 是 LUDV 阀的剖视图。先导油通过先导油口“a”和“b”进入弹簧腔，进而推动主阀芯移动。先导油压力的大小决定了主阀芯 6 的行程。主阀芯的移动方向和距离的大小决定流至执行元件油口（A 或 B）的流量。压力补偿器 4 控制主阀芯到执行元件油口的压力差（Δp_1），从而控制经过该阀的流量。

为了便于理解 UDV 负载传感阀的液压原理，把主阀芯进行分解，如图 3-16（a）所示，它实际上由阀的节流部分和阀的换向部分组成。阀块原理展开如图 3-16（b）所示，压力油进入操纵阀先通过阀节流部分，后经压力补偿阀，最后通过阀换向部分流向液压执行元件。阀后补偿压力补偿阀布置在操纵阀的可变节流口之后，由于液压作用元件一般都是双作用，有 A、B 两条油路，为了避免两条油路都设压力补偿阀，因此油路换向部分设在压力补偿阀之后。为了简化阀的结构，把节流部分和换向部分集成于一体（操纵阀中）。

（1）系统中只有一个执行元件动作。

如图 3-17 所示，先导油从 A 口推动主阀芯向左移动，P 口高压油经进口节流槽（图 3-15 中 8）节流后进入压力补偿器进油口（P′），此时的压降为 Δp_1。根据负载传感特性，系统的流量会维持 Δp_1 恒定。压力补偿器在压力 p'的作用下向上移动至顶端，压力补偿器下端完全打开，没有节流作用。P′腔与传感油路（LS）之间的通道打开，两端压力基本相等（存在较小压降，补偿器弹簧较小可忽略）。高压油继续推开左侧负载保持阀（图 3-15 中 3）进入 P_C 腔，经过通道 $P_C \rightarrow A$（图 3-15 中 11）驱动执行元件运转。这种工况只有在 P 腔和 P′腔之间的进口节流槽处有节流作用，各处压力关系为：

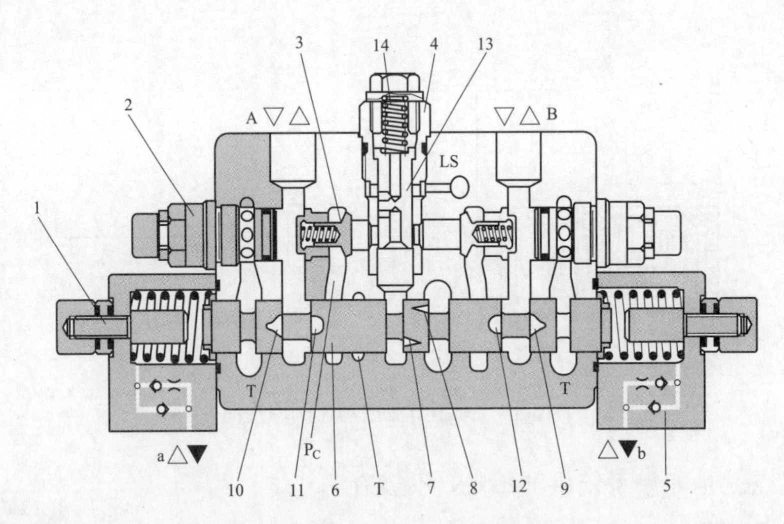

图 3-15　LUDV 负载传感阀剖面图

1—行程限制器；2—二次溢流阀/补油阀；3—负载保持阀；4—LVDV 压力补偿阀；5—先导压力缓冲阀；6—主阀芯；7—进口节流槽 P-P′-A；8—进口节流槽 P-P′-B；9—出口节流槽 B-T；10—出口节流槽 A-T；11—通道 P_C-A；12—通道 P_C-B；13—压力补偿器活塞；14—压力补偿器弹簧

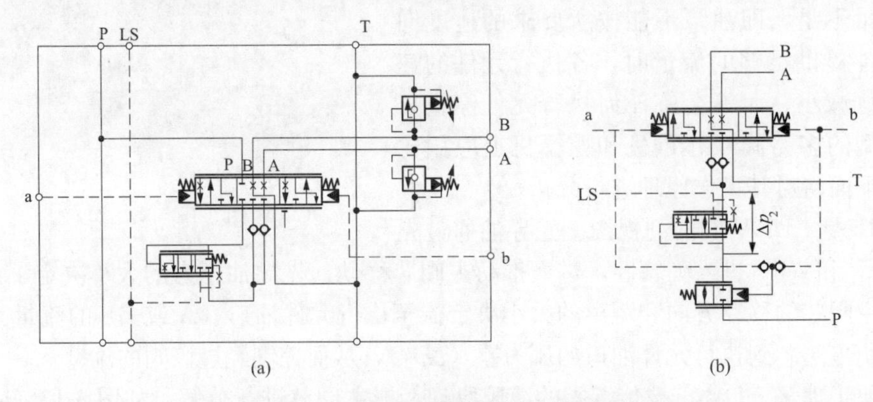

图 3-16　LUDV 负载传感阀内部原理图

（a）LUDV 内部原理图；（b）LUDV 内部原理展开

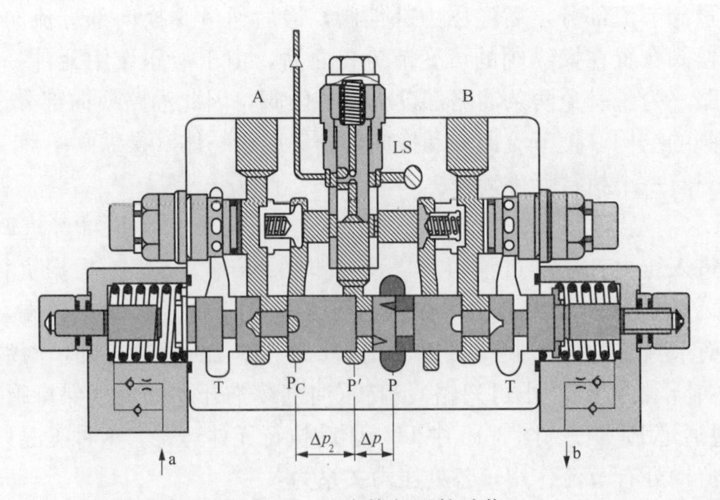

图 3-17　一个执行元件动作

$$\Delta p_2 = 0 \tag{3-1}$$

$$p = p' + \Delta p_1 \tag{3-2}$$

$$p' \approx p_C \approx p_A \tag{3-3}$$

2）系统中有两个或多个执行元件复合动作，且负载压力各不相同（较高负载压力为 p_{CH} ，较低负载压力为 p_{CL} ），如图 3-18 所示。

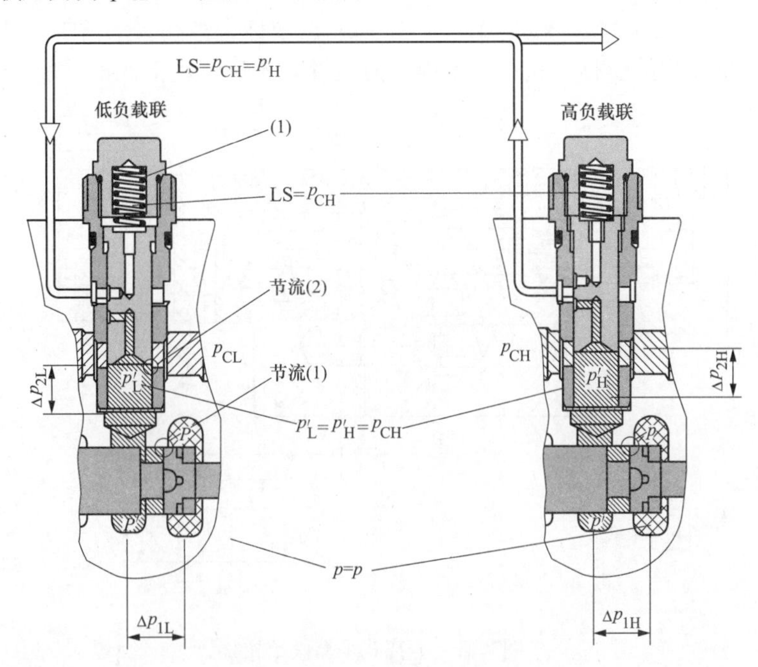

图 3-18　多个执行元件复合动作

LS 信号由最高负载压力决定：

$$LS = p'_H = p_{CH} = p - \Delta p_{1H} \tag{3-4}$$

负载较低阀的 P′腔与传感油路（LS）通道关闭。压力补偿阀在传感油压力（p_{LS}）和进口节流槽后压力（p'_L）作用下，浮动于某个平衡位置，其压力关系为：

$$p_{LS} = p'_L = p - \Delta p_{1L} \tag{3-5}$$

即：

$$\Delta p_{1H} = \Delta p_{1L}\ ,\ p'_H = p'_L \tag{3-6}$$

由上式可以得出，负载不同的两联阀，分别经过各自的进口节流槽后产生的压降是相同值。因此，经过各联阀芯的流量大小只与进口节流槽的开度大小成正比，而与负载压力无关。

负载轻的压力补偿器活塞开口较小，起节流作用，液压油通过时产生压降 Δp_{12}，压力关系为：

$$\Delta p_{2L} = p'_L - p_{CL} \tag{3-7}$$

即：

$$\Delta p_{2L} = p_{CH} - p_{CL} \tag{3-8}$$

由上式可知，各执行元件之间的压力差值由压力补偿器弥补。

三、平衡阀

（一）平衡阀的结构及工作原理

一般滑阀式平衡阀，因其密封性及稳定性不佳，不能使用在工程机械上。工程机械上使用的是特殊结构的平衡阀，它们具有很好的密封性和稳定性。

工程机械上经常使用的平衡阀有分离式（见图 3-19）、锥阀式（见图 3-20）和综合式（见图 3-21）三种结构。

图 3-19 的平衡阀将节流口和密封面分开，也被称为分离式结构。这样节流面积随位移变化规律可任意设计，有利于改善阀的性能。

图 3-20 将节流口与密封口做成一体——锥面，也被称为锥阀式平衡阀，其结构简单，轴向尺寸小，但节流面积随位移变化规律不能随意设计，不利于提高阀的性能。

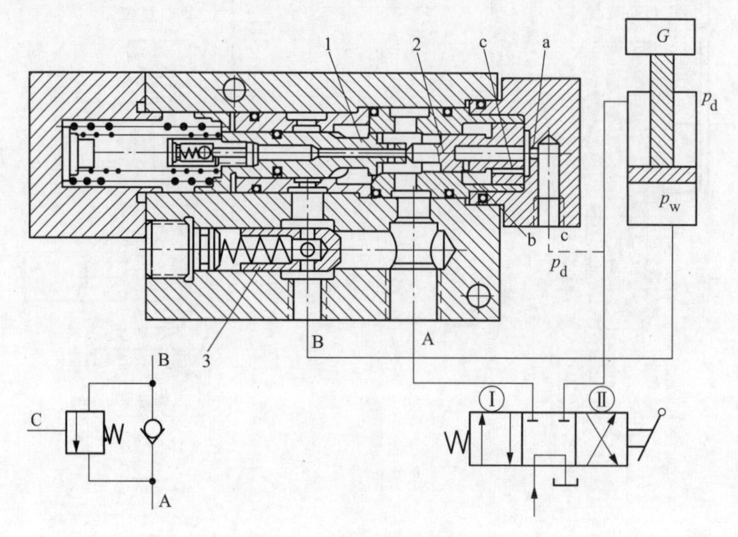

图 3-19　分离式平衡阀结构

1—主阀芯；2—导控活塞；3—单向阀

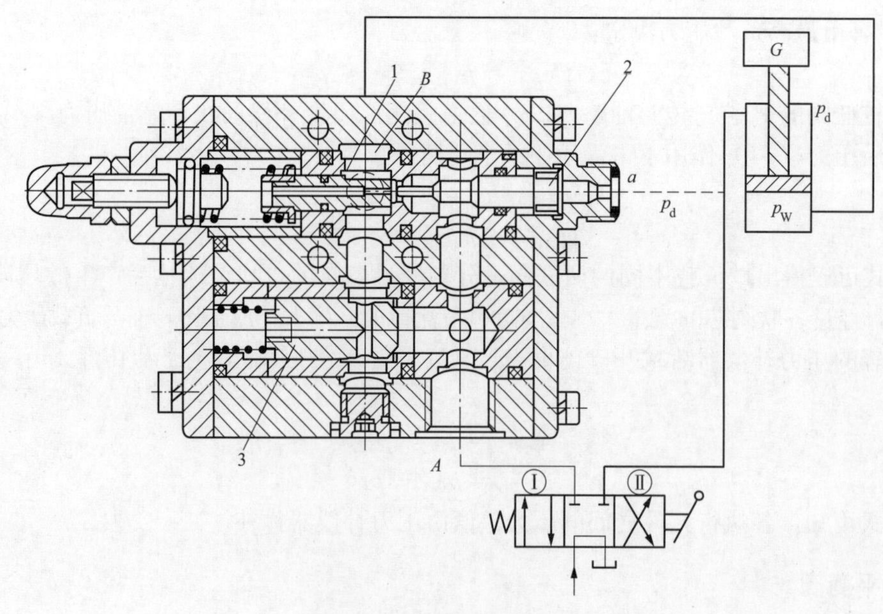

图 3-20　锥阀式平衡阀结构

1—主阀芯；2—导控活塞；3—单向阀

图 3-21 综合两种节流结构的特点，节流口和密封面仍然分开，但做得非常靠近，这样既有较小轴向尺寸，节流口面积随阀位移变化规律又可任意设计，有利于提高阀的性能。这种结构被称为综合式平衡阀。

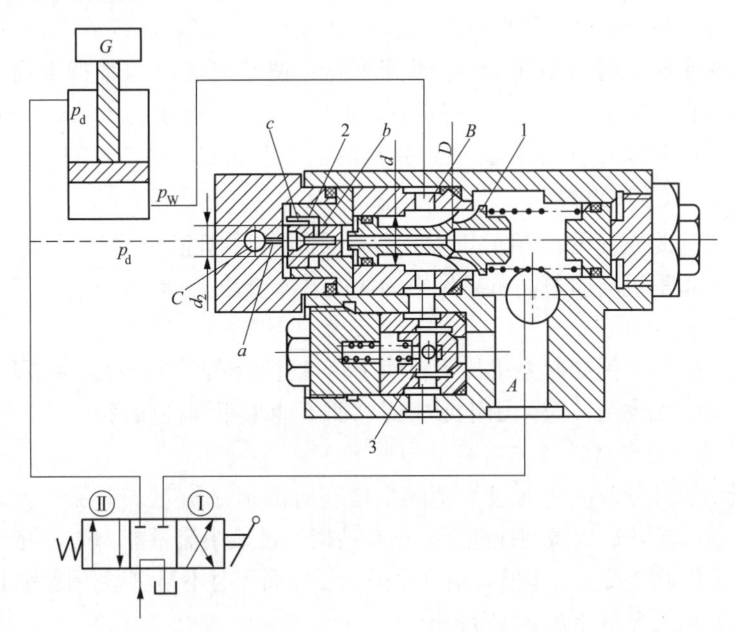

图 3-21　综合式平衡阀结构

1—主阀芯；2—导控活塞；3—单向阀

现以图 3-21 为例说明平衡阀的工作原理。其主要有以下三种工况：

1. 举重起升

当换向阀处于Ⅰ位工作时，高压油经平衡阀 A 口，顶开单向阀 3，经 B 口进入液压缸无杆腔，使重物上升，这种工况不会出现问题。

2. 承重静止

当换向阀处中位时，重物 G 静止。重物 G 通过活塞对液压缸的无杆腔的封闭油液施加作用力，利用“油垫”将重物支持在某一固定位置。这种工况，对所有密封面均提出了严格要求，应尽量做到滴水不漏，才能防止重物自然沉降。工程机械使用的平衡阀中单向阀 3 和主阀芯 1 都是锥面密封，密封性能较好，可保证重物长时间不沉降。

3. 负重下降

这是平衡阀的主要工作工况。当换向阀处Ⅱ位工作时，如无平衡阀，将 A 、B 口与管路直接相连，重物 G 的作用就会产生超速下降。要使重物避免超速下降，液压缸的无杆腔应产生足够背压 p_w ，p_w 至少应满足以下条件，才能使重物匀速下降：

$$p_w \times A_P = G$$

式中　A_P——油缸无杆腔的受压面积；

G——重物重力。

若有杆腔也有一定的压力 p_d ，重物匀速下降条件应满足：

$$P_w = \frac{G}{A_P} + \frac{P_d}{\phi} \tag{3-10}$$

式中 A_P——油缸无杆腔的受压面积；

ϕ——缸速比，卷扬 ϕ 取1。

平衡阀的作用就是自动保证上式条件。在缸活塞杆带动重力负载 G 不断下降时，当主阀芯2开口不够大时，泵压力 p_d 因油的不可压缩性而迅速升高，压缩弹簧使开口增大。当开口太大，驱使活塞超速下时，泵压力 p_d 迅速下降，使开口变小以维持重物匀速下降条件。经过 p_w、p_d 和缸速度的自动平衡，必将得到必要的 p_w 来平衡重物负载 G，使活塞杆匀速下降。在稳态下降时，泵压力 p_d 实际是通过导控活塞2来控制主阀芯1的适当开口的压力。

（二）起重机平衡阀的要求

通过以上平衡阀的原理的介绍可以看出平衡阀在起重机液压系统设计中举足轻重的作用，同样可以得出起重机高质量高可靠性平衡阀的基本要求有如下两点：

1. 密封性能要好

使用平衡阀的机构，例如起升机构不自然下落，停留时间的长短，主要取决于平衡阀的内漏，要保证高压下无内漏，应采用锥形密封，而不能采用圆柱面密封。

2. 保证通过最小流量时节流口有良好的通流性能

机构的微调性能部分取决于通过平衡阀不堵塞时的最小流量。节流口流过较小流量时，开口面积较小，易堵塞，造成微调性能差。锥阀结构通过最小流量能力差，综合式、分离式结构较好，在圆柱面开矩形或三角沟槽，则可保证小开口面积时不易堵塞，提高机构微动性能。

（三）履带起重机常用平衡阀的对比

履带起重机中起升、变幅等机构都采用卷扬机形式，因此此处只对卷扬机用平衡阀做一下对比。目前国内平衡阀应用较为广泛的主要有以下几种。

1. 力士乐FD系列

特点：

（1）平衡阀为一体结构，没有独立的单向阀，如图3-22所示；

（2）与力士乐系统整体匹配性较好；

（3）外形尺寸较大，阻尼可调性差，微动性效果不佳。

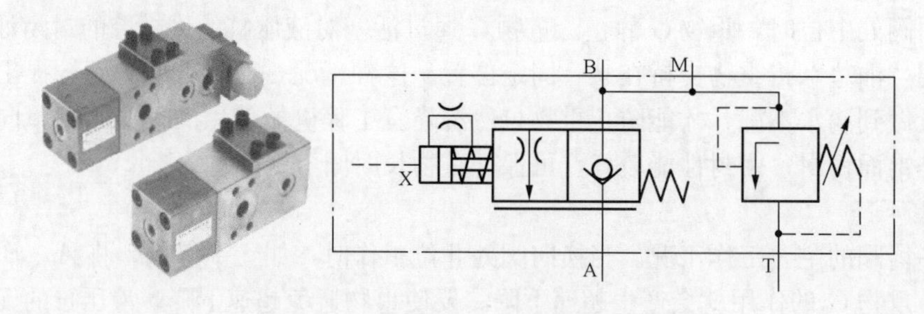

图3-22　力士乐FD平衡阀及其原理

2. BUCHER平衡阀

特点：

（1）先导开启比为1∶113，受压力波动影响较大；

（2）平衡阀为一体结构，外观尺寸相对较小，如图3-23所示；

（3）采用3～4个阻尼进行压力滤波，匹配相对困难，匹配不好，存在抖动、下放速度慢现象；

（4）负载压力作用于主阀芯驱使阀芯关闭，比较安全可靠；

（5）对开启压力响应较快，灵敏度较好；

（6）为两级先导随动结构平衡阀，稳定性相对差一些；

（7）依靠先导阻尼进行缓冲，多个阻尼匹配困难，有时需采用0.3mm阻尼，才能稳定，适应性较差。

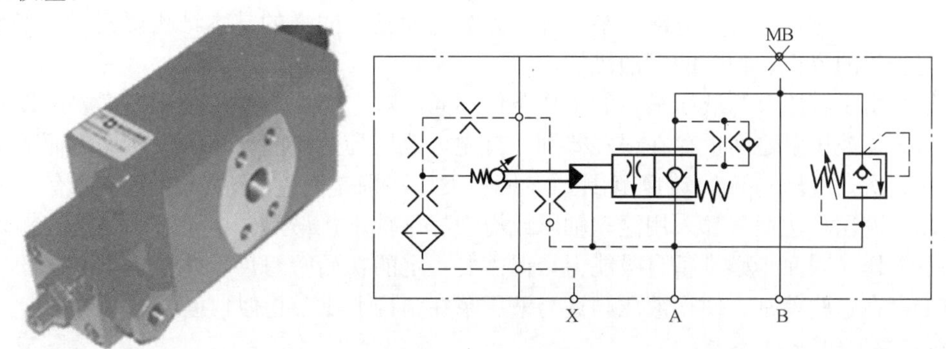

图3-23　BUCHER平衡阀及其原理

3. 意大利WESSEL平衡阀

特点：

（1）先导开启比为1∶20，压力波动对阀芯开启影响较小，如图3-24所示；

（2）有独立流动的单向阀（BUCHER），起升时主阀芯不打开；

（3）外形尺寸相对布赫较大，阻尼可调性好，微动性好；

（4）负载压力不会对主阀芯产生影响，开启压力仅取决于弹簧力，主阀芯行程较长，可控性好，双弹簧设计，更加安全可靠；

（5）主阀芯为两段结构，锥阀密封和滑阀调节，确保零泄漏和有较好的调节特性；

（6）采用环形阻尼，可避免油液污染对平衡阀开启的影响；

（7）弹簧腔活塞两级缝隙缓冲结构，既能快速响应又能平缓开启。

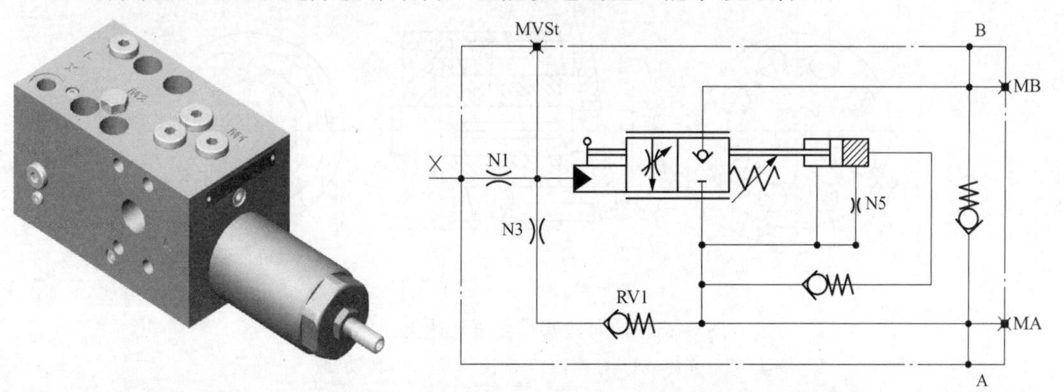

图3-24　意大利WESSEL平衡阀及其原理

综上所述，力士乐FD平衡阀绑定其液压产品产品销售匹配比较好，WESSEL平衡阀侧重于平稳性，匹配相对容易，BUCHER平衡阀侧重于安全性，因为它们采用不同的结构，所以具有不同的特性，在国内外的起重机中应用较为广泛。

四、液压马达

液压马达是液压系统的一种执行元件，它将液压泵提供的液体压力能转变为其输出轴的机械能（转矩和转速）。从能量转换的观点来看，液压泵与液压马达是可逆工作的液压元件，向任何一种液压泵输入工作液体，都可使其变成液压马达工况；反之，当液压马达的主轴由外力矩驱动旋转时，也可变为液压泵工况。因为它们具有同样的基本结构要素——密闭而又可以周期变化的容积和相应的配油机构。

但是，由于液压泵与液压马达的工作条件不同，对它们性能要求也不一样，所以同类型的液压马达与液压泵之间也存在很多差别。首先，液压马达应能够正、反转，因而要求其结构对称；其次，液压马达的转速范围要求足够大，特别是对它的最低稳定转速有一定的要求。因此，液压马达通常都采用滚动轴承或滑动静压轴承；最后，由于液压马达在输入压力油条件下工作，因而不必具备自吸能力，但需要一定的初始密封性，才能提供必要的启动转矩。由于存在这些差别，使得液压马达与液压泵在结构上比较相似，但不能可逆工作。

（一）液压马达的分类

液压马达按其结构类型可以分为齿轮式、叶片式、柱塞式，同样轴向柱塞式液压马达是起重机液压系统中最广泛应用的形式，它主要被应用在起重机起升及变幅机构中。

（二）轴向柱塞液压马达的工作原理

配油盘和斜盘固定不动，液压马达轴与缸体相连接一起旋转。当压力油经配油盘的窗口进入缸体的柱塞孔时，柱塞在压力油作用下外伸，紧贴斜盘，斜盘对柱塞产生一个法向反力P，此力可分解为轴向分力和垂直分力Q。轴向分力与柱塞上液压力相平衡，而Q则使柱塞对缸体中心产生一个转矩，带动液压马达轴逆时针方向旋转。轴向柱塞液压马达产生的瞬时总转矩是脉动的。若改变液压马达压力油输入方向，则液压马达也按反方向旋转。斜盘倾角α的改变（即排量的变化），不仅影响液压马达的转矩，而且影响它的转速和转向。斜盘倾角α越大，产生转矩越大，转速越低，如图 3-25 所示。

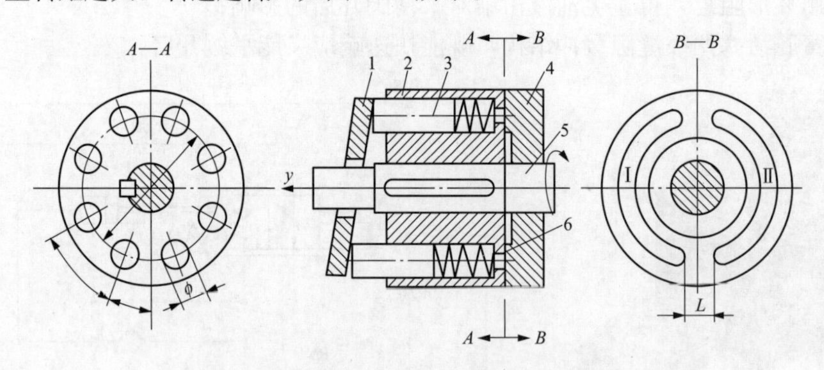

图 3-25 轴向柱塞式液压马达工作原理

1—斜盘；2—壳体；3—柱塞；4—配油装置；5—传动轴；6—弹簧

（三）液压马达的基本参数及基本性能

1. 液压马达的排量及排量与转矩的关系

液压马达在工作中输出的转矩大小是由负载转矩所决定的。但是推动同样大小的负载，工作容腔大的液压马达的压力要低于工作容腔小的液压马达的压力，所以说工作容腔的大小是液压马达工作能力的重要标志。

液压马达工作容腔大小的表示方法和液压泵相同，也是用排量 V 表示，液压马达的排量是一个重要的参数，根据排量的大小，可以计算给定压力下的液压马达所输出的工作扭矩，也可以计算出给定负载转矩下的工作压力的大小。当液压马达的进、出油口的压力差为 Δp，流入液压马达的流量为 q，液压马达输出的理论转矩为 T_i，角速度为 ω，如果不记损失，液压泵输出的液压功率应当全部转化为液压马达输出的功率，即：$\Delta p \cdot q = T_i \cdot \omega$ 。又因为 $\omega = 2\pi n$ ，$Q = V \cdot n$ ，所以液压马达的理论输出扭矩为 $T_i = \dfrac{\Delta p \cdot V}{2\pi}$。

2. 液压马达的机械效率和启动机械效率

由于液压马达内部不可避免地存在各种摩擦，实际输出扭矩 T 总要比理论值 T_i 要小，即

$$T = \frac{\Delta p \cdot V}{\pi} \cdot \eta_m$$

式中　η_m ——液压马达的机械效率。

除此之外，在同样的压力下，液压马达由静止到开始转动的启动状态的过程中，输出转矩要比运转中的转矩小，这就给液压马达的带载启动造成困难，因此启动性能是液压马达重要的一个性能。启动转矩降低的原因是静止状态下的摩擦系数最大，在摩擦表面出现相对滑动后摩擦系数会明显减小，这是机械摩擦的一般性质。对液压马达来说，更重要的是静止状态时润滑油膜被挤掉，基本变成了干摩擦，一旦液压马达开始运动，随着润滑油膜的建立，摩擦力即刻下降，并随着滑动速度增加和油膜变厚而减小。

液压马达的启动性能指标用启动机械效率 η_{m0} 表示：

$$\eta_{m0} = \frac{T_0}{T_t}$$

式中　T_0——液压马达的启动转矩。

3. 液压马达的转速

液压马达的转速取决于供油的流量 q 和液压马达的排量 V 。由于液压马达内部有泄漏，所以其实际转速比理想情况要低一些。

$$n = \frac{q \cdot \eta_V}{V}$$

式中　η_V——液压马达的容积效率。

4. 调速范围

当负载从低速到高速在很宽的范围内工作时，要求液压马达能够在较大的调速范围工作，液压马达的调速范围用允许的最大转速与最低转速之比表示，显然调速范围宽的液压马达具备好的高速性能和好的低速稳定性。

（四）常用液压马达

1. 插装式定量液压马达 A2FE160（如图 3-26 所示）

（1）输出转速与泵流量和液压马达排量有关。

（2）扭矩随高低压侧的压差及排量增加而增加。

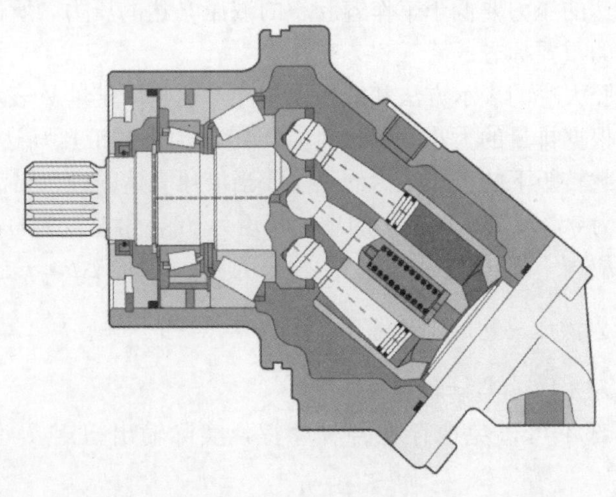

图 3-26　力士乐定量液压马达

(3) 安全方便、只需简单地插入减速机。

2. 电比例控制变量柱塞液压马达 A6VM200EP2D（如图 3-27 所示）

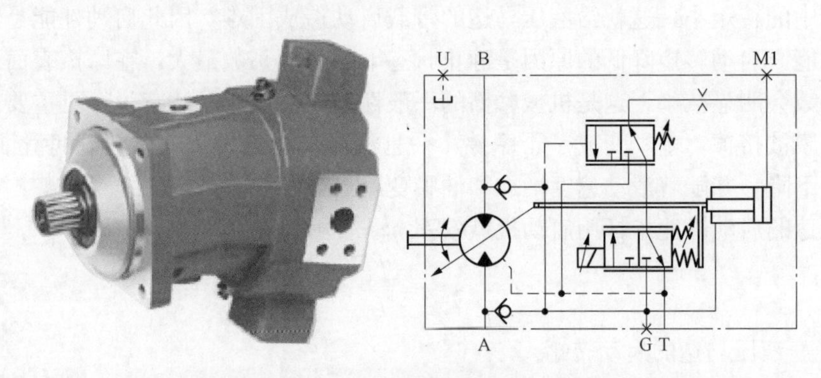

图 3-27　力士乐变量柱塞液压马达及其原理

(1) 液压马达的排量变化与比例电磁铁中的电流强度成反比，随着控制电流变大，排量由大变小，实现无级调速，能满足高转速和大扭矩的要求。

(2) 具有压力切断功能，当压力超过设定值，液压马达自动向大排量变化，以提供更大的扭矩，压力控制优先于电比例控制。

3. 电比例控制变量柱塞液压马达 A6VM250Hz（如图 3-28 所示）

(1) 液压先导两点变量，具有快速和慢速行走两个挡。

(2) 实现大的驱动力，通过并联油路实现四驱单侧履带减速机的同步。

(3) 牵引力大，可实现 100%带载行走。

(4) 制动器开启通过自身油路打开，减少管路连接。

五、液压油的选择及维护

液压系统的工作性能直接影响工程机械整机的可靠性，而液压油作为传递能量的介质，

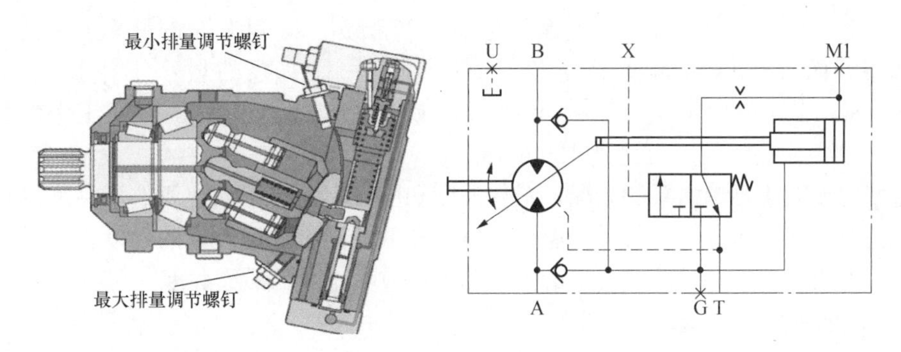

图 3-28　力士乐电比例控制变量柱塞液压马达及其原理

同时还具有冷却、润滑、防锈的功能，对液压系统的正常运行起着举足轻重的作用。正确使用液压油，既能最大限度地发挥液压系统的性能，又能延长液压元件的使用寿命，以确保整机使用的可靠性和稳定性。据统计，液压系统 70%以上的故障都是由于没有正确使用液压油引起的。

（一）液压油的正确选用

液压油的合理选用是正确使用液压油的第一步。一般来说，液压油的选用应遵循的原则有性能优良、经济合理、质量可靠、便于管理。

1. 选用依据

（1）一般工程机械制造商在设备说明书或使用手册中规定了该设备液压系统使用的液压油品种、牌号和黏度级别，用户首先应根据设备制造商的推荐选用液压油。

（2）根据液压系统的环境温度选择液压油。环境温度高尺寸，选用高黏度的液压油；反之，则选用低黏度的液压油。

（3）根据液压系统的工作压力、速度来选择液压油。系统压力高时，选用高黏度的液压油；反之，则选用低黏度的液压油。

（4）根据液压系统液压元件的结构特点选择液压油。液压系统中包含多种液压元件，但液压泵转速最高、压力最大、工作温度最高、工作条件最苛刻，一般以泵的要求为依据选择液压油。

（5）根据工作有无火险选择液压油。在有火险的设备上，需选用抗燃性液压油。

2. 选择方法

（1）确定种类。普通液压油适用于工作温度较高、运转时间较长、压力范围较宽的系统；抗磨液压油适用于工作压力较高的系统；低凝液压油适用于工作温度较低、运转时间较长、压力范围较宽的系统。

（2）确定黏度。选定合适的品种后，还要确定采用何种黏度级别的液压油才能使液压系统在最佳状态下工作。选用大黏度虽然对润滑性有利，但会增加系统的阻力，使压力损失增大，造成功率损失、油温上升、液压动作不稳而出现噪声。过高的黏度还会造成低温启动时吸油困难，甚至造成低温启动时中断供油，发生设备故障。相反，当液压系统黏度过低时，会增加液压元件的内、外泄漏，使液压系统工作压力不稳、压力降低、液压工作部件不到位，严重时会导致泵磨损增加。

选用黏度级别首先要根据泵的类型决定，每种类型的泵都有它适用的最佳黏度范围。叶片泵为 25～64mm²/s，柱塞泵和齿轮泵都是 30～135mm²/s。叶片泵的最小工作黏度不应低于 13mm²/s，而最大启动黏度不应大于 800mm²/s；柱塞泵的最小工作黏度不应低于 11mm²/s，最大启动黏度不应大于 900mm²/s；齿轮泵要求黏度较大，最小工作黏度不应低于 15mm²/s，最大启动黏度可达到 1200mm²/s。

选用黏度级别还要考虑泵的工况，工作温度和压力高的液压系统要选用黏度较高的液压油，可以获得较好的润滑性；相反，温度和压力较低，则应选用较低的黏度，这样可节省能耗。此外，液压油在系统最低温度下的工作黏度不应大于泵的最大黏度。

（二）液压油的正确维护

1. 使用前过滤和净化

液压油使用前要进行沉淀和过滤，这是确保液压油清洁度的第一道防线。液压油使用前一般经过 48h 沉淀，其过滤一般采用滤油机和加油口的滤网。滤油机的过滤精度一定要满足液压系统的使用要求。滤油机在使用前也必须进行冲洗。

2. 防止液压油的变质

工程机械工作时，液压系统由于各种压力损失会产生大量的热量，使系统油温上升。液压油温度过高对液压元件不利，同时还会使液压油加速氧化。液压油氧化后会生成有机酸，腐蚀金属元件，还会生成不溶于油的胶状沉淀物，使液压油黏度增大，抗磨性变差。一般工程机械液压油的工作温度控制在 80℃以下为宜，对液压油温度的控制，可以通过液压油的冷却系统及控制液压系统的油量、液压系统元件负荷及转速来实现。

液压油中混入空气和水分，也会导致液压油变质。液压油中混入水分后，将降低液压油的黏度，并促使液压油氧化变质；空气混入液压油中也会加快液压油的氧化变质，还会引起噪声、空蚀、振动等。

3. 防止液压油的污染

工程机械大都在野外露天作业，工作环境恶劣，飞扬的灰尘和沙粒很容易侵入液压系统。同时，由于液压系统本身元件的机械摩擦、变形及化学反应，也容易产生固体小颗粒。液压系统中混入颗粒污物很容易造成液压油的污染，降低液压油的性能，损害液压元件，而液压油的污染也会导致液压油的变质。据统计，液压油的污染 75％以上是由于固体颗粒造成的，防止液压油的污染重点从下面几个方面考虑：

（1）油箱要合理密封，加装高性能的空气滤清器以防止灰尘、水分的进入；管路接头处等密封应严密，活动件必须加装防尘密封装置。

（2）油箱和管道去除毛刺、焊渣等污物后，需进行酸洗，以去除表面氧化物；对初装好的液压系统进行循环冲洗，直至达到系统的清洁度要求。

（3）检修和拆卸元件前，先清洗干净需检修的部位，拆下的元件妥善存放，并将需要检修的部位密封，防止灰尘的侵入。如果条件允许，尽可能在清洁的环境下检修和拆装。

（4）液压元件在加工制造过程中，每一工序都必须对加工中残留的污物进行净化清除；元件装配前必须进行清洁处理，不可用棉纱布一类的东西擦洗，最好用绸布清洗擦拭。

（5）对回油系统加装过滤网。过滤网既要满足液压系统的精度要求，又要将流体阻力引起的压力损失降至最小，并应具有足够的油垢容量。

4. 定期检查和更换

液压油的油量要定期检查，油量偏低，易造成管路中油量不足，而且易引起油温升高过快；油量偏多，则造成浪费，且很容易外溢。一般情况下，油量以刻度线以上、整个油箱容量的2/3为宜。液压油的更换分为检测后换油和周期性换油。经检测后发现油液的清洁度低于规定使用限度时，必须立即换油。工程机械可以采用清洁度在线监测（安装油品传感器），随时测定液压油在使用过程中的品质。在实际工作中，也可以根据经验和资料判断油质的劣化程度，例如油液氧化后颜色变黑，而且发出刺鼻的恶臭味；油液中混入0.02%的水分时油即变为乳白色；油液中混入金属颗粒时，在光线照亮下呈现许多小黑点，杂质污染严重的油液不仅浑浊、沉淀，而且用手搅动时无光滑感；当油液中混入空气时会呈现乳白色，但静置5～10h后，由气泡引起的乳白色将消失而变得透明。进口液压油的清洁度多按美国宇航标准（NAS）表示，一般新液压油的清洁度为NAS 6～9级。我国工程机械行业暂定标准为NAS 11级以上，当清洁度低于规定或工程机械累计工作1200h左右，应更换液压油。更换液压油时，尽可能将旧油放净，不同类型的液压油不可混合使用。

（三）液压油的污染和控制

1. 污染的基本知识

影响液压油质量的因素主要有固体颗粒、水分、空气、氧化及化学物污染。

（1）颗粒物污染是液压系统中最常见、最主要的一类。它包括元件加工和组装过程中残留的金属切削、焊渣、型砂、纤维等，从外界侵入的尘埃和机械杂质，在系统工作过程中产生的磨屑和锈蚀剥落物，油液氧化和分解产生的沉淀物等。

颗粒污染物的危害主要表现在加速元件的磨损，造成孔道的堵塞和运动部件拉毛、卡死现象，导致元件性能的下降、工作失灵、过早报废等。

（2）水污染。工作一天的设备晚上停止工作后，液压油箱内部的油液是高温的，油箱外部的空气是低温的，在油箱内的热空气与油箱外的冷空气相遇接触，就会在油箱内的顶部冷凝聚成水滴下落在液压油中，久而久之，液压油中就会混有水。

油中水分的含量须符合国标GB/T 11118.1《液压油（L-HL、L-HM、L-HV、L-HS、L-HG）》的技术标准。如果油中水分超标对于系统的危害有腐蚀金属零件表面，损坏轴承；加速油液的氧化变质；与油液中的某些添加剂互相作用，产生黏性胶质，而引起阀芯黏滞和滤芯堵塞。

（3）空气。由于回油在油箱中的搅拌作用，易产生悬浮状气泡混入油内。混入油液的空气会降低油液的体积弹性模量，使系统刚性降低，相应特性变坏，容易产生噪声、空蚀及油缸爬行现象，并会促使油液氧化变质，降低润滑性能。

（4）油的氧化。一般工程机械液压油的工作温度为20～80℃，其寿命与温度密切相关。当油温超过60℃时，每增加8℃则油的使用寿命就会减半，原因是油被氧化了。氧气和油中的碳氢化合物反应后，油被慢慢氧化、颜色变黑、黏度增大，甚至严重到氧化物不能溶解于油中，而是以棕色黏液层沉积在系统某处，造成元件中的油道堵塞，或使滚珠轴承、阀芯、柱塞等磨损加剧，影响系统的正常运行。此外，油被氧化还会产生腐蚀酸液。

（5）化学物污染。液压油中常见的化学污染物有溶剂、表面活性化合物、油液氧化分解物等。其中有的化合物与水反应形成酸类，对零件表面产生腐蚀作用。各类表面活性化合物如同洗涤剂一样，会将附着在元件表面的污染物洗涤下来并悬浮在油液中，从而增加了油液的污染度。

2. 油液的检测

液压油的污染检测有仪器检测和直观检测两种。工程机械一般都在野外作业，几乎没有条件进行仪器检测。通常采用直观检测法，即利用人的视觉、嗅觉和触觉进行检测。

这种检测法通常是从油箱中采取油样，放在透明的容器中与盛入同样容器中的新油进行对比观察。油液氧化变质后颜色变深或发出刺激性气味，必须更换。油液中混入0.02%的水分时，油液即变成乳白色。油液中混入金属颗粒，在光线照亮下会呈现出许多闪闪的发光点。杂质污染严重的油液不仅浑浊、沉淀而且用手捻动无光滑感。如果两种油样的颜色和气味无明显差别，可将两种油样放置一个晚上，若装已用过的油的容器底部出现沉淀，则系统中的油液就必须经过细滤油器过滤，并在清洗油箱和系统后才能使用。另外，油样在玻璃瓶中摇动时，观察气泡多少、大小和消失快慢，可判断油液黏度情况，如气泡多、直径小、消失快，则说明黏度过小；反之则说明黏度过大。水可能是溶解态或“游离”态，游离或乳化说明某种液体中的水多于其饱和点。此时，液体不能溶解或保持更多的水分，液体中的游离水通常会使得液体变得像牛奶。

（四）液压油的更换

液压油在高温高压下使用，随着时间的增长会逐渐老化变质，或者因其他情况造成液压油污染，因此，使用一定时间后必须更换。

1. 换油工艺

（1）启动发动机，操作起重机作循环往复动作，使液压油充分预热到40～50℃，然后把起重机停放在安全可靠、适合换油的位置，安全停机。

（2）打开油箱放气阀，来回动作各操作手柄以释放液压系统余压。

（3）用汽油彻底清洗各管、泵、液压马达接头、放油塞、油箱顶部加油盖和底部放油塞周围，并用绸布擦干净。

（4）拧开油箱底部的放油塞，使旧油全部放进盛废油的油桶中。

（5）拆除油箱，打开油箱加油盖并取出滤芯，检查油箱底部、边角处残留油品中是否含有粉末等杂质，彻底清洗油箱。先用煤油冲洗两次，然后用压缩空气吹干。检查内部边角处是否残留杂质，若有则用较硬的面团来黏附，直至清洁干净为止。最后用新的液压油冲洗一遍，并安装好。

（6）拆卸并清洗各系统油管，按系统分类并做好标识。

油管先用煤油彻底清洗两遍，然后用压缩空气吹干，再用新油冲洗一遍，各接头用尼龙堵封好，以防灰尘水分等异物进入液压系统。

（7）拆下系统所有滤芯，认真检查滤芯上有无金属粉末或其他杂质，这样可以了解到系统元件的磨损情况。安装新滤芯时，一定要同时更换密封圈。

（8）放掉液压泵、液压马达腔中的旧油，并加满新油（如果系统被污染，杂质已进入液压泵、液压马达、液压缸和液压阀内，系统元件除按上述方法清理以外，还要对液压泵、液压马达、液压缸和液压阀进行清洗，一定要找专业厂家进行清洗）。

（9）安装拆卸的油管前，一定要重新清洗管接头，并用绸布擦拭干净，接头连接处涂液压油润滑。按次序及规定扭矩依次安装好各管接头。

（10）从加油口给油箱加油，先将加油滤芯安装好，打开沉淀好的新液压油油桶，用滤油机将液压油注入油箱，滤油机的油管不要深入到油桶的底部，要距离底部约20cm，避免吸入杂质。

（11）检查各液压元件并注入干净的液压油，并对液压系统进行排气。

（12）检查油箱油位，油位不足时进行补充。

2. 使用和更换液压油注意事项

（1）必须按照厂家规定选用正品液压油，并按期更换。

（2）即使是刚购买的新桶内的液压油也要沉淀过滤后使用。

（3）盛油的油桶应干净、密封，做到专桶专用。

（4）泄漏出的油已经受到污染，绝对不可再倒回油箱。

第三节　液压系统实例介绍

本节将以某400t级履带起重机液压系统图为基础就其液压原理进行简单的分析介绍（液压原理图请参照文后插页的附图1～附图3）。

一、履带起重机液压系统整体介绍

此400t履带起重机液压系统中卷扬、行走等为开式系统，回转部分采用闭式系统。发动机经过分动箱带动3个泵组为液压系统提供动力，每一泵组均有多个泵串联组成，如图3-29所示。其中每一泵组上的主泵对应通过各自主阀分配用来驱动起重机的卷扬、行走等机构，其他辅助泵根据系统设计要求配合其他机构进行工作。

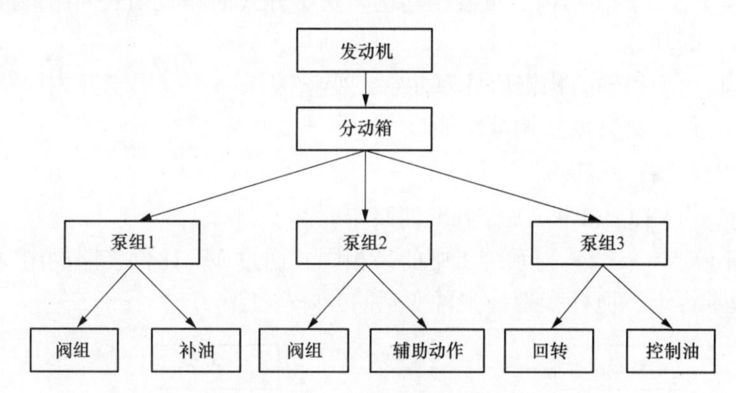

图3-29　泵、阀组连接示意图

（一）系统1（见图3-30）

（1）泵组为A11VLO130＋AZPG038两泵串联。

主泵A11VO130（1.1）为斜盘式轴向柱塞变量泵，提供外部功率调节口，可以通过外部进行功率的调节。

齿轮泵AZPG038（2）为齿轮泵，主要用在压力不高的场合，在此系统中作为补油泵使用，为整车的液压系统补油，防止系统因吸空而发生事故。

（2）主阀为M7阀（47），此阀在履带起重机中应用广泛。

主泵提供的液压油通过M7比例多路阀（47）的分配分别输出驱动主卷升降、副变副升降、左履带行走等工作。

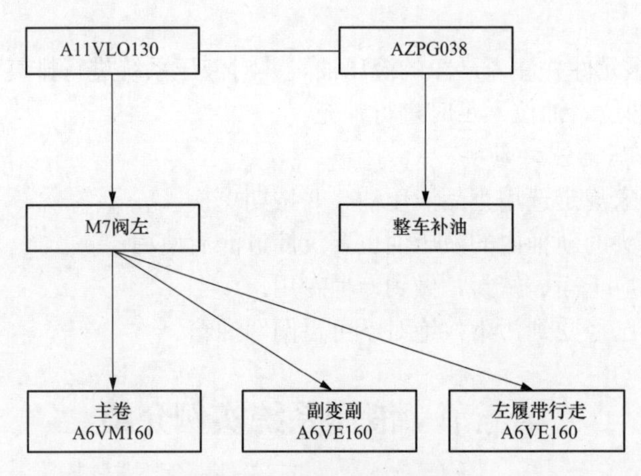

图 3-30 系统 1 结构及功能

M7 比例多路阀为力士乐公司的整体片式结构的 LUDV 多路阀，LUDV 表示“与负载压力无关的流量分配”，其最大一个特点就是当系统内部流量不足时，即油泵不能提供足够的液压油以所要求的速度去操作各执行器时，不会有任何执行器停止工作，各执行器会按比例减小速度。

(3) M7 阀（47）分配的液压油分别驱动各液压马达，如本系统中的 A6VM160（42）和 A6VE160（72.1 和 49.1）液压马达。

A6VM 液压马达为斜轴结构变量液压马达，用于开式回路及闭式回路静液压传动。具有变量调节及压力切断功能。

A6VE 液压马达为斜轴结构锥形柱塞插装式变量液压马达，用于开式回路及闭式回路静液压传动，安装方便，具有变量调节功能。

（二）系统 2（见图 3-31）

(1) 泵组为 A11VLO130＋A10VO28 两泵串联。

主泵 A11VLO130（1.2）与系统 1 中的泵相同。通过 M7 比例多路阀组（47）的分配分别输出驱动右履带行走、桅杆变副、主臂变副的升降等工作。

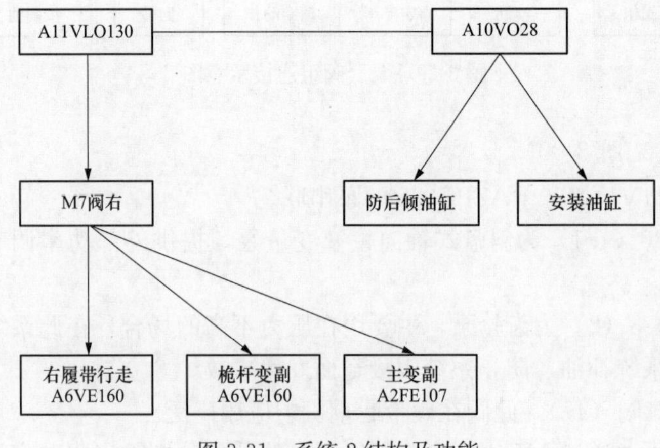

图 3-31 系统 2 结构及功能

（2）辅助泵 A10VO28（3）为斜盘式轴向柱塞变量泵，用于开式回路，提供远程压力控制端口，可以通过外部溢流阀调整泵的输出压力恒定。

泵的恒压输出的特性使得其在系统中主要用于需要压力恒定的场合，如安装工况油缸油路等。

同时其通过切换远程压力切换口压力来改变泵输出压力的特性使该泵主要用于起重机防后倾系统中。防后倾压力高、低压切换只需要通过切换泵远程控制口的溢流阀（插装阀 8 上的电磁阀 Y24 及 Y25）就可以轻松实现。

安装工况下油缸与防后倾压力通过插装阀 8 上电磁阀 Y26 进行切换，非安装工况下，油缸无动作。

（3）M7 阀分配的液压油分别驱动各液压马达，如本系统中的 A6VE160（49.2 和 72.2）和A2FE107（41）马达。

A2FE107（41）为斜轴结构轴向锥形柱塞定量马达，适用于闭式回路及开式回路静液压传动。

（三）系统 3（见图 3-32）

（1）泵组为 A4VG125＋AZPF014 两泵串联。

回转泵 A4VG125（4）为斜盘式轴向柱塞变量泵，用于闭式回路，内置补油泵及压力切断阀。回转泵主要用来驱动回转液压马达（39、40），闭式系统时回转启停、换向无缓冲。

齿轮泵 AZPG038（5）为齿轮泵，主要用在压力不高的场合，在此系统中作为控制油泵使用，通过控制油过滤器（7）为整车的液压系统提供先导油，同时安装蓄能器（10），防止先导压力波动过大。

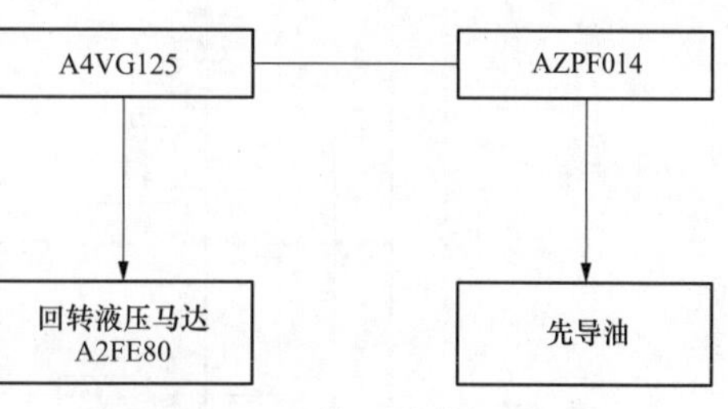

图 3-32 系统 3 结构及功能

（2）回转系统由 2 台定量液压马达 A2FE80 驱动。

A2FE80（39、40）为斜轴结构轴向锥形柱塞定量液压马达，适用于闭式回路及开式回路静液压传动。输出转速与泵流量及液压马达变量相关。

（四）液压油散热系统

系统设置独立的液压油散热系统，由独立的齿轮泵（6）提供动力。当液压油温度低于设定温度时，电磁换向阀 Y27 关闭，液压油通过液压阀直接回油箱；当液压油温度高于 45℃时，换向阀换向 Y27，液压油驱动油散电动机（19）工作带动风扇为液压油散热。

二、履带起重机主要机构液压系统介绍

特雷克斯德马格公司是世界知名的起重机制造商，其产品畅销国内外。此处将以德马格的 CC1800 为例对其液压系统中最具代表性的部分——卷扬系统和主臂防后倾油缸做进一步的分析介绍。

（一）CC1800 卷扬系统液压原理（见图 3-33）

1. 卷扬起升

如图 3-34 所示，（a）为高压工作油油路，（b）为回油油路，（c）为卷扬刹车控制油路。

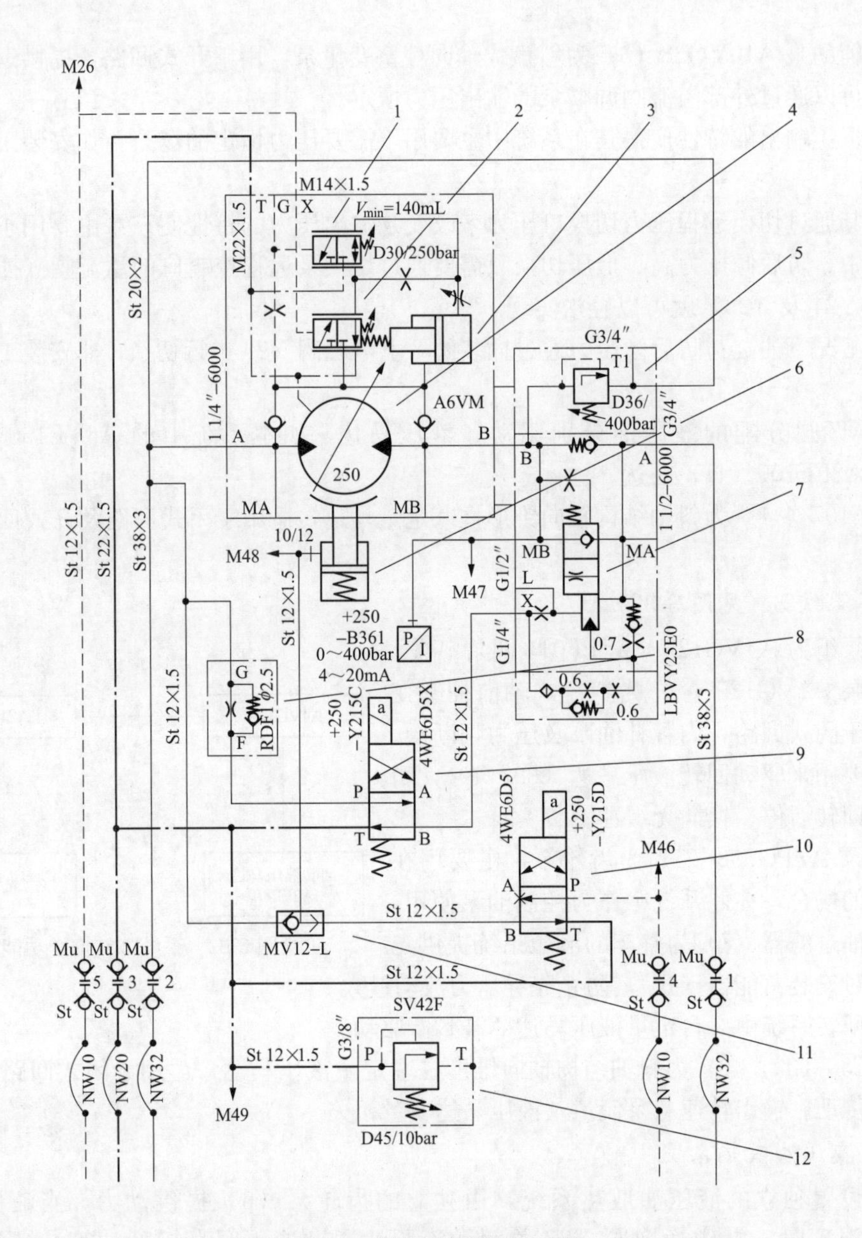

图 3-33　卷扬系统液压原理路

1—压力切断阀；2—液压马达变量阀；3—变量装置；4—液压马达；5—主溢流阀；6—制动器；7—平衡阀；8—单向阀；9—平衡阀电磁阀；10—卷扬起刹车电磁阀；11—梭阀；12—回油溢流阀

当卷扬系统做起升动作时，刹车油路如图 3-34（c）中的油路所示，卷扬起刹车电磁阀 10 得电，刹车油经电磁阀进入梭阀 11 推动制动器 6 打开，此时高压工作油如图 3-34（a）中线路所示，经过平衡阀 7 内部的单向阀后进入液压马达推动液压马达运转，工作后的回油经图 3-34（b）中所示的油路回液压油箱。

2. 卷扬降落

如图 3-35 所示，其中（a）为高压工作油油路，（b）为回油油路，（c）为卷扬刹车打开油路，（d）为平衡阀开启油路。

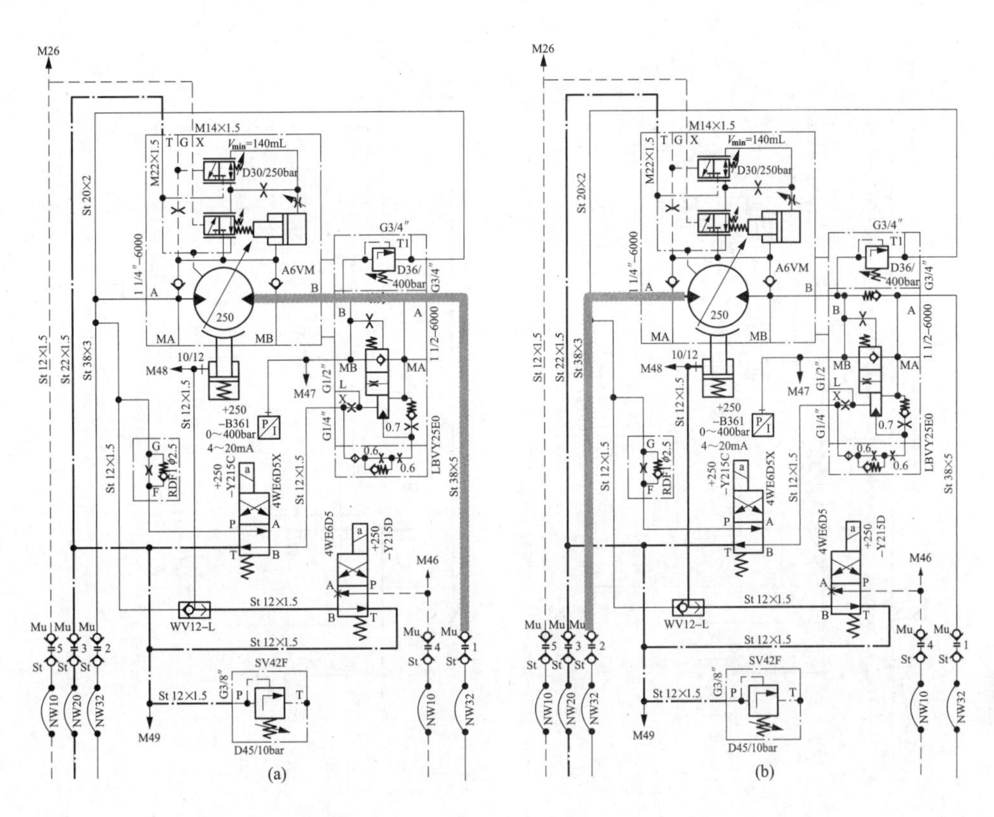

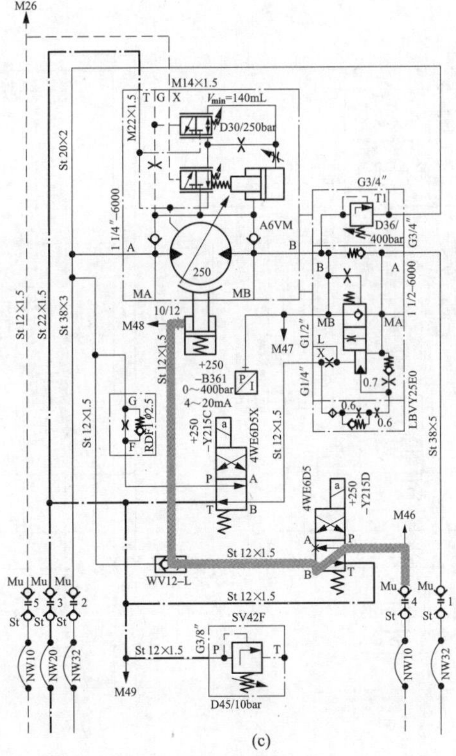

图 3-34 卷扬升液压油路

(a) 高压油路；(b) 回油油路；(c) 刹车油路

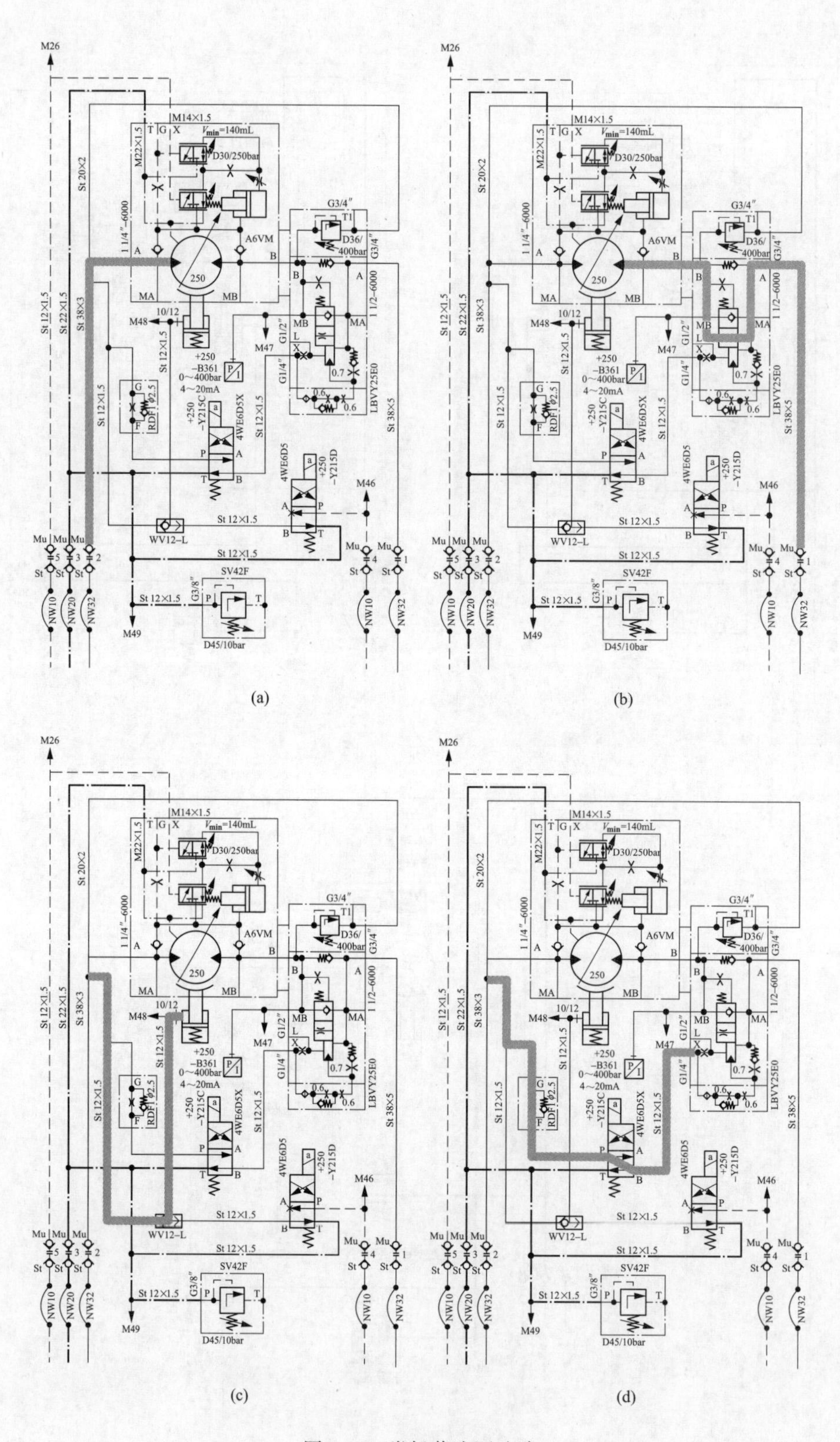

图 3-35　卷扬落液压油路

(a) 高压油路；(b) 回油油路；(c) 刹车油路；(d) 平衡阀油路

当卷扬做下落的动作时，卷扬平衡阀电磁阀 9 得电，随着主油路［图 3-35（a）］内压力的逐渐增高，主油路的分支［图 3-35（d）］经过电磁阀 9 后推动平衡阀打开，回油油路［图 3-35（b）］与油箱联通，同时主油路的分支［图 3-35（c）］经过梭阀 11 达到卷扬刹车打开压力，推动卷扬制动器 6 打开，高压工作油进入液压马达推动液压马达运转，工作后的回油［图 3-35（b）］经平衡阀 7 回液压油箱。

3. 卷扬马达变量调节

如图 3-36 所示，当马达变量关闭时，图 3-36（a）中油路油无压力，此时马达变量阀 2 在弹簧力的作用下停留在左侧位置，变量机构 3 油缸大小腔压力相等（等于主油路压力），机构在弹簧力的作用下推至马达摆角最大侧，此时排量最大，速度最小。

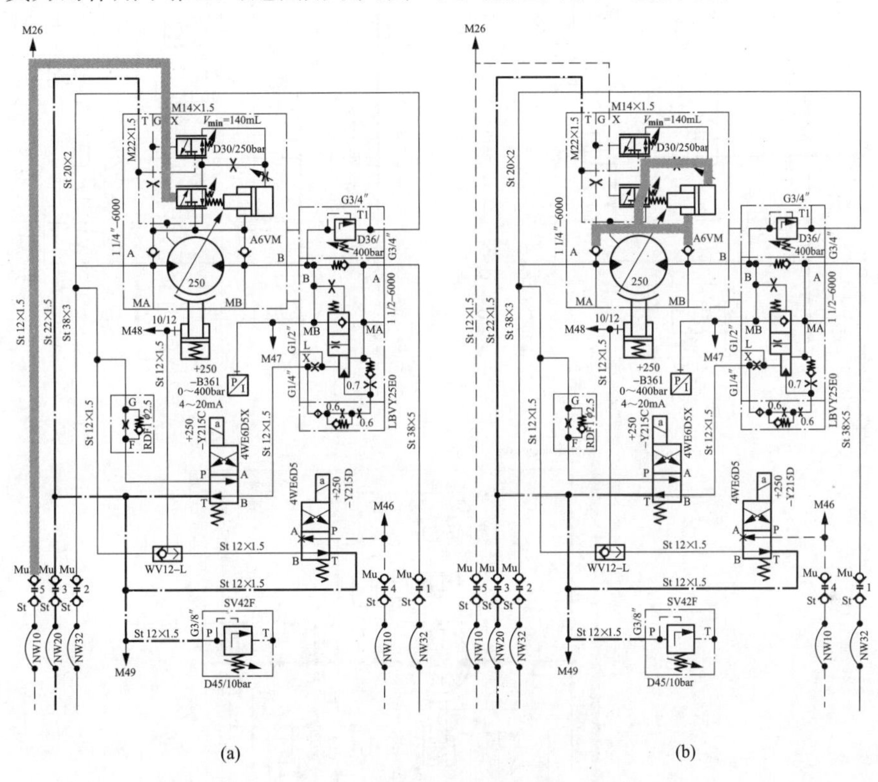

图 3-36　卷扬液压马达变量调节油路

（a）排量最大；（b）排量最小

当马达变量打开时，图 3-36（a）油路已建立起压力，此时马达变量阀 2 在压力的作用下克服弹簧力向右移动，图 3-36（b）油路的主油路压力经过变量阀 2 进入变量机构 3 大腔，推动变量机构 3 向左侧移动，变量机构推动马达摆角向减小的方向移动，此时马达排量逐渐减小，速度变大，随着图 3-36（a）变量油路压力的逐渐增加至最大，马达变量也由最大减至最小。

4. 压力切断

压力切断阀 1 的主要作用是当系统压力高于切断阀的设定压力时，油路通过压力切断阀的换向驱动变量机构调小马达的变量，保证马达功率限定在泵的输出功率范围内。

当主油路压力［图 3-37（a）］低于压力切断阀 1 的设定压力（图中设置压力为 250bar 即 25MPa）时，变量机构 3 根据马达变量油路［图 3-37（b）］的压力调整马达变量。

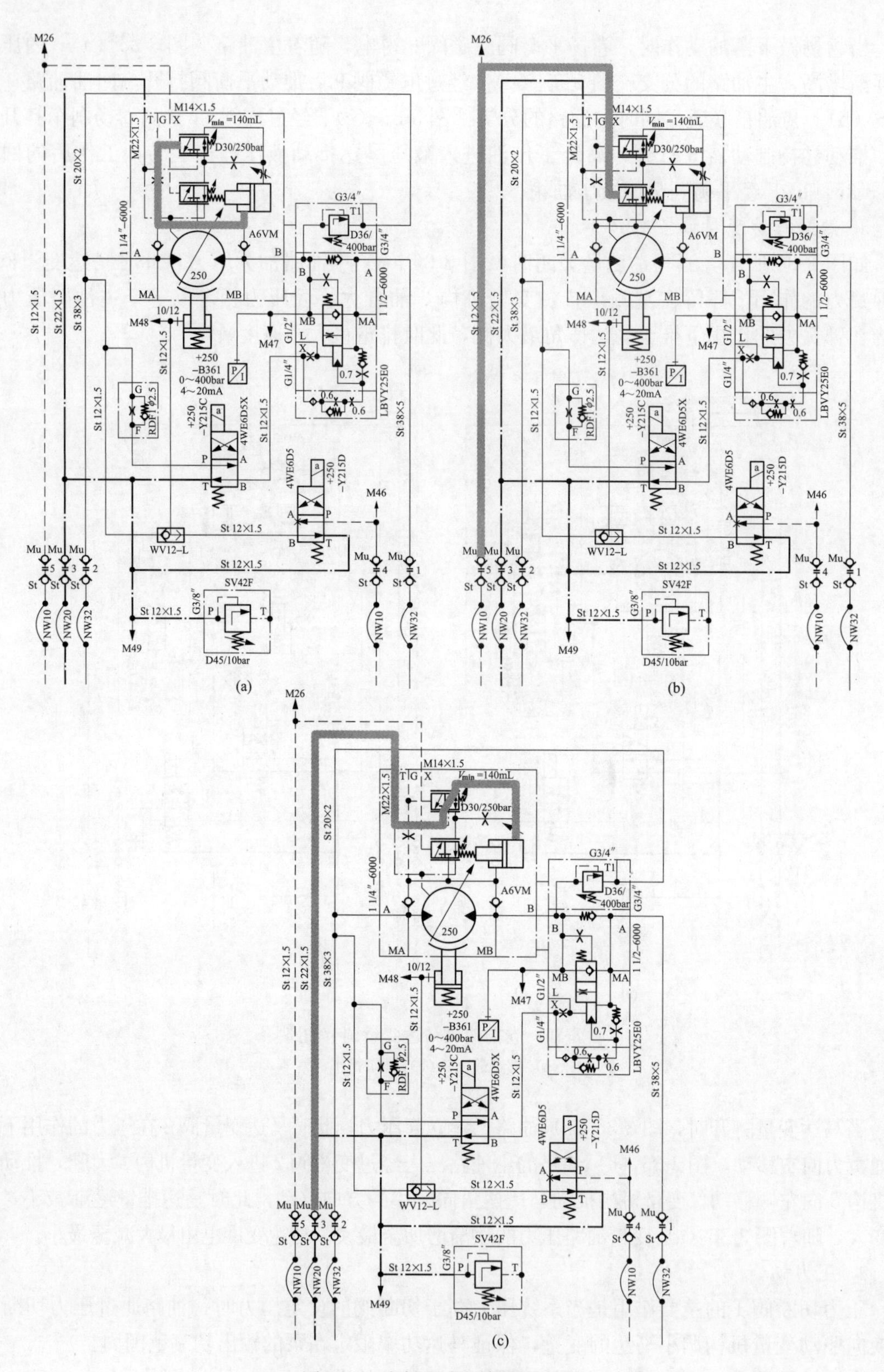

图 3-37 卷扬压力切断调节油路

（a）主油路；（b）调节油路；（c）回油路

当主油路压力［图 3-37（a）］高于压力切断阀 1 的设定压力时，系统工作油路［图 3-37（a）］推动压力切断阀向右侧移动，变量机构 3 的大腔侧经过压力切断阀与油箱联通［图 3-37（c）］，将马达变量向增大的方向推动，降低马达转速，控制马达的输出功率。

5. 溢流保护

系统在主油路设置主溢流阀 5，将马达两侧的压力设置在要求范围内，如图 3-38（a）所示。

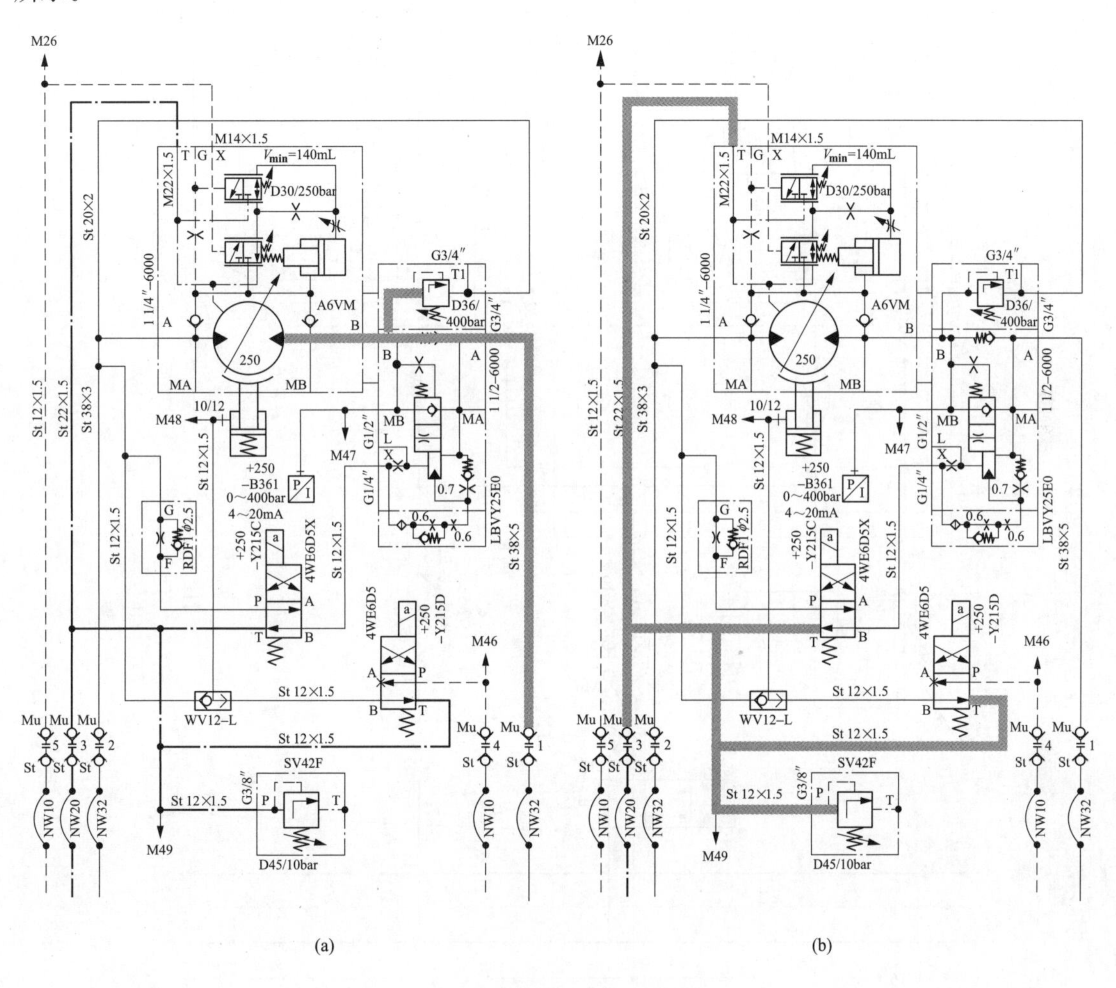

图 3-38　卷扬溢流保护油路

（a）主溢流；（b）卸油溢流

由于此卷扬可拆卸，为防止卸油油路快插连接故障，设置卸油溢流阀 12，当快插故障时通过卸油溢流阀 12 卸油，保护马达壳体免受损坏，如图 3-38（b）所示。

（二）CC1800 主臂防后倾液压原理（见图 3-39）

1. 防后倾伸出

（1）手动操作防后倾油缸伸出。

如图 3-40（a）所示，主油路为低压油。操作手动换向阀 10 将其打在右侧位置，主油路经换向阀 10 及单向阀 2 进入防后倾油缸 1 的无杆腔，油缸外伸，油杆腔通油过手动换向阀

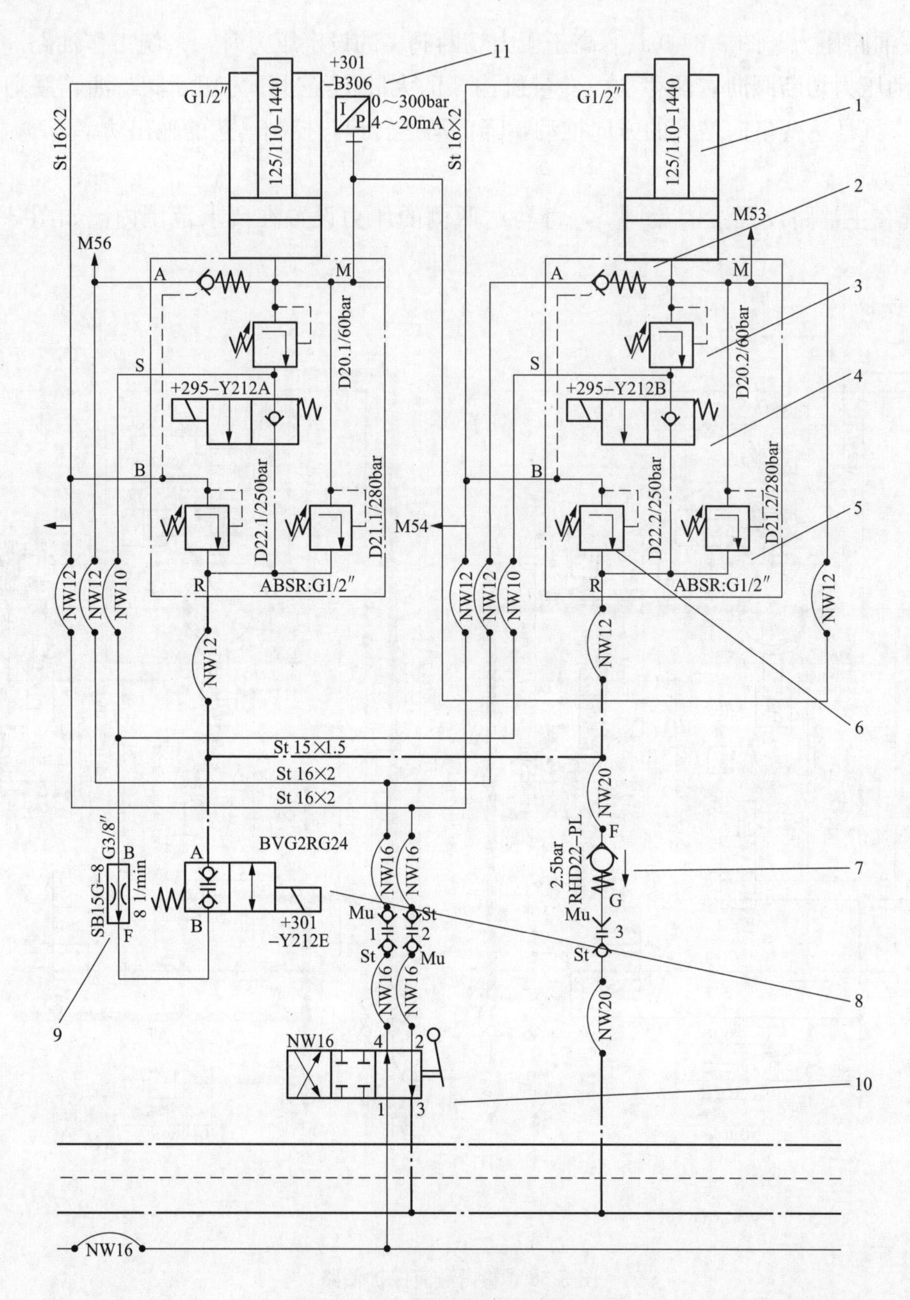

图 3-39　主臂防后倾液压原理图

1—防后倾油缸；2—单向阀；3—低压溢流阀；4—低压切换电磁阀；5—高压溢流阀；6—溢流阀；7—单向阀；8—缓冲阀；9—节流阀；10—手动换向阀；11—压力传感器

返回油箱［图 3-40（b）］。

（2）起重机工作状态下防后倾油缸的伸出动作。

高压伸出：当防后倾处于压缩状态时，如果臂架具有后倾翻趋势，此时低压电磁阀 4 失电，防后倾处于高压状态，此时如果臂架具有趴杆动作时，主油路［图 3-40（a）］需提供高压油推动防后倾伸出。

低压伸出：当防后倾处于压缩状态时，如果臂架没有后倾翻趋势时，低压电磁阀 4 得电，防后倾处于低压压状态，此时如果臂架做趴杆动作，主油路［图 3-40（a）］需提供低压油推动防后倾伸出。

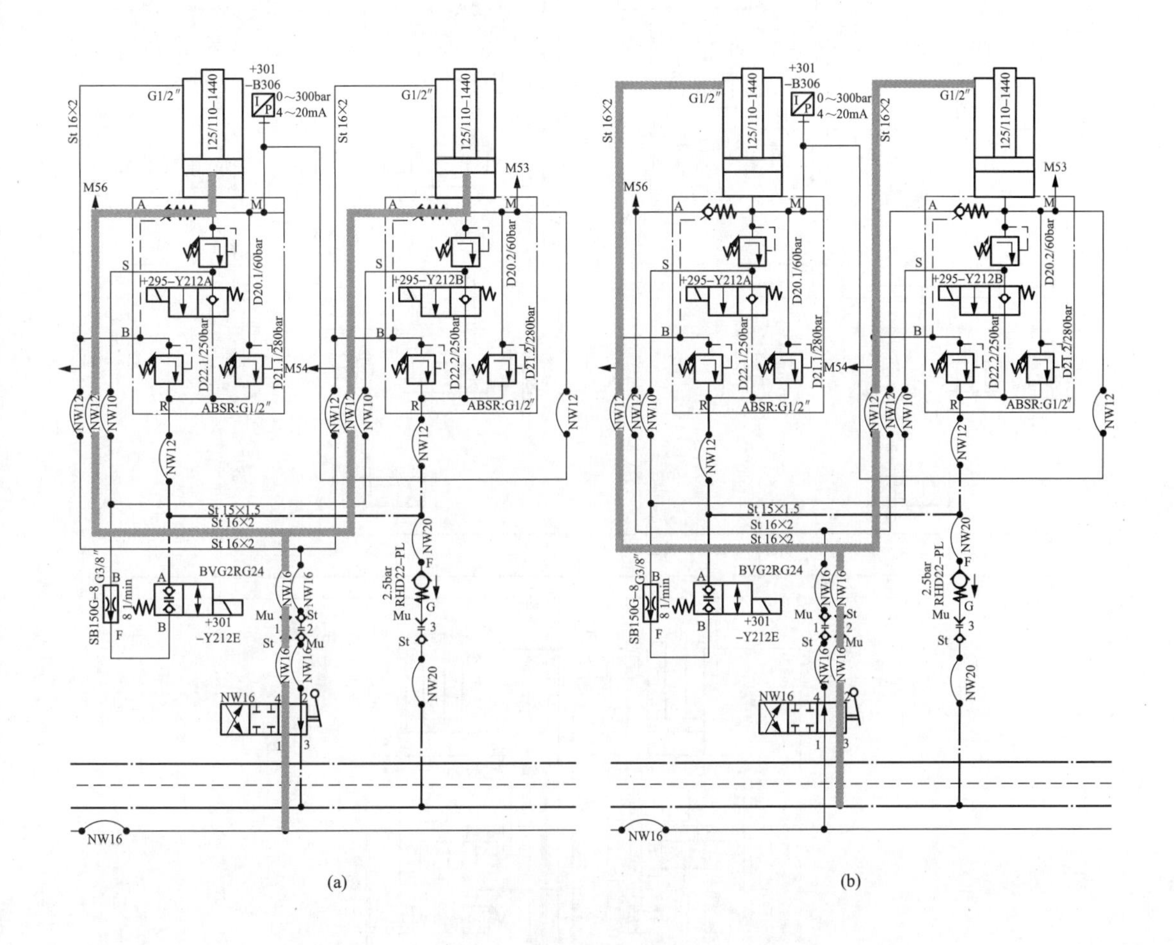

图 3-40　防后倾伸出油路

（a）主油路；（b）回油

2. 防后倾缩回

起重机需要收回油缸进入运输状态时。操作手动换向阀 10 将其打在左侧位置，主油路［图 3-41（a）］的分支［图 3-41（b）］经换向阀 10 及单向阀 2 进入防后倾油缸 1 的有杆腔，油缸收缩，液压油从无杆腔通过手动换向阀返回油箱［图 3-41（c）］。

3. 防后倾被动压缩

起重机工作状态臂架起臂时防后倾被动压缩，防后倾状态根据臂架的后倾翻状态分为低压状态和高压状态。

（1）防后倾低压状态：

如图 3-42（a）油路所示，当判断无后倾趋势时，防后倾为低压状态，此时低压电磁阀 4 得电，油缸无杆腔被压缩，当压力大于低压溢流阀 3 的压力时，无杆腔的液压油经过低压电

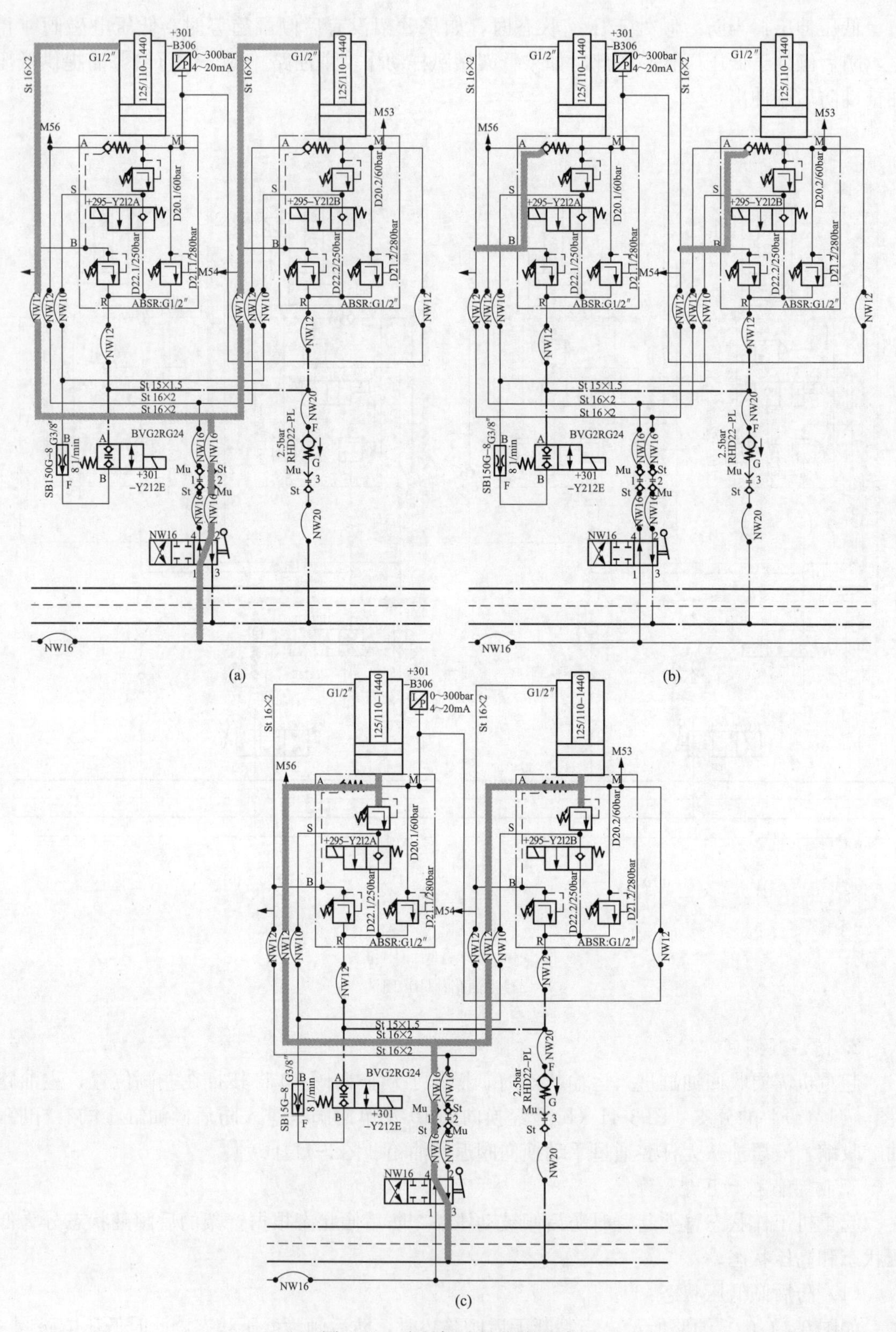

图 3-41 防后倾油缸收缩油路

（a）主油路；（b）控制油路；（c）回油路

磁阀 4 和单向阀 7 返回油箱，防后倾保持低压状态。

（2）防后倾高压状态：

如图 3-42（b）油路所示，当起重机判断有后倾趋势时，防后倾为高压状态，油缸无杆腔被压缩，此时低压电磁阀 4 失电，当压力大于高压溢流阀 5 压力时，无杆腔的液压油经过单向阀 7 返回油箱，防后倾保持高压状态。

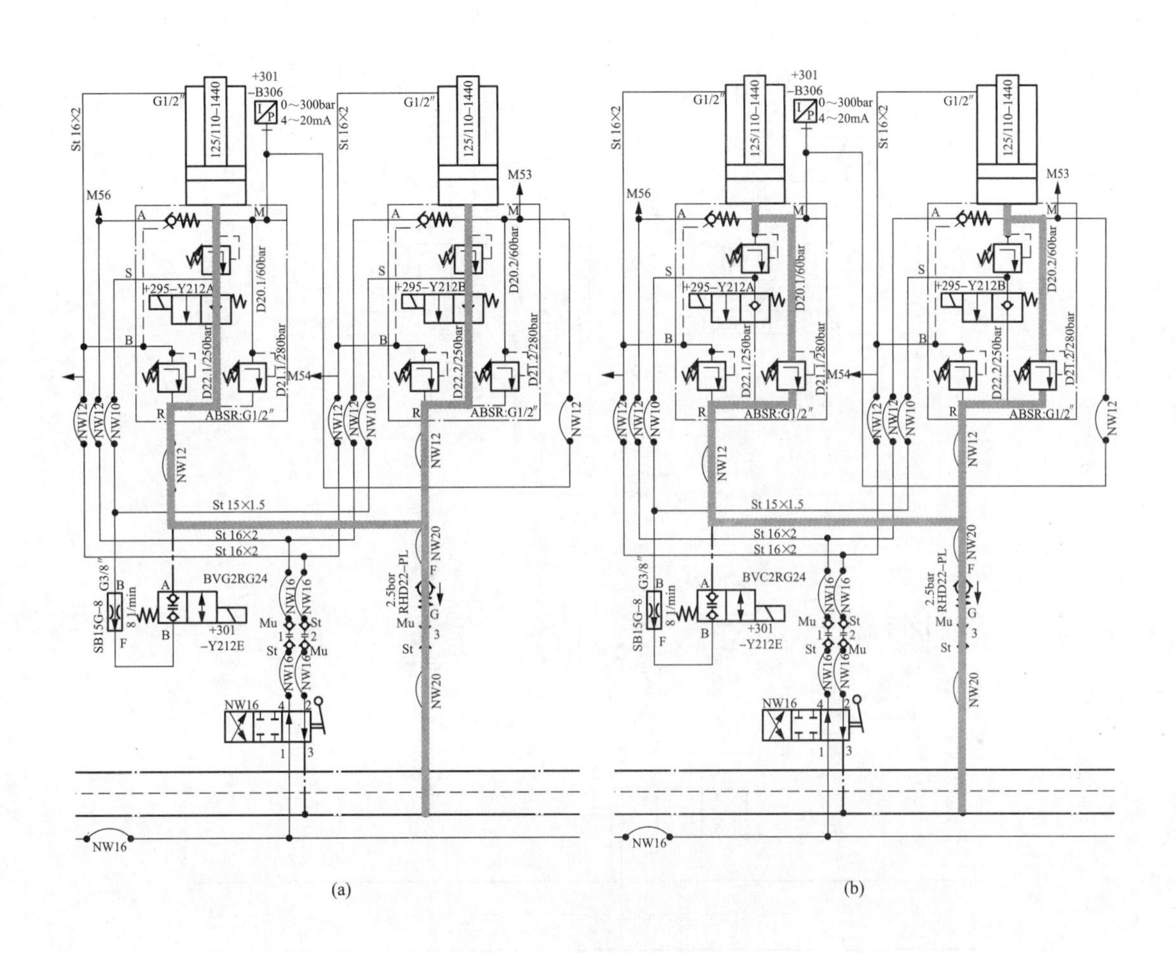

图 3-42　防后倾油缸被动收缩

（a）低压状态；（b）高压状态

4. 防后倾高低压切换缓冲

防后倾高压向低压切换的过程中，由于压差较大，容易对系统造成较大的冲击。因此，应当在系统中增加切换缓冲阀 8 及节流阀 9，以减小系统冲击。

当防后倾油高压向低压切换时，首先缓冲电磁阀 8 得电，油缸无杆腔内的高压油经低压溢流阀 3、节流阀 9、缓冲阀 8 返回油箱，在节流阀 9 的节流作用下，系统压力逐渐降低，当压力传感器 11 检测到的压力接近于低压值时，缓冲电磁阀阀 8 失电关闭，同时低压电磁阀 4 得电打开，防后倾压力油高压平稳过渡到低压，如图 3-43 所示。

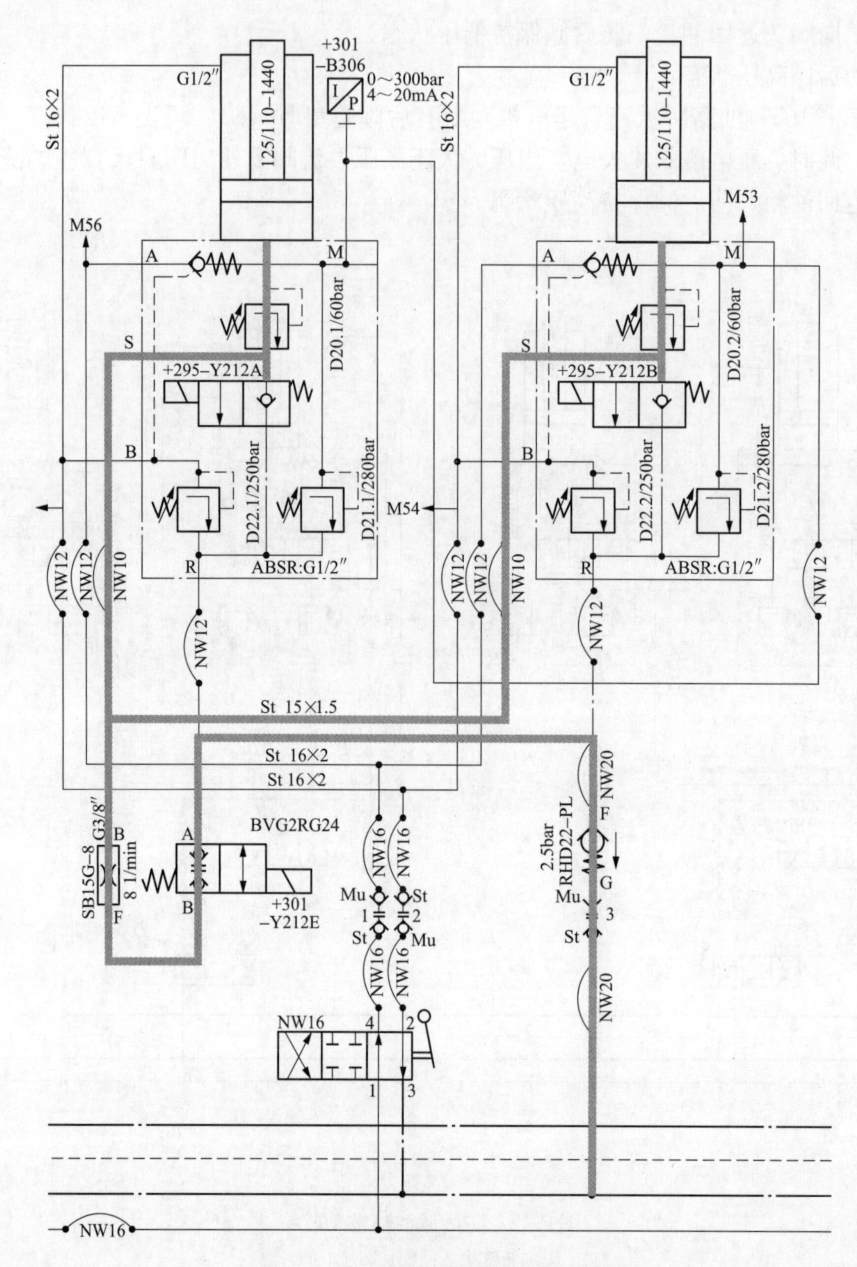

图 3-43　防后倾高低压切换缓冲油路

第四章
履带起重机电气系统

电气控制系统是起重机的重要组成部分，它是履带起重机操作控制、工作状态检测和安全控制的核心系统，电气系统配合液压系统来操纵和控制起重机各工作机构，使各机构能按要求进行启动、调速、换向、停止等功能，从而实现起重机作业的各种动作并检测吊车运行安全状态，对起重机的使用性、操控性、安全性、市场竞争力等很多方面有着重要的影响。

第一节　电气系统控制原理

履带起重机电气控制系统的发展经历了以下几个阶段：

（1）液压比例先导控制系统。电气控制系统通过继电器的基本动作实现简单的逻辑控制，主要动作靠液压控制，此种控制系统电气线路较为复杂，动作元件较多，当系统发生故障时排查困难，维修麻烦。

（2）电液比例控制系统。电气控制系统主要采用模拟放大电路，配合有可编程功能的单片机控制模块实现部分逻辑控制，此种控制系统编写程序烦琐，控制功能有限。

（3）可编程控制器（PLC）控制系统。检测元件（包括显示器、手柄、传感器等）向控制器输入液压系统所需的模拟量和开关量信号，控制器按照电气控制逻辑对数据处理后直接驱动液压系统各类阀组，通过执行部件完成整车的动作控制。

前两种控制系统目前已濒临淘汰，第三种控制系统的应用比例却越来越大，小到五十吨，大到上千吨级的履带起重机处处均可见可编程控制器（PLC）的身影。本书涉及的电控系统更多的是指第三类控制系统。

一、电控系统的主要功能

履带起重机电气控制的核心是 PLC 控制器，通过控制器将电气系统各部件联系起来，并实现以下功能：

（1）信息收集。主要收集手柄、踏板信息，液压系统信息，传感器信息，发动机信息、环境状态信息等，为起重机的动作及安全执行提供条件。

（2）控制信号发出。通过收集的各类信号完成复杂的逻辑运算，控制相应的电磁阀来完成起重机起升，回转等相应的动作。

（3）人机交互。通过人机界面与起重机进行交互，设置起重机工况，并为操作人员提供整车的运行参数作为参考。

（4）安全监护。通过监控起重机力矩及各种限位的工作状态保护起重机，当有危险动作时，能够及时地切断危险方向的动作，并通过交互界面为操作者提供力矩百分比、工作半径、实时起重量等数据供其参考。

二、电气系统组成

履带起重机电控系统（见图 4-1）主要由以下几个部分组成：

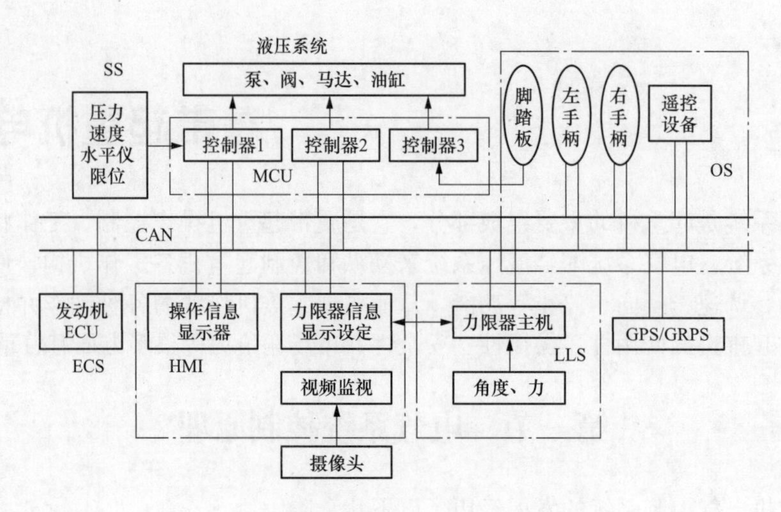

图 4-1　履带起重机电气系统组成示意图

1. 发动机控制系统（ECS）

发动机是整个起重机的动力源泉，主要由发动机 ECU（电子控制单元）、点火系统、调速装置、执行器、各类传感器、调试接头等组成。

2. 力矩限制器系统（LLS）

力矩限制器（即超载保护装置）是用来避免机械在过载的情况下遭到损坏或倾翻的一种安全装置。应用了力矩限制器，起重机工作更加安全可靠。

力矩限制器主要由力限器主机、角度传感器、拉力传感器、显示器、各种限位开关及线束组成，如图 4-2 所示。力矩限制器搜集角度传感器、拉力传感器及限位开关的信息，根据

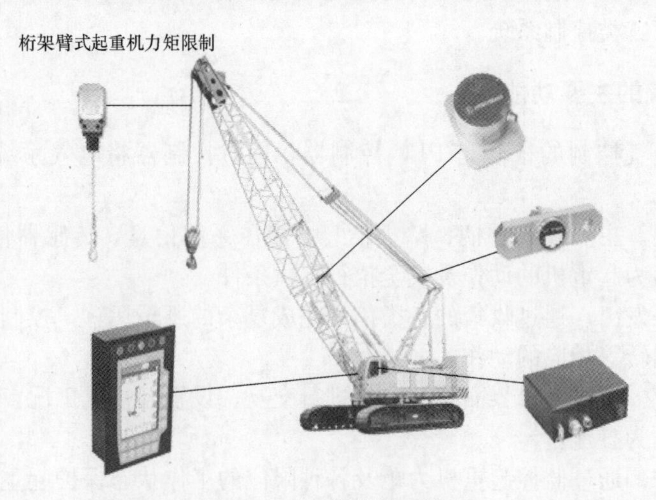

图 4-2　力矩限制器系统

计算模型及载荷表计算当前的实际起重力矩，当起重机存在危险方向的动作时，配合控制系统发出信号停止相应方向的危险动作，并通过声光报警来提醒操作人员。

3. PLC 控制系统（MCU）

履带起重机的主要运行机构包括起升、回转、变幅、行走等，这些机构中的泵、阀、马达的运行主要通过电信号来驱动的，而这些电信号具有相当复杂的逻辑关系，需要经过 PLC（可编程控制器）进行逻辑计算，如图 4-3 所示。现代电控系统最明显的标志之一是有 PLC 的参与。

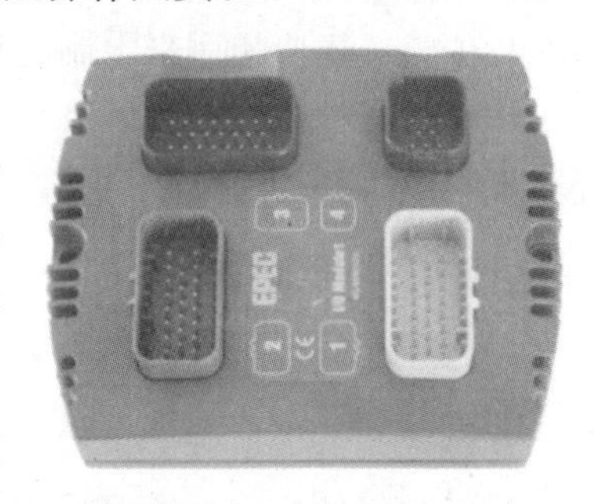

图 4-3 PLC 控制系统

PLC 控制系统是整个起重机的神经中枢，它主要通过采集手柄、传感器信息，并根据一定的逻辑关系来控制相应的电磁阀，完成起重机的动作。

4. 操作部分（OS）

包括起重机指令的发出设备，主要包括手柄、踏板、大吨位起重机拆装用的遥控器等。

图 4-4 起重机操作手柄

手柄多采用电比例手柄，一般有电位计型和总线型两种，两者在外形上没有区别，主要区别在于输出信号的不同，电位计型的输出信号为模拟量形式，而总线型手柄内部集成了信号处理设备，将模拟量直接转换成相应的总线数字信号后输出，如图 4-4 所示。

起重机的主要运行机构如卷扬、行走、回转等机构的工作指令大都通过手柄发出。

踏板同手柄相同，分为模拟量输出和总线型输出，主要用来控制履带行走。

目前大吨位起重机结构较复杂，运输时需要拆除起重机的部分部件，为方便操作人员操作，提高安全性，这类起重机大都配置有遥控器，如图 4-5 所示。遥控器可分为有线和无线两种，接收器的通信形式以 CAN(Controller Area Network) 总线型为多，部分还具有一定的输入输出口，可以参与系统控制。

5. 交互系统（HMI）

人机界面为操作者提供一个与起重机进行交互的可视化信息界面，同时可以通过人机界面对起重机的参数进行设定，信息的查询，和动作控制等任务。通常采用宽温、高亮防水、防震的液晶显示器，如图 4-6 所示。

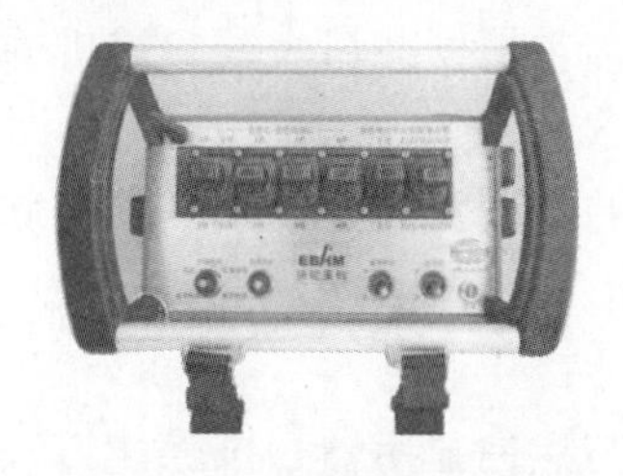

图 4-5 起重机遥控器

图 4-6 起重机液晶显示器

6. 传感器及限位开关（SS）

起重机设置的传感器按功能来分主要有三种，一种是测量起重机系统本身的数据，为起重机的可靠运行和故障排除提供参考，这类传感器主要有液压油压力类型、温度类型等；另一种传感器是用来测量周围环境情况，例如测量起重机所处路面的水平度、环境风速等；还有一种传感器主要是用来限制起重机的最大工作范围，保证起重机的安全工作，力矩限制器的工作也是依这些数据为基础，这类传感器主要包括角度限位传感器、臂架拉力传感器，卷扬高度限位、卷扬过放限位等。

第二节　力矩限制器工作原理

超载作业是造成起重机事故的重要原因之一，轻者造成零部件损坏，结构变形，重则造成起重机整机倾翻、折臂等重大事故。力矩限制器是防止起重机的起重力矩超过机械当前状态下所能允许的最大力矩的装置，它是一种独立的安全操作系统，是保证起重机安全作业必不可少的设备。

一、力矩限制器功能及组成

力矩限制器根据工作前交互界面设置的工况参数和工作中传感器检测到的工作状态参数来检索出预存在存储器内的起重机当前状态下的最大的允许载荷，并以此为标准，将检测到的实际值与此最大值相比较，来判断机械的工作状态。某些厂家力矩限制器系统还提供黑匣子功能，能够自动记录作业时的危险工况，为事故分析处理提供依据。

（一）影响起重机工作状态的参数

（1）臂长 L。起重机工作状态的起重臂架的长度，对诸如履带起重机等固定臂架起重机的臂架长度通过工况代码来预设，准确的工况代码设置是起重机力矩限制器正常工作的前提。

（2）臂架角度 θ。臂架与地面的角度，可通过角度传感器测得。

（3）受力 F。通过拉力传感器或者压力传感器测得。

（4）钢丝绳倍率。通过交互界面由操作者在起重作业前输入。

通过以上参数并配合起重机的结构尺寸及性能表，可以得出起重机在任何一个状态下的工作半径、实际载荷、力矩百分比等信息。

（二）力矩限制器主要由以下部分组成

1. 力矩限制器主机

力矩限制器的主要作用是接收拉力及角度传感器的信号，它根据载荷表及起重机的几何尺寸实时计算整车的工作状态——力矩百分比，并通过 CAN 总线将采集到的角度、拉力、载荷百分比等数值传送至显示器显示，还可进行力矩超载时的报警及向控制元件发出危险动作的停止信号。

2. 显示器

显示器被安装在驾驶室内，按显示色彩分有彩色显示器与黑白显示器，按操作方式可分为按键操作显示器与触摸操作显示器。显示器与力矩限制器主机、控制器之间通过总线进行通信，操作者通过显示器设置工况并读取起重机的力矩信息。

3. 传感器

（1）角度传感器。角度传感器安装在起重机臂架上，用来测量起重机工作时的臂架的角度。目前起重机常用的角度传感器有 4～20mA 电流输出型和 CAN 总线输出型两种，如图 4-7 所示。

（2）测力传感器。测力传感器的工作原理是通过力作用在传感器上，引起的传感器两边的电阻应变片的阻值变化，这个变化经过相应的电路转换为相应的电信号，从而实现传感器受力的测量，为力矩限制器计算提供数据，如图 4-8 所示。

图 4-7　角度传感器

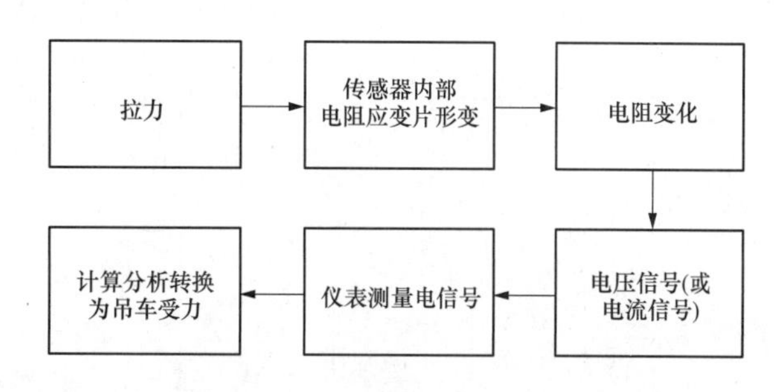

图 4-8　测力传感器原理

测力传感器按照取力方式及取力位置的不同可分为拉板式、销轴式和三滑轮式。

1）拉板式。主要安装在臂架的拉索上，用来测量拉索受力。此种传感器量程大，结构简单，易于使用，能在恶劣条件下工作，是目前应用最为广泛的一类传感器，如图 4-9 所示。

2）销轴式。销轴传感器实际上是一根承受剪力作用的空心截面圆轴，主要代替销轴安装在变幅滑轮轴上。此种传感器缺点是生产工艺难度大，安装要求较高，如图 4-10 所示。

图 4-9　板式拉力传感器及其安装位置

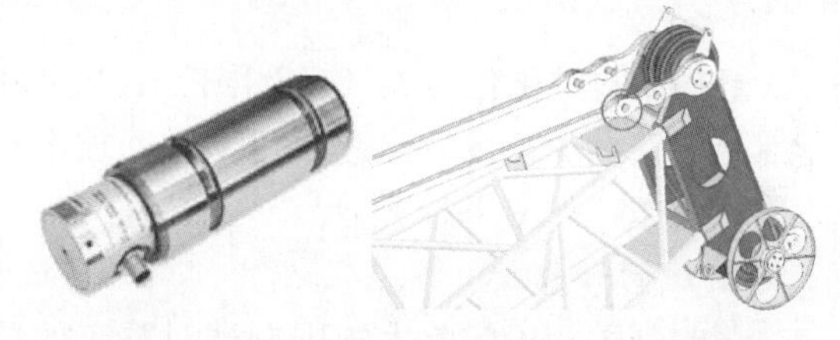

图 4-10　销轴式拉力传感器及其安装位置

3）三滑轮式。三滑轮传感器主要通过钢丝绳受力产生的张力来测量拉力，测量精度随着滑轮的磨损会逐渐增大，当误差较大时需要重新进行标定。主要安装位置在起升钢丝绳上，如图 4-11 所示。

图 4-11　三滑轮式拉力传感器及其安装位置

4. 限位开关

为保证起重机不超范围工作，在起重机电气系统中设置有限位开关，主要有高度限位开关、臂架角度限位开关、卷扬过放限位开关等。

高度限位开关：如图 4-12 所示，主要安装在臂架头部，当起重机吊钩起升碰到高度限位开关的重锤时，限位被顶起而动作，PLC 控制器依据其状态进行控制。

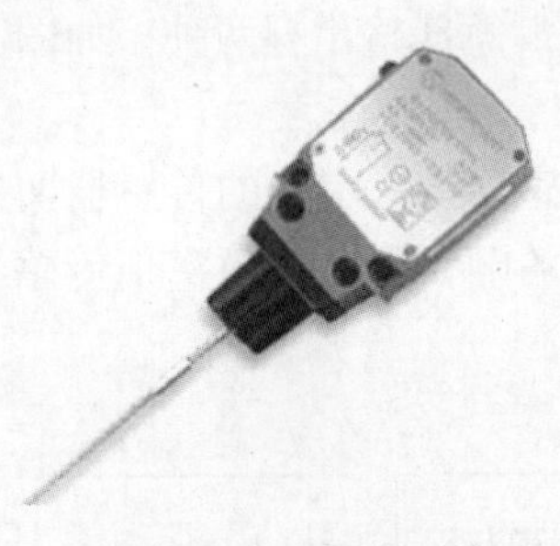
图 4-12　高度限位开关

高度限位开关有两种形式：

（1）通断型只有接通与断开两种状态。

（2）电阻型接通、断开、拆除三种状态，通过电阻测量可以确定限位的安装情况。

角度限位开关：主要用于限制臂架变副的角度，当臂架起升或下降超出工作幅度的要求时会触发角度限位开关。角度限位开关有多种形式，早期和现在使用最多的是机械式，随着技术的进步，电容式、光电式接近开关也越来越多地出现在履带起重机中，如图 4-13 所示。

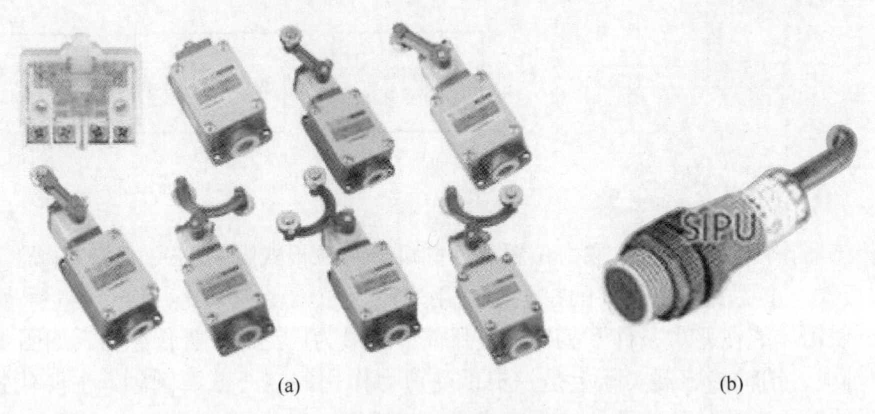

(a)　(b)

图 4-13　角度限位开关

(a) 机械式限位开关；(b) 接近式限位开关

卷扬防过放限位开关（三圈限位）：主要用于保证卷筒上钢丝绳留有足够安全的长度，当起重机钢丝绳放出长度达到限位点时，触发限位动作，如图 4-14 所示。

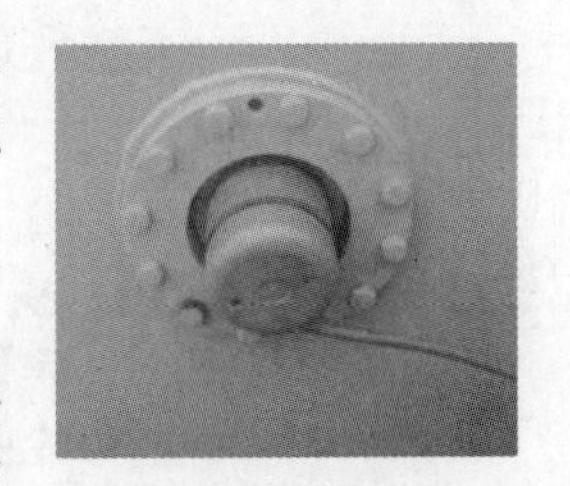
图 4-14　卷扬防过放限位开关

5. 强制开关

强制开关用于解除力矩限制器对整车的控制，当起重机由于超载或者限位动作而导致起重机停止工作时，可以通过强制开关来继续操作起重机，以实现起重机在特殊状态（如维修时）下的可操作性。

强制解除后，起重机的所有动作不再受系统保护，此时是非常危险的，必须由经过培训且被授权的专业人员谨慎使用。

二、力矩限制器使用中的注意事项

力矩限制器是为进一步提高起重机作业安全而安装的一种安全装置，因此在使用起重机之前应仔细阅读起重机厂家提供的操作说明书，并严格按照操作规程操作。

操作起重机力矩限制器必须严格遵守以下几点：

（1）操作之前应熟悉阅读起重机操作说明书中关于力矩限制器的相关章节，并能熟练操作。

（2）每次开关后首先应当确认力矩限制器系统工作是否正常，参数设置是否与起重机实际相符。

（3）每次开机后确认起重机上力矩相关的数据显示正确。

（4）确认各角度限位、高度限位工作是否正常。

（5）日常维护时注意检查力矩限制器上各个部件，如有损坏，应立即更换或通知技术人员维修。

（6）当使用过程中发现力矩显示与实际有偏差时（误差大于国家标准要求时），应立即停止使用并联系厂家进行调整。

（7）力矩限制器主要用来限制危险方向的动作，其起重量的显示仅供参考。

三、力矩限制器的调试流程

不同厂家的力矩限制器调试方式不同，调试软件也不相同，但是调试流程大同小异，主要有以下几个步骤。

1. 调试角度传感器

在主臂基本臂的情况下，调整主臂角度为零度，如果显示的角度与实测的角度不相同，这时调整角度传感器的位置，直至显示的角度为零度。角度调零后，请改变臂架角度验证角度的准确性。

2. 标定拉力放大倍数

主臂角度调整好之后，在最大角度吊额定起重量，如果显示的重量与实际重量不相同，这时调整拉力传感器对应的放大倍数，直至显示的重量与实际重量相同。

3. 力矩调试

调试的先后顺序是空钩重量、空载幅度、带载重量、带载幅度。每个臂长下分别对多个角度点的幅度、重量进行调试。按照从最大角度到最小角度的顺序进行调试。

（1）调试空钩重量。依次将臂架调整至力矩限制器设定的调整角度，并调整空钩重量对应参数使实际值与显示值相等。

（2）调试空载幅度。依次将臂架调整至力矩限制器设定的调整角度，并调整空载幅度对应参数使实际值与显示值相等。

（3）调试带载重量。带载将臂架调整至力矩限制器设定的调整角度，并调整带载重量对应参数使实际值与显示值相等。带载调试砝码的选择以当前调试幅度下最大起重量的80%为最佳。

（4）调试带载幅度。带载重量调试完成后，调试带载幅度对应参数使实际值与显示值相等。

调试完成后将调试数据存档。

第三节　常见电器元件

一、发动机系统

发动机系统，主要由发动机、电瓶、点火系统、调速装置等组成。

发动机是整个起重机的动力源泉，发动机驱动液压泵，为整个起重机提供动力，如图

4-15 所示。

电瓶为整车系统提供直流电源，用于发动机的启动、电气系统的工作等，并通过发动机系统中的发电机为其充电，如图 4-16 所示。

图 4-15　发动机

图 4-16　电瓶

图 4-17　电源总开关图

电磁总开关用于控制整车电源的通断操作，如图 4-17 所示。

发动机油门踏板为发动机调速装置，通过踩踏踏板控制发动机转速在怠速与最高转速之间调节，如图 4-18 所示。

二、力矩限制器系统

力矩限制器主要有力矩限制器主机、显示器、传感器、三色报警灯及相关线束组成。

力矩限制器主机用于采集角度传感器、拉力传感器信息进行计算，并实时的与显示器通信，当有危险动作发生时，能及时地发出控制信号，如图 4-19 所示。

显示器主要用于与起重机操作者的交互，用于设置力矩工况、显示力矩信息。

图 4-18　发动机油门踏板

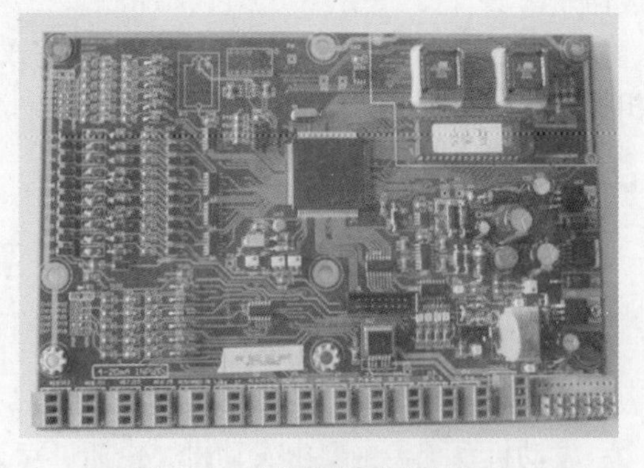

图 4-19　力矩限制器主机板图

同时显示器还有显示履带起重机系统其他信息的功能，如显示发动机信息、液压系统信息等，如图 4-20 所示。

角度传感器用于测量系统臂架角度，为力矩限制器计算提供数据。一般为电流型 4～20mA 或 CAN 总线输出形式，如图 4-21 所示。

图 4-20　力矩限制器显示器

图 4-21　力矩限制器角度传感器

拉力传感器用于测量系统拉力，为力矩限制器计算提供数据。一般为电流型 4～20mA 或 CAN 总线输出形式，如图 4-22 所示。

高度限位开关：装在臂架头部，用于限制吊钩的最高起升高度。

三色报警灯用于配合力矩限制器力矩百分比提供警示信息。力矩百分比＜90%，绿灯亮；90%＜力矩百分比≤100%，黄灯亮、响；力矩百分比＞100%，红灯亮、响，如图 4-23 所示。

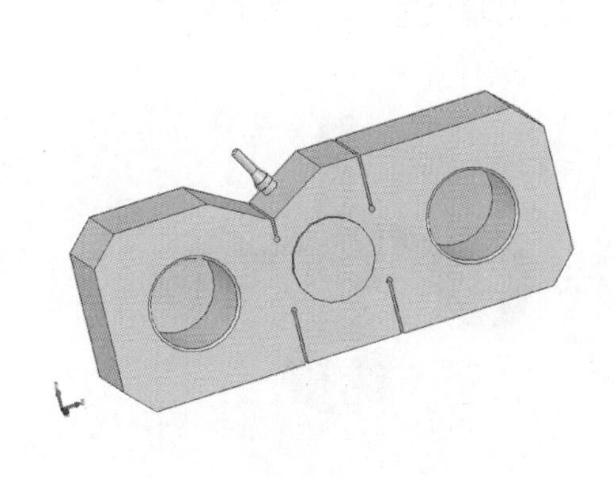

图 4-22　力矩限制器拉力传感器

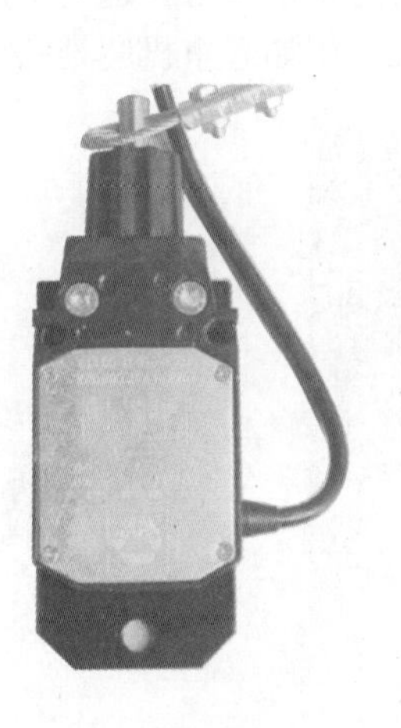

图 4-23　高度限位及三色报警灯

三、PLC 控制系统

PLC 控制系统是整个起重机的神经中枢，主要通过采集手柄、传感器信息，并根据液压系统逻辑控制相应的电磁阀来完成起重机的动作，图 4-24 为芬兰 EPEC 控制器。

图 4-24　PLC 控制器

四、工作操作部分

主要包括起重机的指令的发出设备，主要包括手柄、踏板、大吨位起重机还包括遥控器等，如图 4-25 所示。

手柄、踏板作为输入设备一般有电位计型和总线型两种，它们的主要区别在于输出信号的不同。

目前大吨位起重机结构较复杂均配置有遥控器，以方便起重机的组装，有有线和无线两种形式。

(a)

(b)

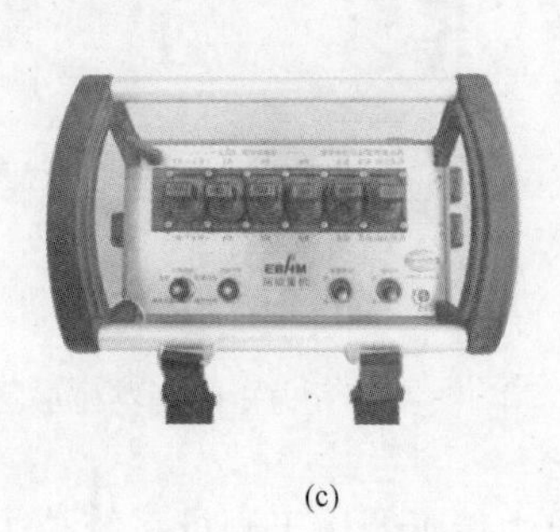

(c)

图 4-25　操作输入设备

（a）操作手柄；（b）踏板；（c）遥控器

五、传感器及限位开关

起重机设置的传感器按功能来分主要有两种：一种是测量起重机系统本身的数据，为起重机的可靠运行和故障排除提供参考，这类传感器主要有液压油压力、温度等；另一种传感器是用来测量周围环境情况，例如起重机所处路面的水平度、环境风速等，如图 4-26 所示。

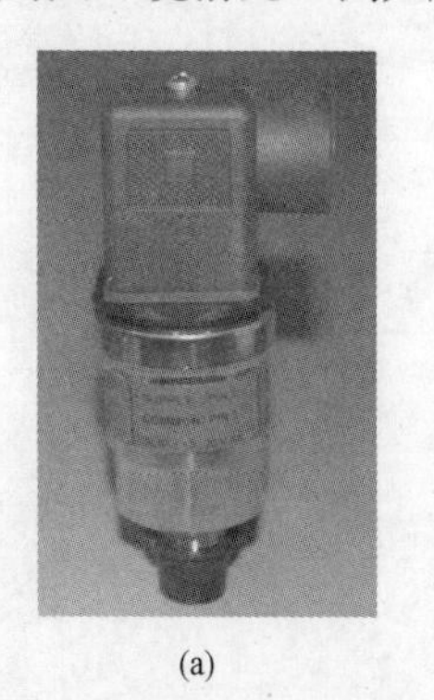

(a)

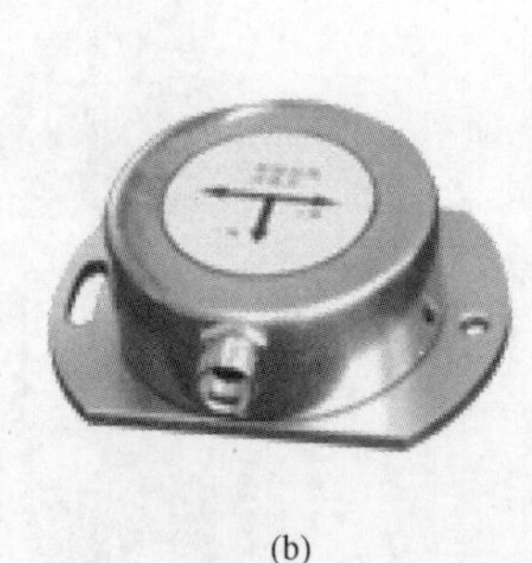

(b)

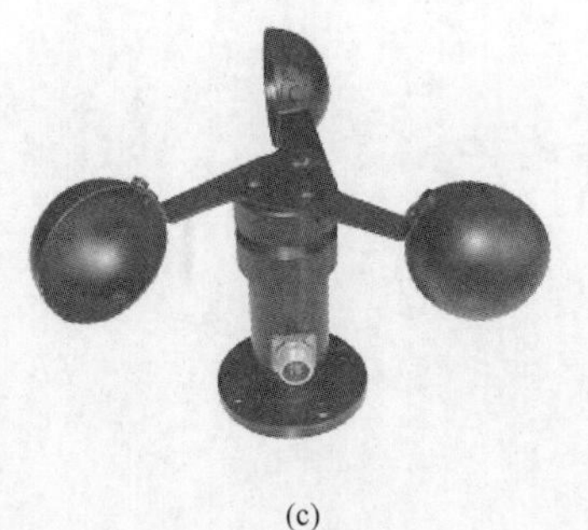

(c)

图 4-26　传感器

（a）压力传感器；（b）水平倾角传感器；（c）风速传感器

六、其他通用部件

保险片如图 4-27 所示。

电磁阀：电磁阀是通过 PLC 发送的电信号，控制相关油路的通、断，如图 4-28 所示。

航空障碍灯：安装位置在主臂头部或者副臂头部，夜间起高空警示的作用，目前太阳能形式的航空灯广泛应用在履带起重机中，如图 4-29 所示。

图 4-27　车用保险片及其端子排

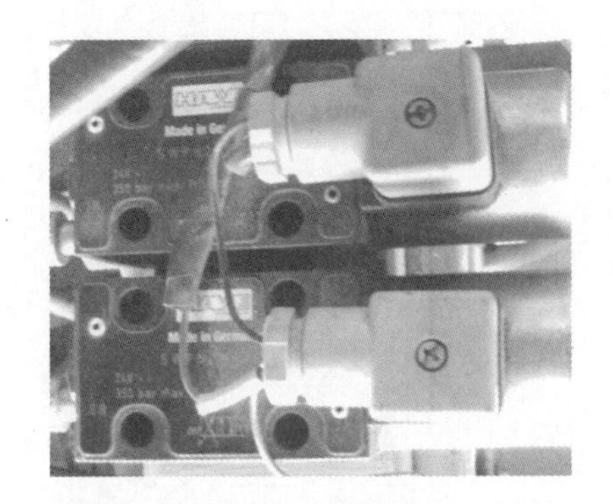

图 4-28　电磁阀

图 4-29　太阳能航空障碍灯

第四节　电气系统实例介绍

现代履带起重机电气系统大致可划分为电源及发动机、控制系统 PLC、力矩限制器及通用电气控制 4 个主要部分。其主要电气设备如控制器、显示器及发动机控制器之间数据的交换通过 CAN 总线进行。PLC 及 CAN 总线技术大大简化了电控系统的接线。

本小节将以国内某品牌小吨位履带起重机电控车型为例，对其电气系统中最具代表性的部分做简要的介绍。

一、电源及发动机部分

起重机整机采用 DC 24V，由两台蓄电池 BAT 串联组成。主要用于起动发动机及给整机电气设备供电。发电机 G0101 在起重机工作时给蓄电池充电，如图 4-30 所示。

电源为负极搭铁方式，并配置有电源总开关 S0101，用于切断电瓶正极，停止其向整机电气设备供电。

钥匙开关 S0103 的作用是启动发动机及给整机送电，S0103 一挡闭合，电磁继电器 K0101 吸合，控制系统通过＋24V 线路得电。

发动机采用电喷发动机，电气方面主要由启动机、发电机、预热控制器、发动机 MR 控制器、ADM 控制器及调试接口组成，如图 4-31 和图 4-32 所示。

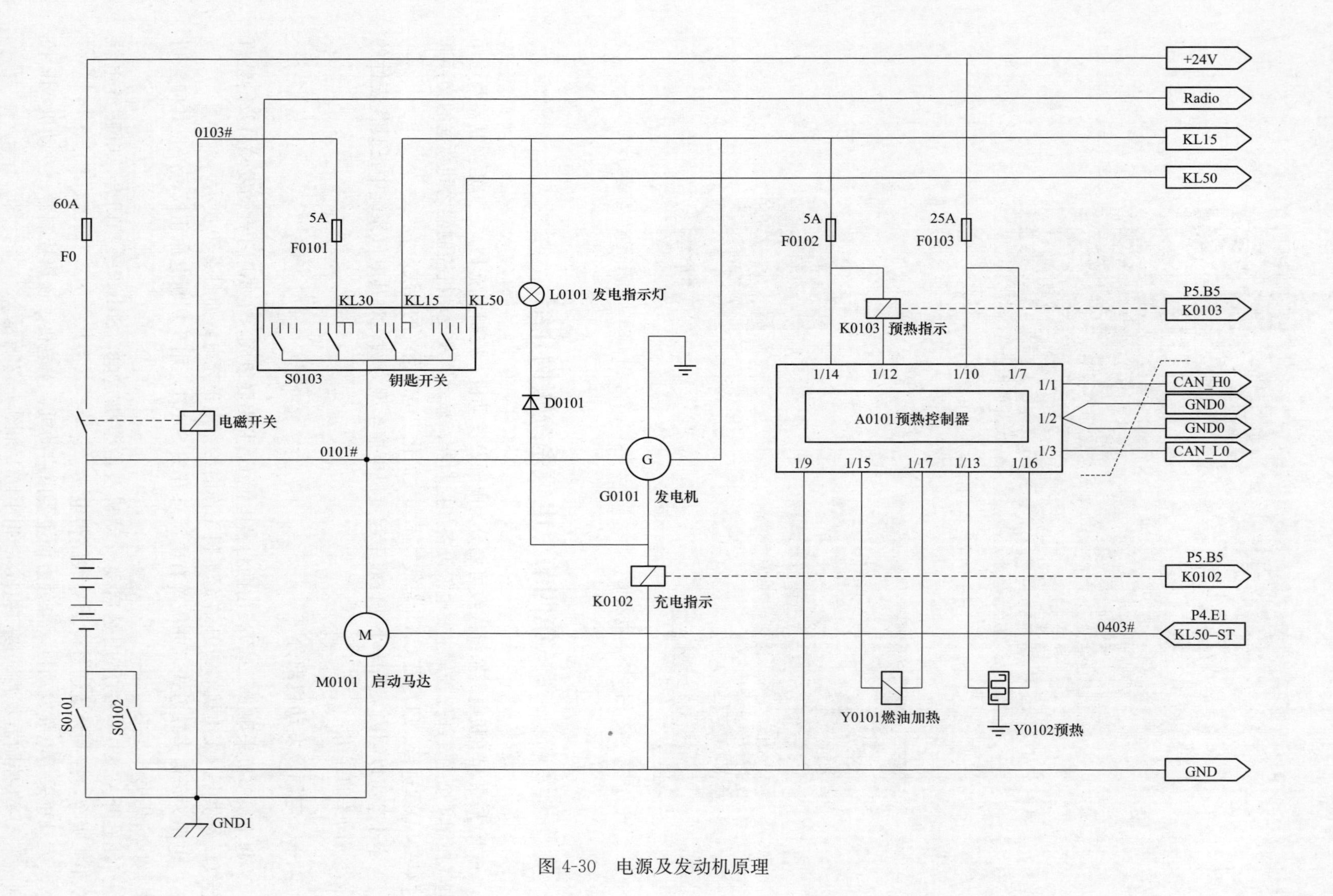

图 4-30 电源及发动机原理

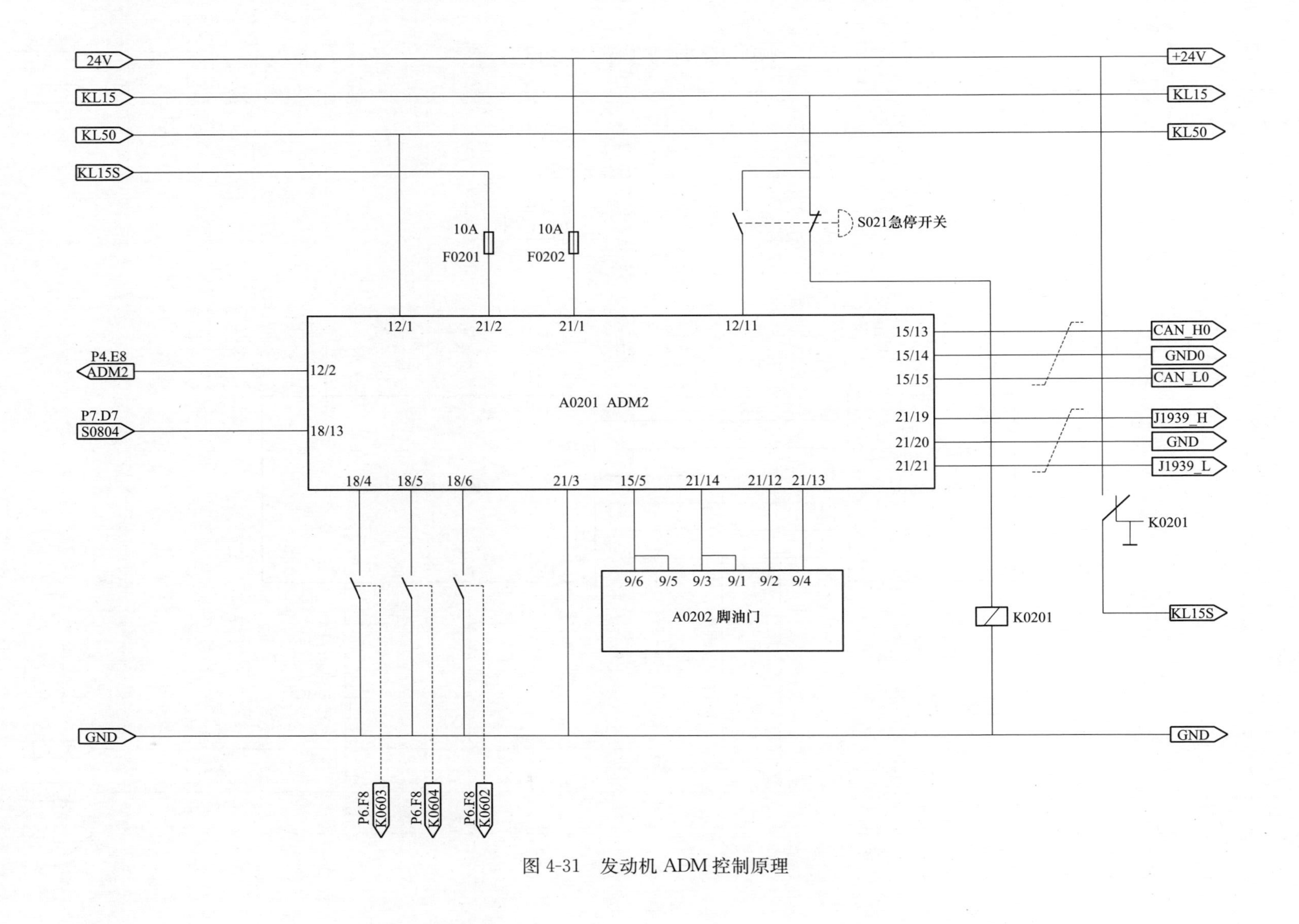

图 4-31　发动机 ADM 控制原理

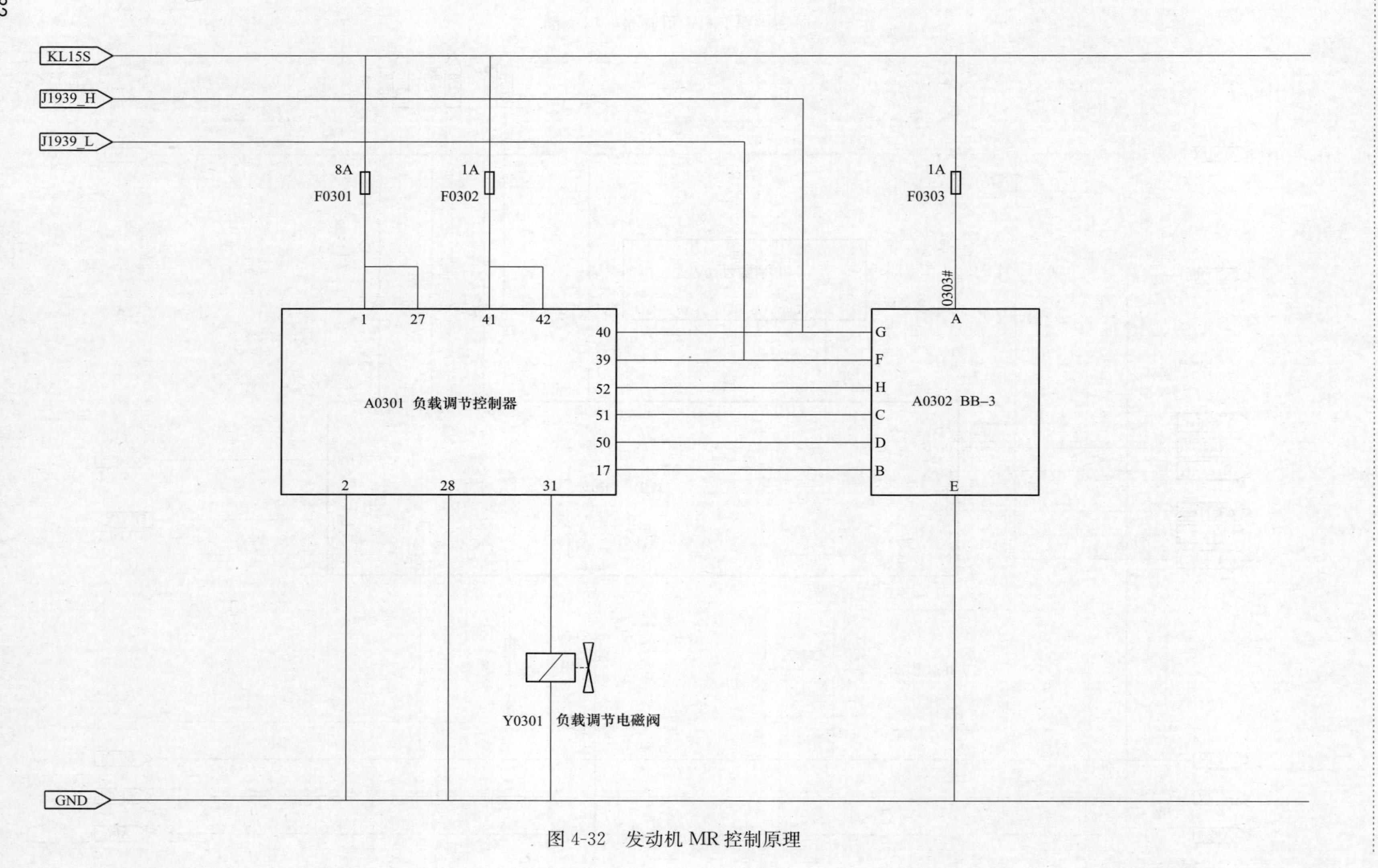

图 4-32 发动机 MR 控制原理

启动电动机M0101用于发动机启动。当ADM（A0201）及MR（A0401）控制器接收到钥匙开关S0103的启动信号KL50时，由MR控制器的X1/12发出控制信号KL50-ST到启动电动机，启动电动机带动发动机启动。

发电机G0101中发电机发电给蓄电池充电，为整车提供电源。

ADM控制器（A0201）主要用来存储发动机的配置参数及协调控制发动机的外围设备，如脚油门A0202、发动机急停开关S0201、手油门等。发动机的实时运行参数也是通过ADM控制器上的CAN通信接口，遵循SAE J1939协议进行发送的。

MR控制器（A0401）是安装在发动机本体上的控制器，主要用于连接发动机的各类传感器，用于测量如发动机机油压力、机油油位、冷却液温度、发动机转速等，实时采集发动机的各种数据参数；同时MR控制器连接及控制发动机的各缸的燃油喷油泵。

预热控制器（A0101）用于连接发动机预热塞和燃油加热阀，用于控制发动机的预热，保证发动机在低温天气下的正常启动。

发动机调试接口（A0402），通过发动机厂家提供的minidiag等掌上设备可以与发动机控制器（ADM、MR、预热）进行联机，配置发动机的参数，诊断故障等。

二、PLC控制系统

履带起重机的主要运行机构如起升、回转、变幅、行走等，这些机构中的泵、阀、电动机的运行主要通过电信号来控制的。而这些电信号具有复杂的逻辑关系，需要经过PLC（可编程控制器）进行逻辑计算。本机的PLC系统由博世力士乐的RC6-9及RC12-4组成，其中RC6-9为主控制器，RC12-4为辅助I/O控制模块（输入/输出控制模块），如图4-33和图4-34所示。

根据PLC的端口功能的不同可分为以下几种：

1）AI。模拟量输入，电压、电流等模拟量信号输入的输入，如液压系统压力传感器，风速仪、水平倾角等信号。一般模拟量输入分电流型（4～20mA）和电压型（0～5V），因选择的传感器不同而不同。如本机RC6-9的35、46、8、34、21、45、9脚。

2）DI。开关量输入，用于检测输入的开关量的状态，如钩限位、角度限位等。通常开关量输入分高有效输入和低有效输入，即开关的一侧接高电平或低电平（小于5V或直接接地）。例如本机RC6-9的23、61、60、12、48、10脚和RC12-4的23、22、11、38、48、49、10、18、19、6脚。

3）DO。开关量输出，根据PLC的控制逻辑，由PLC直接驱动液压系统电磁阀，如合流电磁阀、回转刹车电磁阀等。通常开关量输出分高有效输出和低有效输出，及输出的信号为高电平或低电平。例如本机RC6-9的71、72、74、75脚和RC12-4的34、45、35、46、47、36脚。

4）PWM。PWM输出，用于控制液压系统电比例阀，PWM输出可以根据控制逻辑的不同，提供不同大小的电流信号来驱动电比例阀，达到控制速度的目的。如卷扬变量、回转电磁阀等。例如本机RC6-9的31、30、29、5、6、76、4、16和RC12-4的42、29、15、3、31、30、32、43、33、44脚。

PLC的输出脚还可根据驱动电流大小不同分为0.5A、1A、2A等，这些脚的分配就根据所驱动的设备不同而分配了。有些控制器的输入、输出脚可根据实际设计情况而调整，通过编写程序而定义管脚的功能。

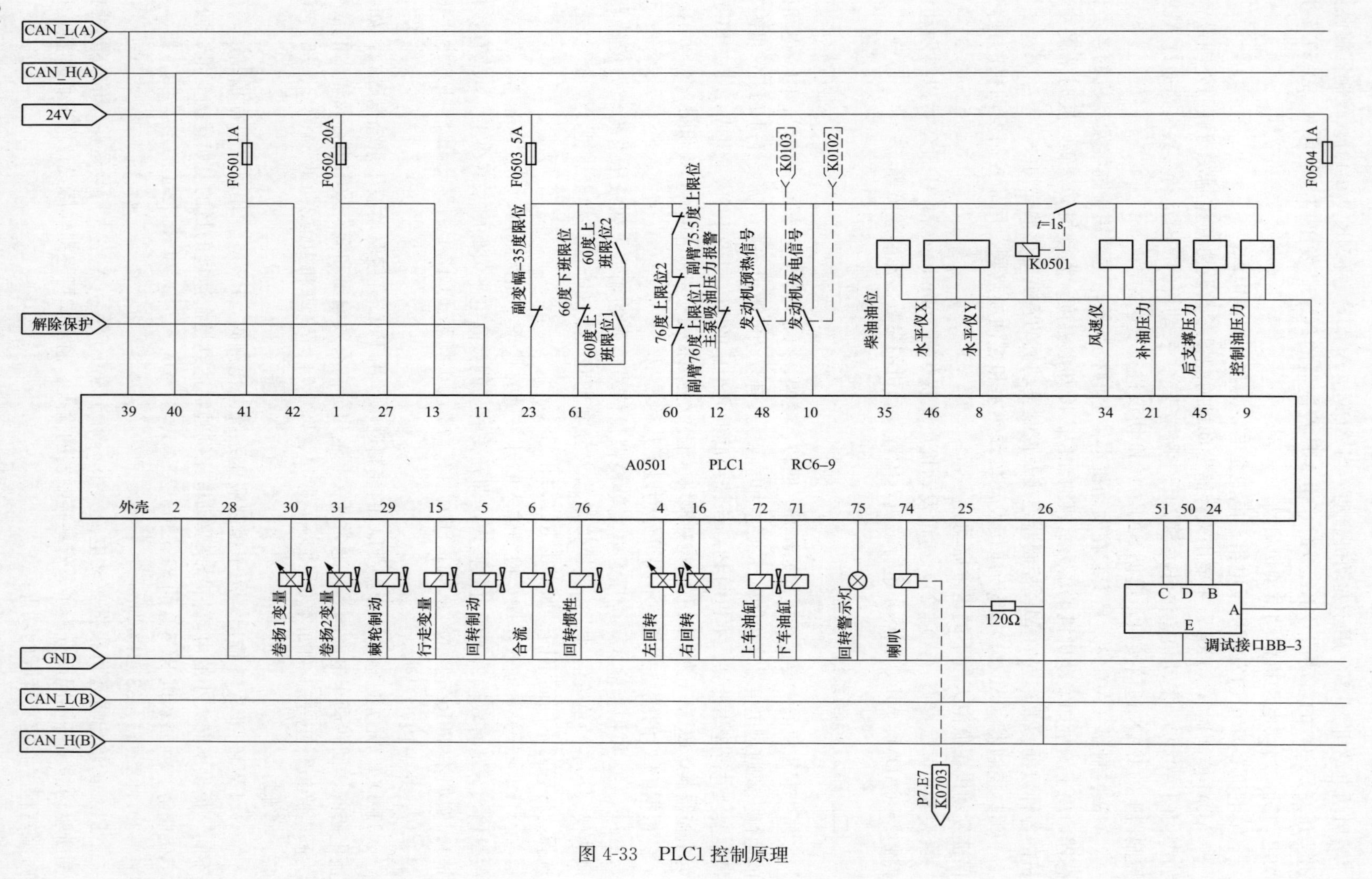

图 4-33 PLC1 控制原理

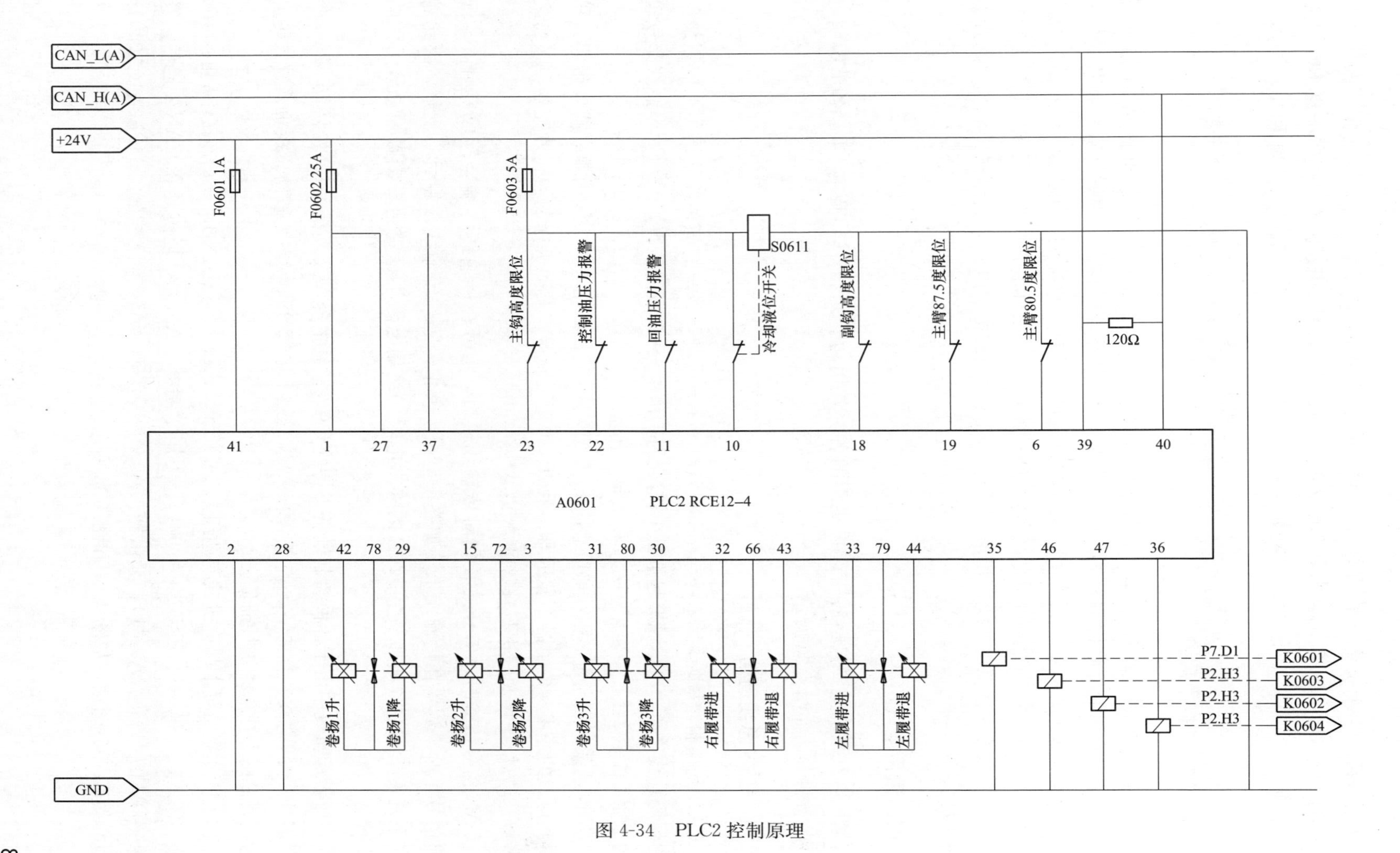

图 4-34　PLC2 控制原理

另外，除了以上提到的管脚外，一般 PLC 控制器还都配备了电源输入脚，例如本机 RC6-9 的 41、42、1、27、13 脚和 RC12-4 的 41、1、27 脚；接地脚，例如本机 RC6-9 和 RC12-4 的 2、28 脚；通信端口，例如本机 RC6-9 的 39、40、25、26 脚和 RC12-4 的 39、40 脚。

三、力矩限制器系统

如图 4-35 所示，拉力传感器，角度传感器的电流信号通过电线接至力矩限制器的模拟量输入端口，力矩限制器将检测到的角度传感器、拉力传感器的信息，根据计算模型及载荷表计算出当前的实际起重量，工作半径及最大起重量，并将计算出的力矩信息通过 CAN 总线发送到显示器上显示。当起重机存在危险方向的动作时（实际起重力矩大于额定起重力矩），力矩限制器系统配合控制系统发出信号，停止相应方向的危险动作，并通过声光报警来提醒操作人员。

四、通用电气

通用电气系统主要包括履带起重机中的各类常用功能元器件，例如喇叭、各类照明灯具、收音机等，如图 4-36 所示。

五、CAN 总线通信

CAN 是控制器局域网络（controller area network，CAN）的简称，是国际上应用最广泛的现场总线之一，也是履带起重机中被广泛应用的一种现场总线。J1939 CAN 总线是发动机的专用 CAN 总线，主要用于发动机数据的传输。

CAN 总线一般通过 2 根线（CAN_H、CAN_L）与外部相连，布线简单，在履带起重机上得到广泛的应用。控制器、显示器、手柄、力矩限制器、发动机控制器、遥控器等设备之间多数是通过 CAN 总线进行连接的。

CAN 信号传输时，信号波长相对传输线较短，信号在传输线终端会形成反射波，干扰原信号，所以需要在传输线末端加终端电阻，使信号到达传输线末端后不反射，因此需要在系统的最远端各增加一个 120Ω 的终端电阻，终端电阻不稳定会直接影响总线通信的稳定性。

在履带起重机中由于各种控制设备支持的 CAN 总线的类型及支持的 CAN 协议不同，会出现多条 CAN 总线并存的情况。当单条 CAN 总线上电气元件较多，致使总线负载过大时也会考虑将总线分成多条进行通信。

如上所介绍的履带起重机共有两组 CAN 总线，CANA 与 CANB，分别连接不同的 CAN 网络。PLC1（A0501）、PLC2（A0601）、力矩限制器（A1101）通过总线 CANA 通信。发动机 ADM 的 J1939（A0201）、显示器（A0801）、手柄（A1001、A1002）、PLC1（A0501）通过总线 CANB 通信，如图 4-37 和图 4-38 所示。

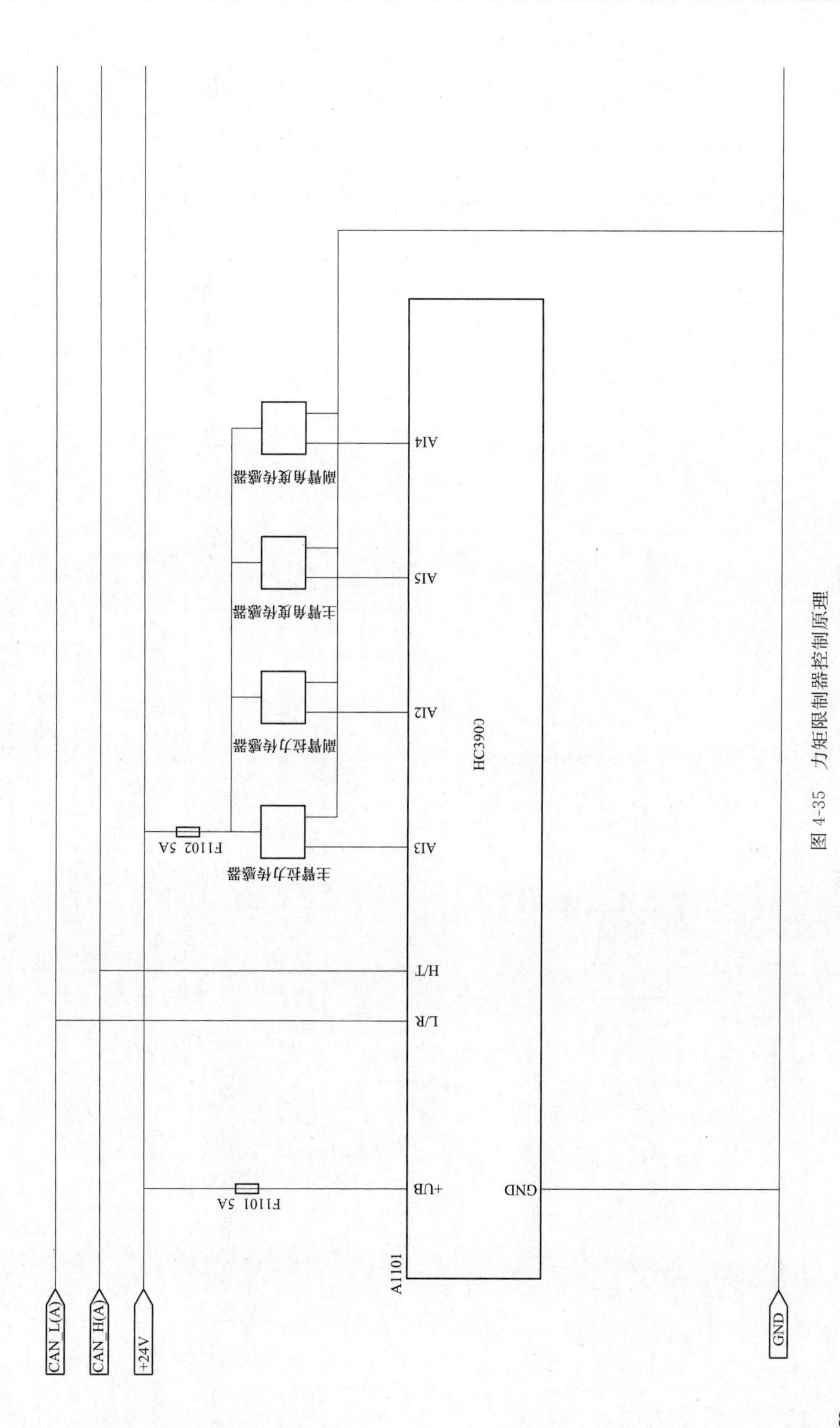

图 4-35　力矩限制器控制原理

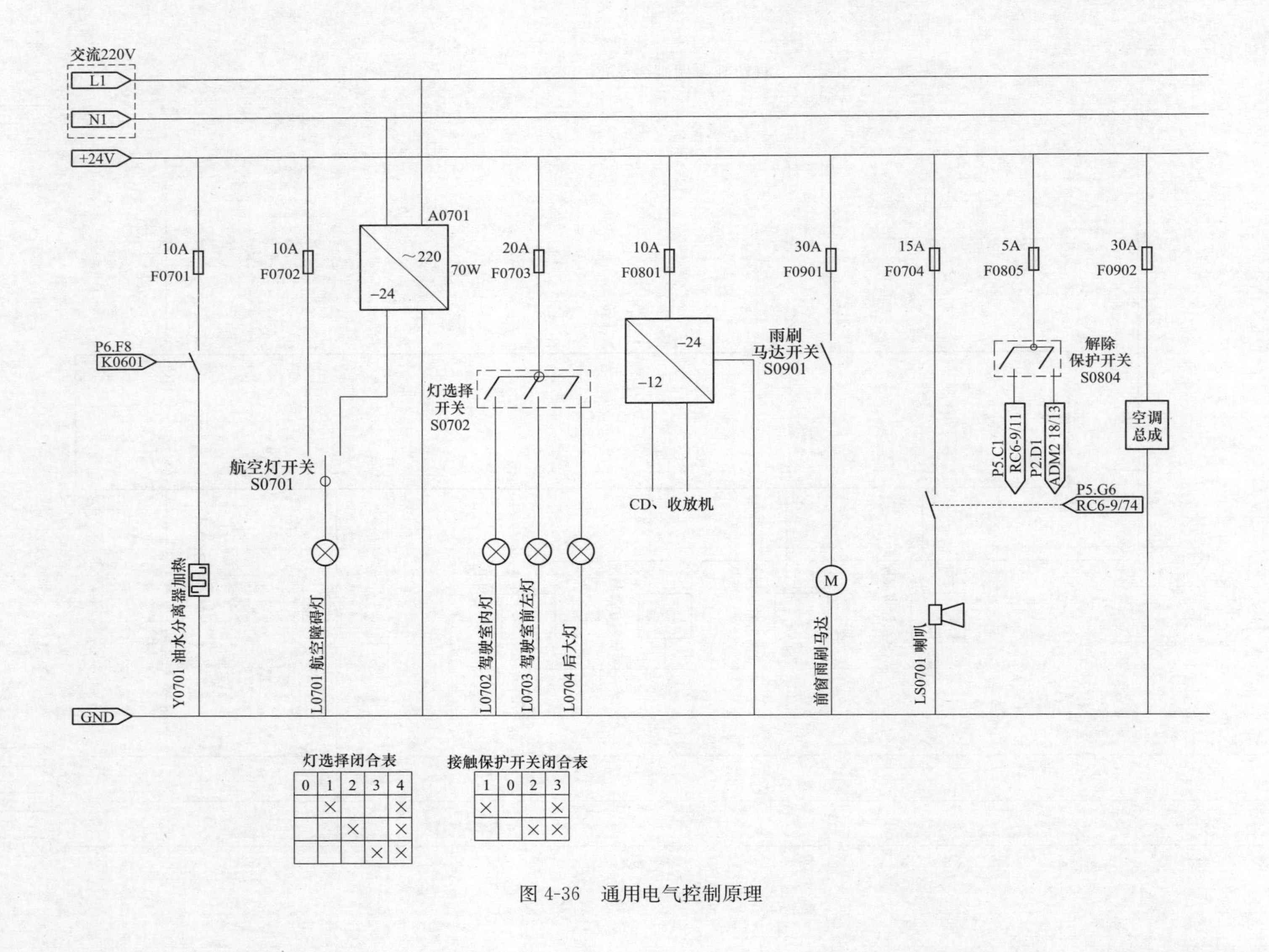

灯选择闭合表

0	1	2	3	4
	×			×
		×		×
			×	×

接触保护开关闭合表

1	0	2	3
×			×
		×	×

图 4-36　通用电气控制原理

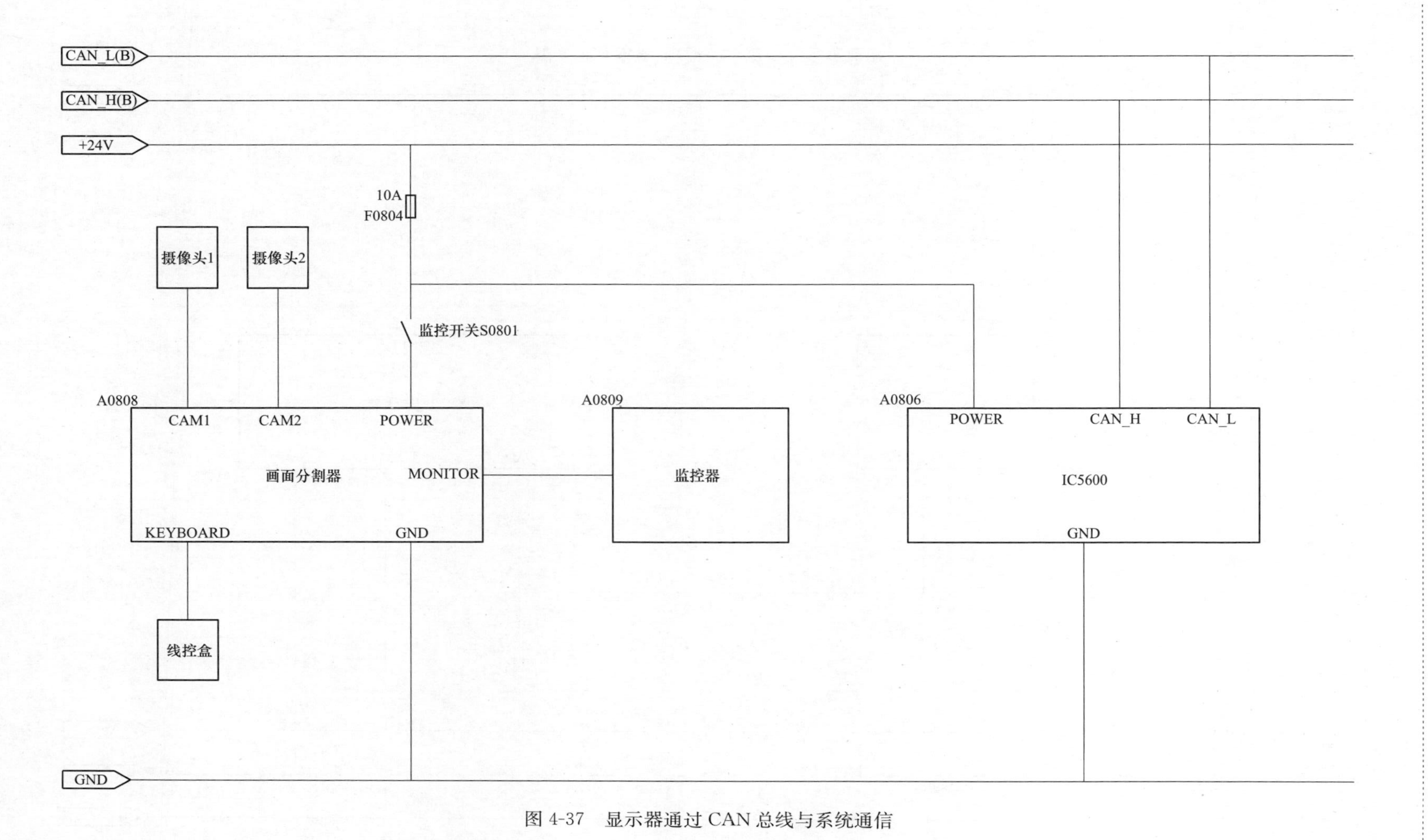

图 4-37　显示器通过 CAN 总线与系统通信

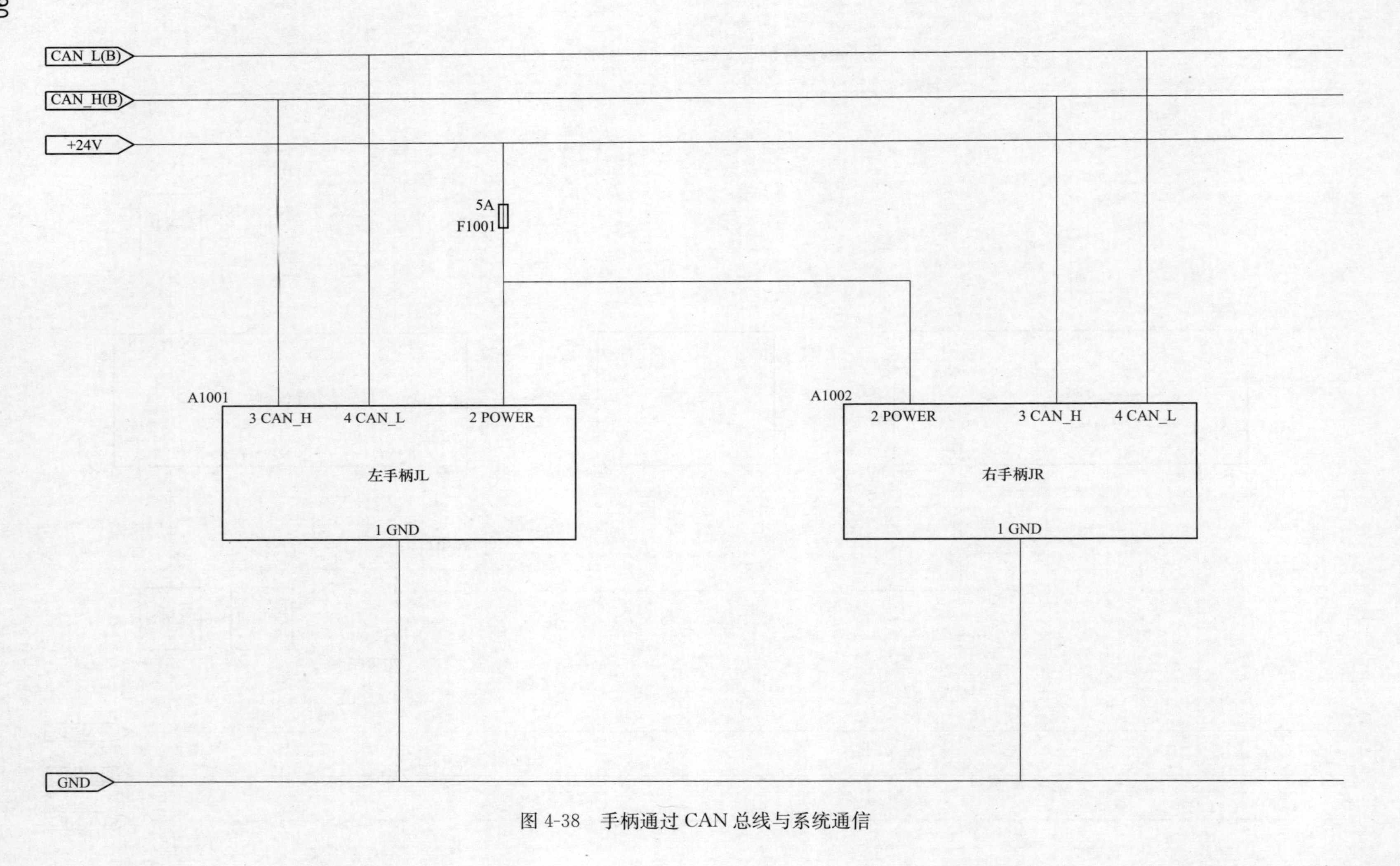

图 4-38　手柄通过 CAN 总线与系统通信

第五章
履带起重机主要机构及其控制

第一节　履带起重机主要机构

履带起重机主要包括起升、变幅、回转和行走四大机构。它们通过动力驱动装置实现履带起重机起吊重物的上升、下降、回转、臂架的俯仰以及履带的行走，是履带起重机重要的组成部分。图 5-1 和图 5-2 所示为主要机构分布图。

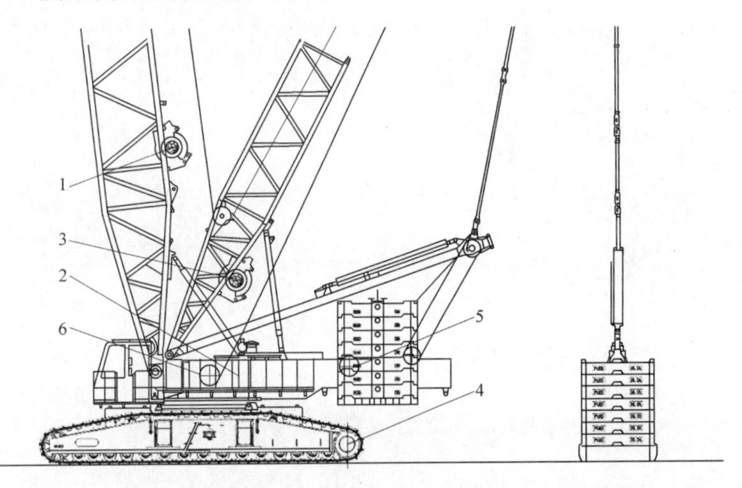

图 5-1　主要机构分布图（一）

1—塔臂变幅机构；2—副起升机构；3—超起变幅机构；4—行走机构；5—主变幅机构；6—主起升机构

一、机构组成

起升机构一般由驱动装置、钢丝绳卷绕系统、取物装置、安全保护装置等组成。驱动装置包括电动机（马达）、联轴器、制动器、减速器等部件。钢丝绳卷绕系统包括钢丝绳、卷筒、定滑轮和动滑轮。取物装置有吊钩、吊环、抓斗、电磁吸盘、吊具挂梁等多种形式。安全保护装置有力矩限制器、起升高度限位器、三圈保护器等，根据实际需要配用。图 5-3 所示为徐工 XGC650 产品单滑轮起升机构，不同厂家机构在结构形式上略有不同。

变幅机构一般由驱动装置、钢丝绳卷绕系统、变幅连接装置、安全保护装置组成。驱动装置包括电动机（马达）、联轴器、制动器、减速器等部件。钢丝绳卷绕系统包括钢丝绳、卷筒、定滑轮和动滑轮。变幅连接装置包括变幅滑轮组、拉板等组成。安全保护装置有力矩限制器、起升高度限位器、三圈保护器等，根据实际需要配用。图 5-4 所示为徐工 XGC650 产品主臂变幅机构，不同厂家的机构在结构形式上略有不同。

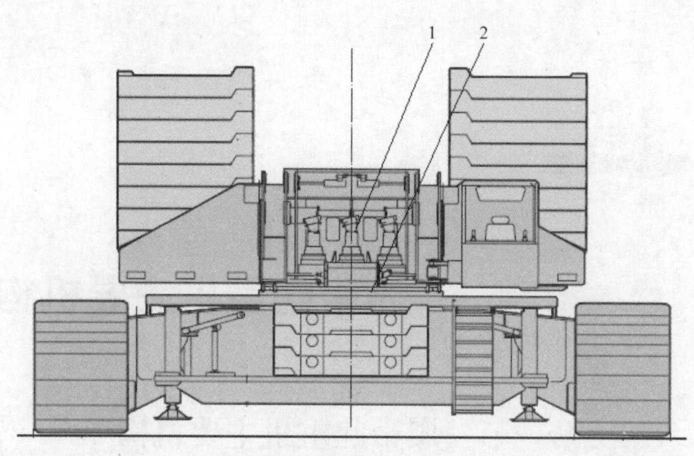

图 5-2　主要机构分布图（二）

1—回转机构；2—回转支承

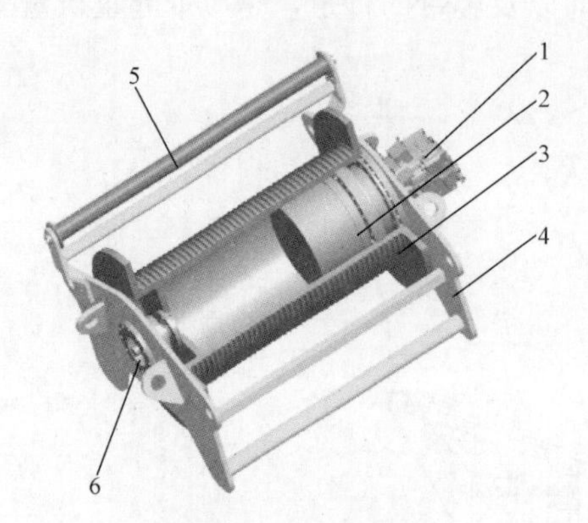

图 5-3　起升机构图

1—驱动电动机；2—减速机；3—卷筒；
4—安装支架；5—托绳机构；6—三圈保护装置

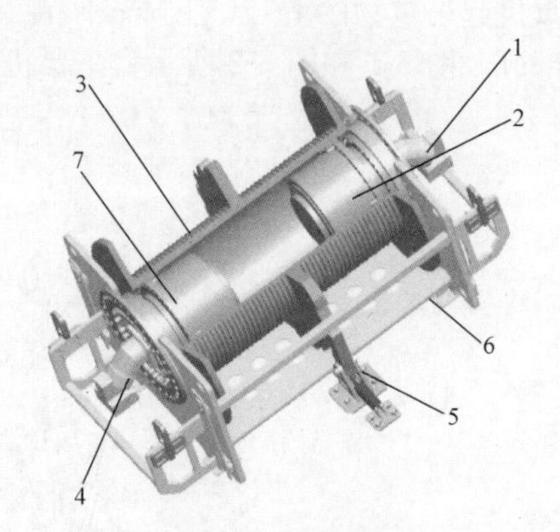

图 5-4　变幅机构图

1、4—驱动电动机；2—减速机；3—卷筒；
5—棘轮锁止装置；6—安装支架；7—减速机

回转机构由驱动装置、回转支承、回转锁止装置等组成。驱动装置包括电动机（马达）、联轴器、制动器、减速器等部件。回转锁止装置包括回转安全锁止销、超速保护开关等，根据实际需要配用。图 5-5 所示为徐工 XGC650 履带起重机回转机构，不同厂家的机构在结构

图 5-5　回转机构图

1—回转锁止装置；2—回转支承；3—驱动电动机；4—回转减速机

形式上略有不同。

行走机构一般由驱动装置、导向轮、拖链轮、履带架和履带板组成，驱动装置包括电动机（马达）、减速器（含制动器）、驱动轮等部件，图 5-6 所示为徐工 XGC16000 履带起重机行走机构，不同厂家的行走机构在结构形式上略有不同。

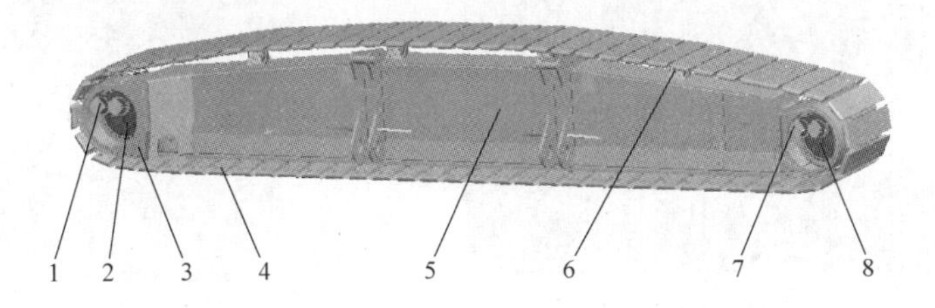

图 5-6　行走机构图

1、7—驱动电动机；2—行走减速机；3—驱动轮；4—履带板；5—履带梁；6—托链轮；8—行走减速机

二、机构工作原理

起升、变幅机构工作原理基本一样，一般为电动机驱动减速机，减速机输出装置连接在卷筒上带动卷筒旋转，使卷筒缠绕或放出钢丝绳，从而将卷筒的旋转运动转变成钢丝绳的直线运动。起升机构是钢丝绳通过定滑轮、动滑轮、滑轮组和取物装置（吊具）实现载荷（吊装物）上升及下降；变幅机构是通过钢丝绳、定滑轮、动滑轮、拉板及臂架连接装置实现臂架仰角的变化。其传动原理如图 5-7 所示。

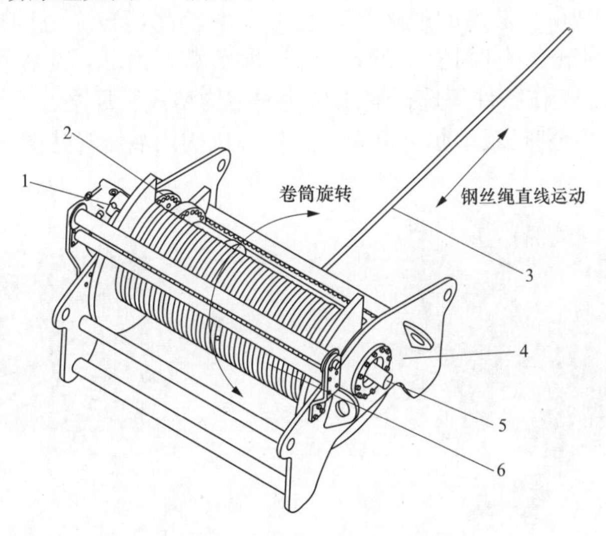

图 5-7　起升、变幅机构图

1—驱动装置电动机；2—减速机；3—钢丝绳；4—安装支架；5—三圈保护装置；6—卷筒

回转机构工作原理：电动机驱动减速机工作，减速机的输出轴与小齿轮连接为一体带动小齿轮旋转，通过小齿轮和回转支承大齿轮相互运动，实现转台的回转动作如图 5-8 所示。

行走机构工作原理：电动机驱动减速机工作，减速机输出装置连接驱动轮，驱动轮和减速机的输出同步旋转，驱动轮带动履带板转动，履带板将驱动轮的旋转运动变为整机的直线运动，如图 5-9 所示。

图 5-8　回转机构

图 5-9　行走机构

三、机构组成

（一）起升、变幅、回转、行走机构用驱动电动机

履带起重机的机构驱动装置常用液压马达分为高速液压马达和低速液压马达。高速液压马达的主要性能特点是负载速度高、扭矩小、体积紧凑、重量轻，但在机构传动中需与相应的减速器配套使用，以满足机构工作的低速重载要求，其他的特点与同类的液压泵相同，应用较多的有摆线齿轮液压马达和轴向柱塞液压马达。低速液压马达的转速较低、扭矩大、平稳性较好，可直接或只需一级减速驱动机构，但体积和重量较大。

液压马达在使用中并不是泵的逆运转，它的效率较高，转速范围更大，可正、反向运转，能长期承受频繁冲击，有时还承受较大的径向负载。因此，应根据液压马达的负载扭矩、速度、布置型式、工作条件等选择液压马达的结构型式、规格、连接型式等。

图 5-10 和图 5-11 分别是履带起重机起升、变幅机构用液压马达图。

图 5-10　起升、变幅液压马达外形图

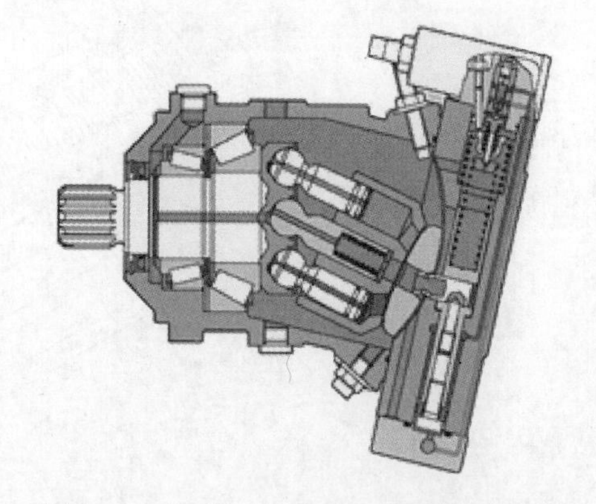

图 5-11　起升、变幅液压马达内部结构图

柱塞液压马达特点：

（1）弯轴结构轴向柱塞变量液压马达，用于回路静液压传动。

（2）调节范围宽，能满足高转速和大扭矩的要求。

（3）排量从 0 至最大无级可调。

（4）具有易与各种控制和调节系统匹配的多种变量方式。

（5）输出扭矩随液压马达上高低压侧压差的增加及液压马达排量的变大而增加。

（6）紧凑的、牢固的长寿命轴承。

（7）功率重量比大，特性良好。

图 5-12 和图 5-13 分别是履带起重机回转机构液压马达图。

图 5-12　回转液压马达内部结构图

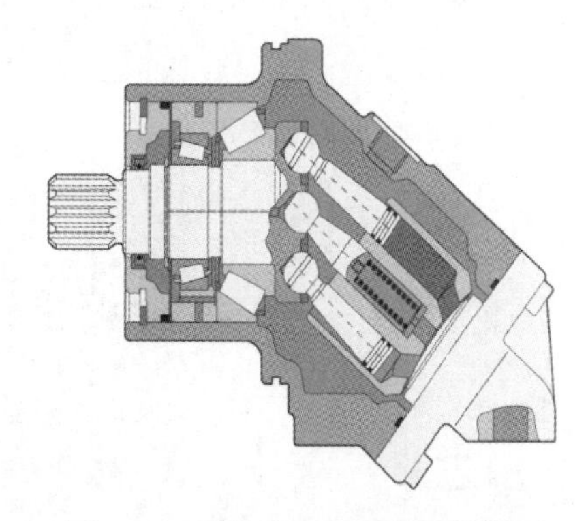

图 5-13　回转液压马达内部结构图

图 5-14 和图 5-15 履带起重机行走机构液压马达图。

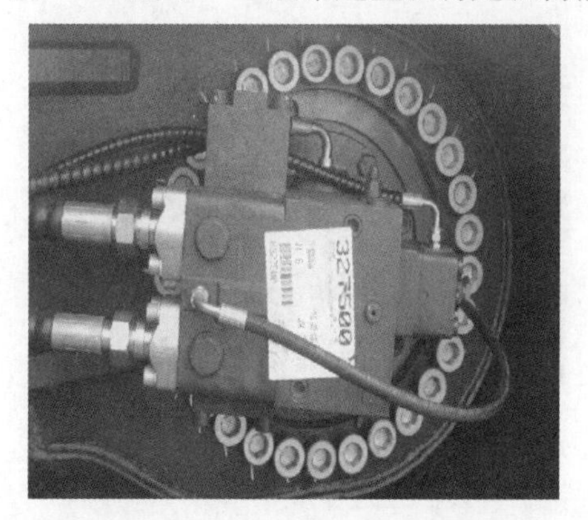

图 5-14　行走液压马达外形图

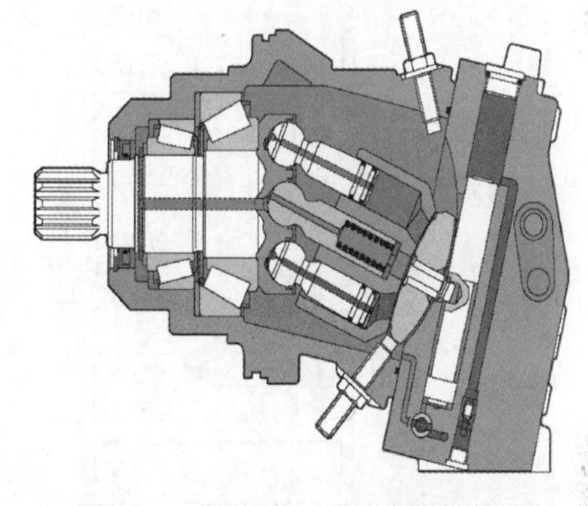

图 5-15　行走液压马达内部结构图

（二）内藏式行星减速机（变速箱）

1. 减组机的组成

减速机由一至五级行星齿轮变速模块组成。可在驱动端附加直齿变速箱。与直齿变速箱相比，行星齿轮变速箱具有下列显著优点：

（1）三个行星轮使负荷均衡分布。

（2）低转速提高了传动的机械效率。

（3）经过磨制的齿轮降低运行噪声。

（4）行星齿轮变速机构寿命长，功率大，可以在多种恶劣的条件下（－20～70℃）使用。

（5）在驱动端可以选装连接法兰或花键（齿轮）轴、套，可使用快、慢速液压马达，内燃机或电机做动力。

（6）将行星减速机安装在卷筒内部，减小卷扬机构的外形尺寸，使得结构更加紧凑。

履带起重机用行星减速机一般都带制动器，制动器为常闭状态。弹簧加载，液压释放的多片式制动器。国产大吨位（300t 以上）履带起重机机构用内藏式行星减速机一般为国外进口，厂家有力士乐、卓轮、O&K 等，300t 以下履带起重机机构用内藏式行星减速机基本实现了国产配置。减速机工作原理如图 5-16 所示。

此结构为行星架固定，电动机带动太阳轮输入，内齿轮输出，输入和输出方向相反，内齿轮和卷筒固定连接，内齿轮和卷筒同步旋转输出。图 5-17 所示为减速机内部结构图。

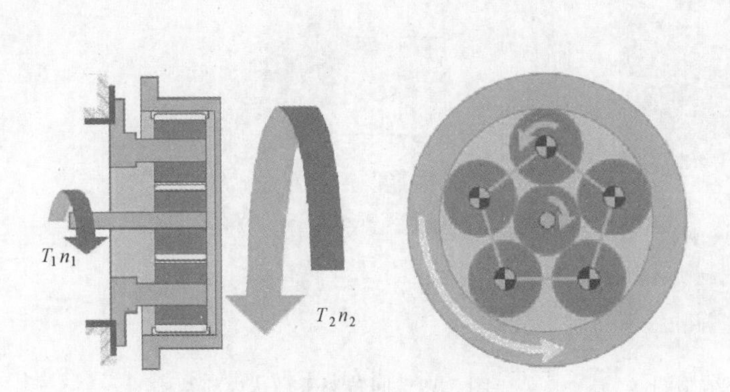

图 5-16　减速机工作原理

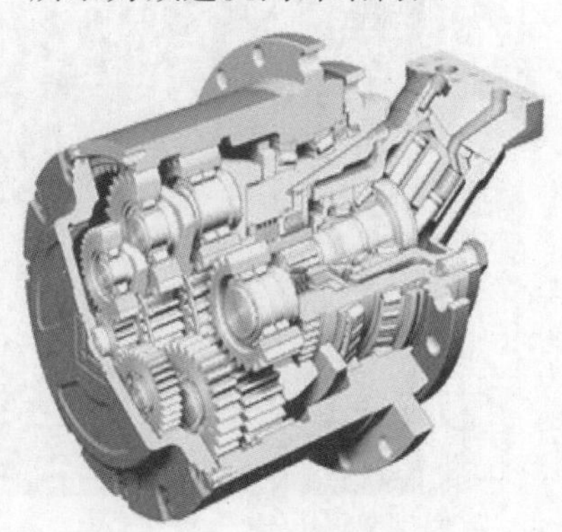

图 5-17　减速机内部结构

图 5-18 和图 5-19 是起升、变幅机构用减速机。

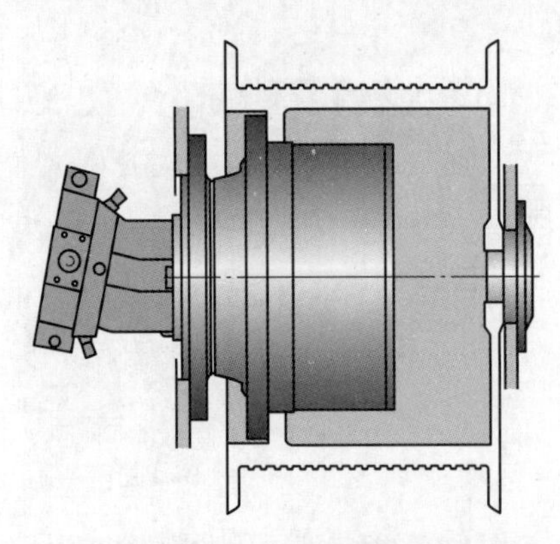

图 5-18　GFT 系列减速机

图 5-19　德国 O&K 系列减速机

图 5-20 和图 5-21 是回转机构用减速机。

图 5-20　力士乐 GFB 系列戴纳密克

图 5-21　RE 系列

图 5-22 所示是行走机构用减速机，力士乐 GFT 系列。

2. 减速机的保养

图 5-22　力士乐 GFT 系列

润滑油更换：所有齿轮和抗摩擦轴承均采用浸油润滑。150～200 个工作小时后第一次换油，换油时要清理干净，每年或者工作 1500 个工作小时后（先到为准）第二次换油，以后每 1500 个工作小时换一次油，每年至少换一次油，每次更换油时必须清理干净减速机内部。如果发现减速机漏油，达不到油位线，需要加润滑油时，加油必须和原来的润滑油同一品牌同一型号，不得加不同品牌不同型号的润滑油。不同品牌不同型号的润滑油混合会大大降低润滑效果，损害减速机齿轮。

润滑油加入位置：加油孔在减速机驱动输入端（驱动端）。

图 5-23 所示为起升变幅机构减速机加油放油孔位置图（O&K FW1300 系列）。

图 5-24 所示为回转机构减速机加油放油孔位置图（力士乐 GFB 系列）。

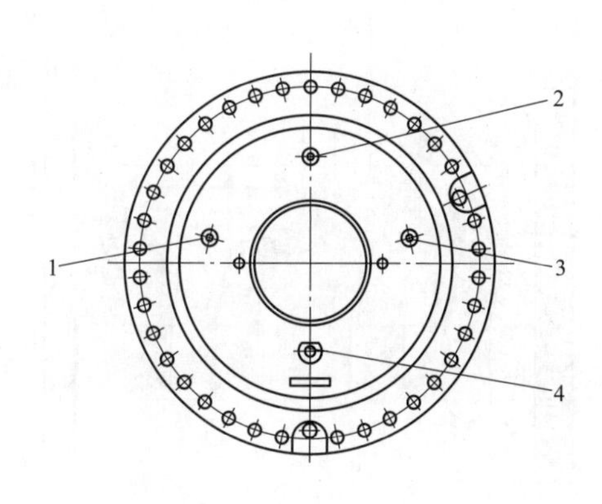

图 5-23　起升变幅机构减速机油孔位置
1—油位孔（加油孔）；2—通气孔；
3—油位孔（加油孔）；4—放油孔

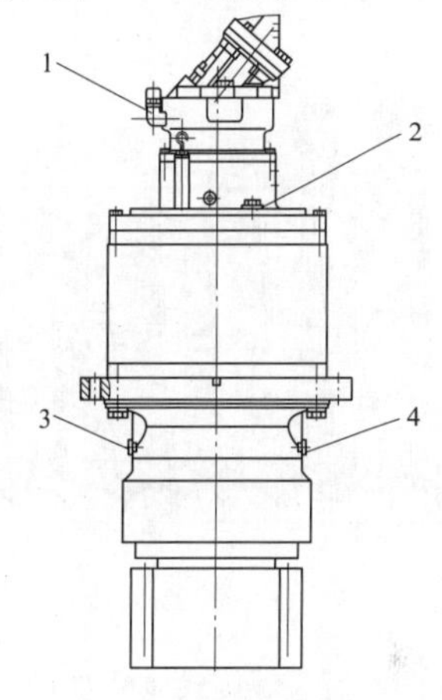

图 5-24　回转机构油孔位置
1—通气孔；2—油位孔（加油孔）；
3—放油孔；4—放油孔

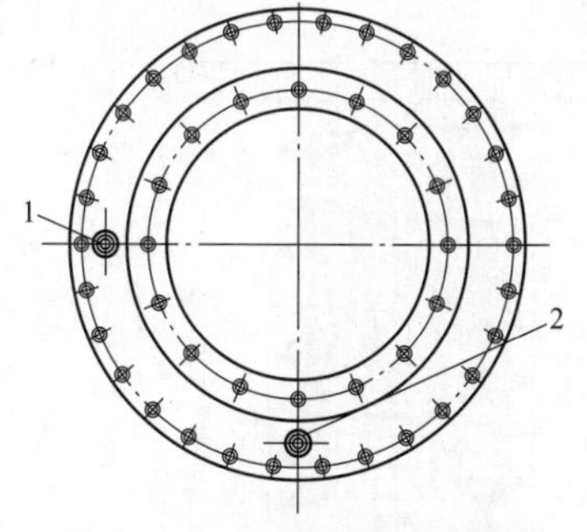

图 5-25　行走机构减速机油孔位置图
1—油位孔（加油孔）；2—放油孔

图 5-25 所示为行走机构减速机加油放油孔位置图（泰安福神 XBT 系列）减速机后端盖。

（1）油位检查。油位可以通过油尺或者观察孔检查。

（2）冷却。当阳光直射或工作环境温度较高，长时间高负荷工作时，齿轮机构可能需要进行附加冷却，一般情况下液压齿轮油工作时温度不高于 85℃。

（三）履带起重机用卷筒

卷筒是起重机的重要承重部件（如图 5-26 所示），通过减速机的带动做旋转运动从而卷绕钢丝绳，进而实现起吊重物的下降或提升，臂架的起升或下降。它承载起升载荷，变幅载荷，通过收放钢丝绳来实现取物装置的升降以及结构件的高度变换。

（1）卷筒主要参数有节距 P（如图 5-27 所示）、第一层钢丝绳缠绕直径 ϕ，钢丝绳公称直径 d。

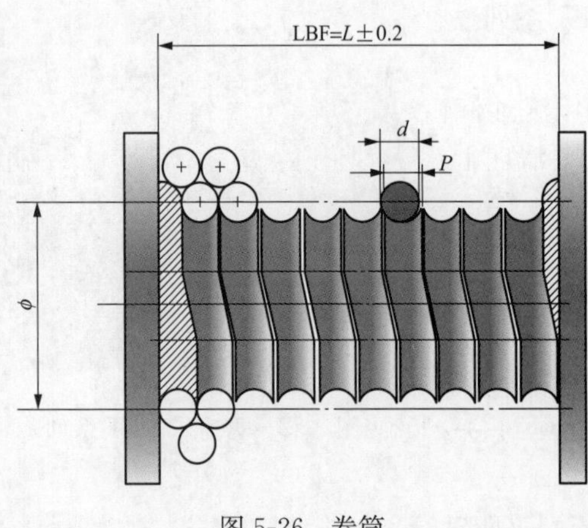

图 5-26　卷筒

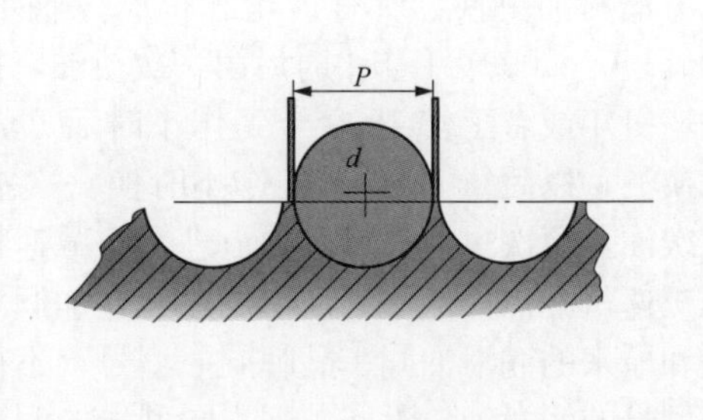

图 5-27　绳槽节距

（2）卷筒按照绳槽形式可以分为螺旋式绳槽卷筒（见图 5-28）和双折线绳槽卷筒（见图 5-29）。

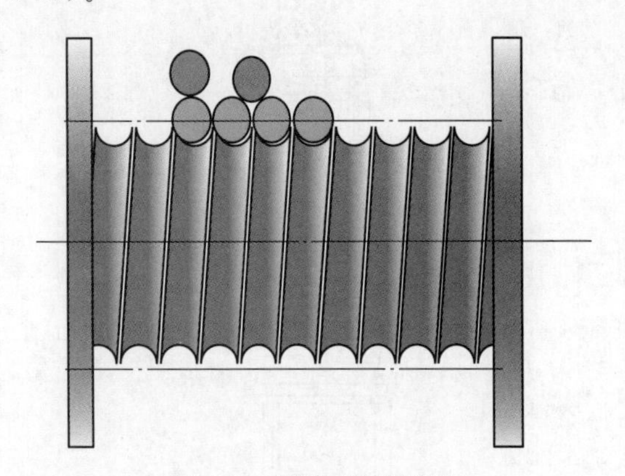

图 5-28　螺旋式绳槽卷筒

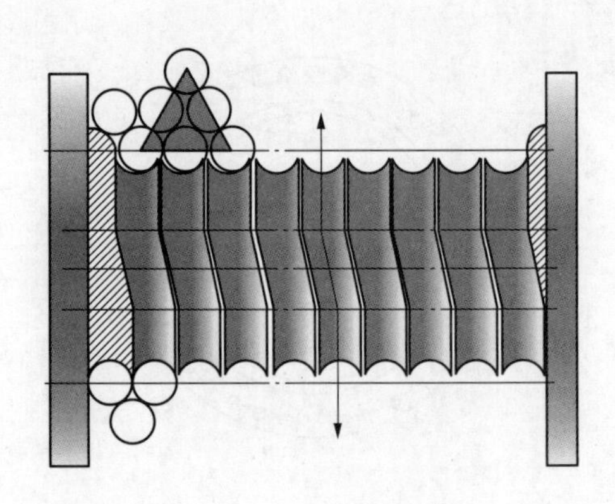

图 5-29　双折线绳槽卷筒

（3）卷筒按照绳槽旋向分为左旋（见图 5-30）和右旋两种形式（见图 5-31）。

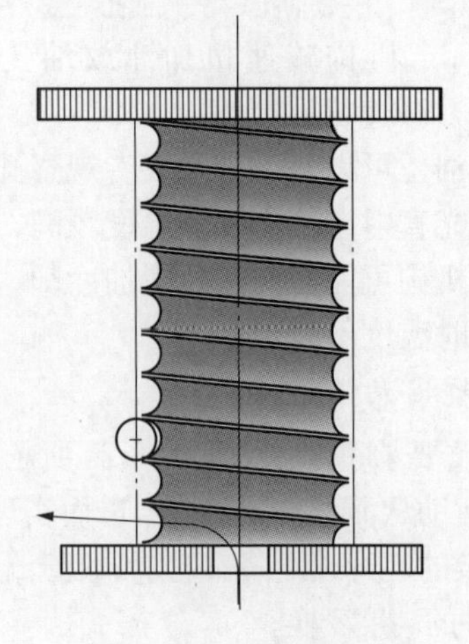

图 5-30　左旋卷筒

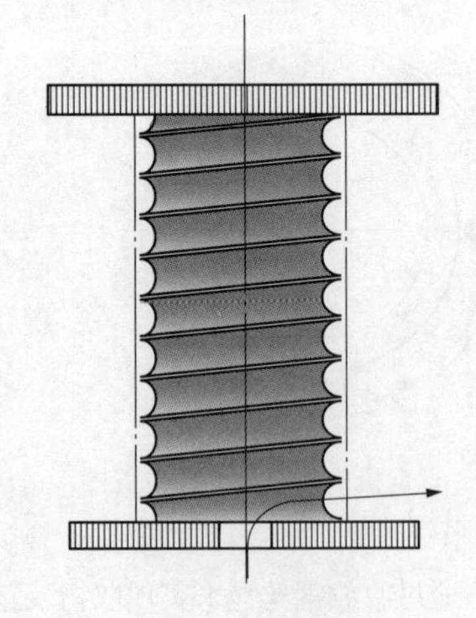

图 5-31　右旋卷筒

一般情况下左旋卷筒配右旋钢丝绳，右旋卷筒配左旋钢丝绳。

（4）卷筒按照结构形式分为单卷筒（见图 5-32）和双联卷筒（见图 5-33）。

图 5-32　单卷筒

图 5-33　双联卷筒

履带起重机用卷筒一般使用多层缠绕双折线卷筒，钢丝绳入绳角需满足 $0.25° < \alpha < 1.5°$，钢丝绳偏斜角如图 5-34 所示。入绳偏斜角过大可通过增加距离、减少卷筒的长度或增加卷筒直径实现，如图 5-35 所示。

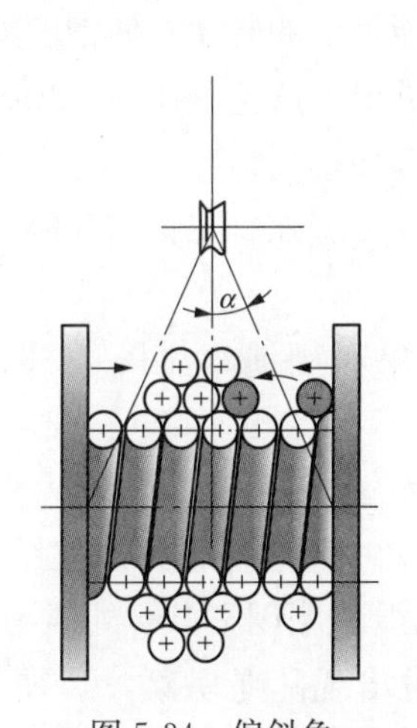

图 5-34　偏斜角

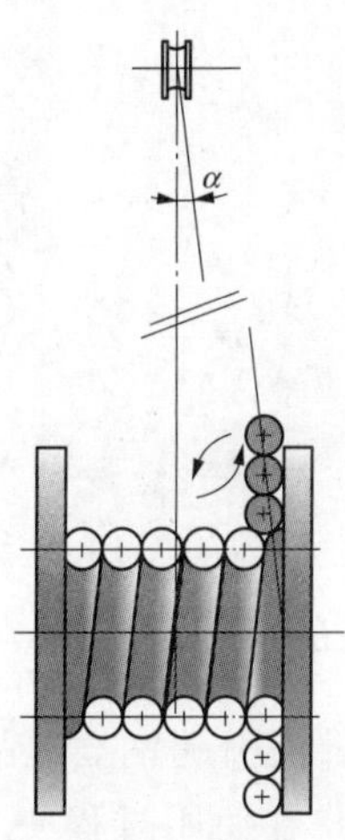

图 5-35　增大距离减小偏斜角

（5）钢丝绳测量，最好使用专用游标卡尺，如图 5-36 所示，钢丝绳直径公差要求为 2%～4%，卷筒节距 P 一般为钢丝绳直径的 1.045～1.05 倍，如图 5-37 所示。

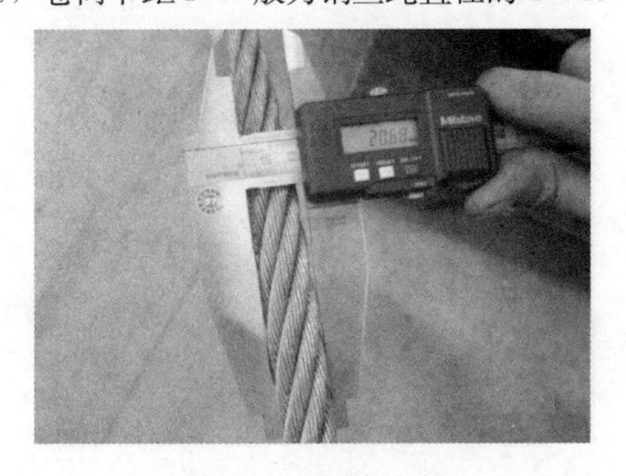

图 5-36　测量钢丝绳

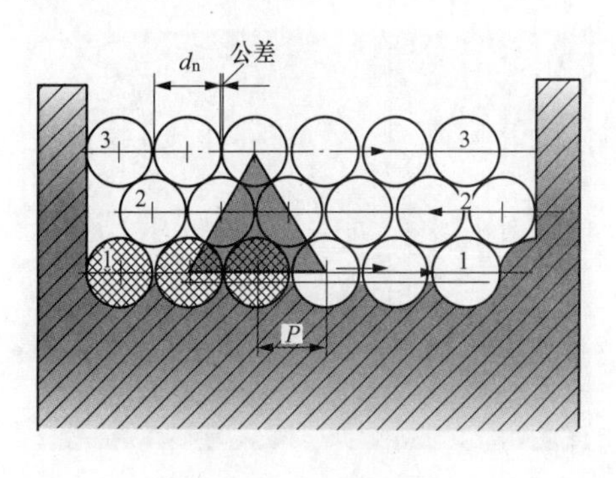

图 5-37　卷筒节距

（四）钢丝绳

1. 安装前的状况

用户应确保钢丝绳状况满足标准要求，用于更换的钢丝绳通常应采用与原来安装的钢丝绳规格型号相同的钢丝绳，如果钢丝绳类型不同，用户应确保更换的钢丝绳至少具有与已报废的钢丝绳等效的性能。如果起重机所需要的钢丝绳长度取自较长的钢丝绳时，应对切断处的两端进行处理或采取适当的工艺，以防止切断处引起钢丝绳反向开捻。在重新安装钢丝绳前，应检查卷筒和滑轮上所有绳槽，以确保其能适当地贴合更换的钢丝绳。

2. 安装

当从卷盘或卷筒上拉出钢丝绳时，应采取充分的措施防止导致钢丝绳接环、拧绞或折曲。卷筒初次缠绕钢丝绳时，钢丝绳必须带有预紧力，预紧力要大于钢丝绳额定拉力的10％。轻载安装可以通过增加放线架上卷筒的阻力以及使用带阻尼的放线架或钢丝绳在卷扬上卷绕好后，将安全圈以外的钢丝绳全长放出并在10％～15％的载荷下卷起，切不可以任何方式夹紧钢丝绳本身。在卷绕钢丝绳时应注意卷绕方向，使其保持原来的弯曲方向，在放线架处应确保放线架和卷筒能灵活的转动，使钢丝绳随着它们的转动而自然地放出，避免钢丝绳有劲打结。缠绕在卷筒上的钢丝绳要排列整齐，不得出现乱绳，钢丝绳与钢丝绳之间无缝隙、无爬绳和跳绳现象，如图5-38所示。

图5-38　钢丝绳在卷筒上缠绕

卷筒乱绳现象有勒绳（见图5-39）、钢丝绳与钢丝绳之间闪缝（见图5-40）、咬绳（见图5-41）、绳面压扁（见图5-42）、爬绳（见图5-43）、跳绳（见图5-44）、钢丝绳散股（见图5-45和图5-46）等，这些现象都能引起钢丝绳乱绳。引起钢丝绳乱绳的原因复杂，主要和卷筒结构和客户使用有关，用户在使用过程一旦发现钢丝绳缠绕时出现乱绳现象，必须停止使用，把吊装重物放下，重新排绳。如果是出现勒绳现象，应考虑重新预紧钢丝绳，或者增加倍率减少钢丝绳单绳拉力来解决问题。如不能解决问题，应将信息反馈给生产厂家寻求技术支持。

图5-39　钢丝绳勒绳

图5-40　钢丝绳闪缝

图 5-41　钢丝绳咬绳图

图 5-42　钢丝绳压扁

图 5-43　钢丝绳爬绳

图 5-44　钢丝绳跳绳

图 5-45　钢丝绳散股

图 5-46　钢丝绳散股

3. 维护保养

钢丝绳的维护保养应根据起升装置的不同、用途、工作环境和钢丝绳的种类决定。除非起重机或钢丝绳的制造厂另有说明，应尽可能地对钢丝绳进行清洗并涂以润滑脂或润滑油，特别是那些通过滑轮时经受弯曲的部位。涂敷的润滑油脂应与钢丝绳制造厂使用的原始润滑脂一致。钢丝绳寿命短是由于缺少保养而引起的，特别是当起重机在腐蚀性的环境中工作以及在某些情况下，由于与作业有关的原因而在不能润滑的情况下运转时。

第二节　履带起重机主要功能的控制原理

履带起重机的主要功能控制包括起升控制、回转控制、行走控制、变幅控制、防后倾控制、双卷扬同步控制等。

一、起升控制

起升动作是起重机作业时最主要动作之一。它的控制系统主要组成包括电气元件——手柄、控制器、电磁阀；液压元件——液压泵、多路阀、平衡阀、液压马达（闭式液压系统为液压泵、切换阀、液压马达），控制器通过识别手柄调节的方向开度输出对应的电流值和开关信号给液压泵上的比例电磁阀和多路阀上的开关电磁阀，以及液压马达上的组合逻辑电磁阀，使得液压马达产生相应正向或反向的扭矩带动卷扬收放钢丝绳，从而实现提升动作的控制。

履带起重机采用最多的是图 5-47 所示的起升卷扬机构形式。液压马达 1 通过带有常闭式多片制动器 2 的高速轴 3 与行星减速器的中心轮 4 相连。通过两级行星减速器，将动力传递到安装在减速器外面的卷筒上。这种形式的机构因行星减速器的速比较大，驱动电动机可采用体积很小的高速小排量液压马达，从而使机构有很好的低速稳定性，而且结构紧凑，重量轻，好布置，这种液压马达的主要缺陷是维修比较困难。

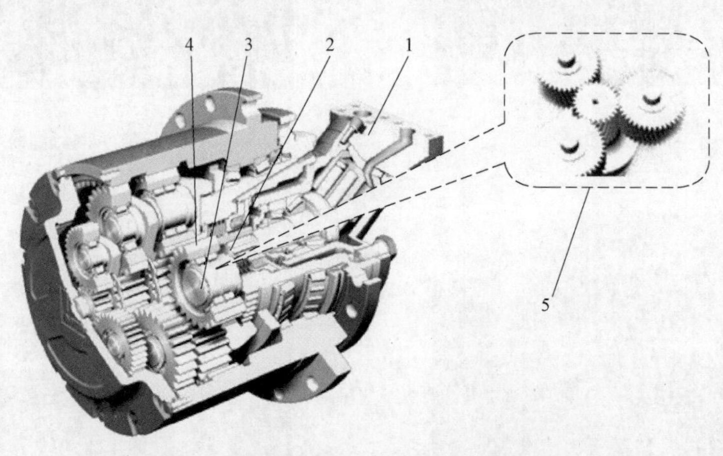

图 5-47　带行星齿轮减速器的起升卷扬机构

1—液压马达；2—制动器；3—高速轴；4—中心轮；5—行星齿轮

现代履带起重机大都设置两个起升机构，即主起升机构和副起升机构。两个机构采用独立的驱动装置和液压回路，能实现独立作业。图 5-47 所示的起升系统有两个起升机构，主、副起升机构都能实现独立作业；在需要的时候也能用一个操纵机构实现两个起升机构同步工作（即双卷扬工作模式，一个吊具同时使用两个起升卷扬的钢丝绳）。

起升机构的液压传动回路，除了要保证机构有足够的输出力矩、起升速度和制动能力，还应有良好的调速性能和下降限速能力。

图 5-48 是最基本的起升机构液压回路。在图 5-48 所示的状态下，液压泵的来油经换向

阀中位卸荷回油箱，常闭式制动器在弹簧作用下提供制动力矩。当手动换向阀离开中位进入Ⅰ位置时，泵输出压力油经换向阀进入起升分支，并经过单向节流阀进入制动缸。随之，泵的泵油压力很快上升，压力升到一定程度，便会克服制动器的弹簧力，使制动器开启。同时，进入起升分支的压力油经平衡阀中的单向阀进入液压马达。若这时系统压力足以克服作用在液压马达上的阻力矩，机构就会在液压马达驱动下以一定的速度起升载荷，液压马达的回油经换向阀返回油箱。

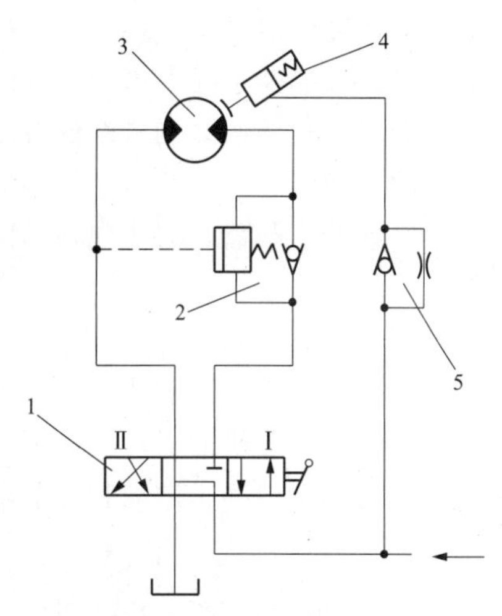

图 5-48 起升机构基本液压回路

1—换向阀；2—平衡阀；3—液压马达；4—制动液压缸；5—单向节流阀

若手动换向阀回到中位，系统压力迅速下降，液压马达停止转动；制动器在弹簧作用下，经单向节流阀中的单向阀排除制动器动作缸中的液压油，实现制动。要下降载荷时，可将换向阀拨到Ⅱ位。此时，泵的来油经换向阀进入回路的下降分支，同时经单向节流阀进入制动器。当压力增大到一定程度时，制动器将开启，下降分支的压力将同时使平衡阀中的顺序阀有一定的开度。这样，液压马达在重物载荷和下降分支压力的共同作用下，使载荷下降，液压马达的排油经顺序阀、换向阀流回油箱。

平衡阀中顺序阀的作用是，当它下降时，在液压马达的排油口产生足够的节流阻力，以平载荷对液压马达的作用，从而限制机构的下降速度。因此，可通过控制手动阀的开度来改变机构下降分支的流量，从而实现对载荷下降速度的控制。

制动器油路上单向节流阀的作用，是在不影响制动器上闸时间的条件下，减缓制动器的开启速度。之所以这样设置，是因为当起升载荷较大时液压马达所需要的启动压力也较高，而制动器的开启压力通常较低，在提升已悬挂在吊钩上的载荷时，随着供油压力逐渐上升，制动器首先开启，使载荷力矩作用在液压马达上。而这时液压马达进口压力还不足以使液压马达启动；相反，在载荷作用下液压马达会逆转而使载荷下降，这就是所谓的二次提升下滑。

单向节流阀对制动器开启的延时作用，将使液压马达进口压力在制动器开启时有一定的提高，从而减小二次提升下滑量。但是，单向节流阀的作用将加剧空钩起升时机构的抖动。因为空钩起升所需的液压马达启动压力较低，而制动器开启压力不变，在制动器开启时液压马达进口压力超过空钩起升所需压力，制动器打开时液压马达会很快转动；这样所导致的系统压力下降将使制动器关闭，机构停止，压力又开始上升；当制动器再度开启时，液压马达又会很快转动，就这样不断循环往复。单向节流阀加大了制动器开启时液压马达进口处的压力，所以空钩时的抖动现象也会加剧。

二、回转控制

回转动作的液压系统为闭式，液压系统中液压泵直接连接回转液压马达，只需通过手柄调节泵控电流的正负和大小即可实现左回转和右回转。

履带起重机的回转速度通常都很低（≤3r/min），但回转部分的质量很大，所以机构启制动过程中的载荷较大。因此大型履带式起重机多采用双液压马达减速机驱动。为了满足较低的回转速度，尽管支承装置的大齿圈与驱动装置的小齿轮形成一级减速，但对一般的驱动装置来说，减速器是必不可少的。

在老式的机械传动和早期的液压传动的履带起重机上，回转机构的驱动装置采用涡轮蜗杆传动的比较多。由于其传动效率低，以及蜗轮蜗杆传动的反向不可逆性，工作时往往产生很大的制动冲击载荷，因此现在已极少采用。现在通常采用的是立式行星齿轮或摆线针轮减速器，它的主要特点是速比大，传动效率高，传动平稳。

回转机构大都采用常闭式的制动器，多采用安装在高速轴与驱动装置联动的多片式或瓦块式。为了防止产生大的冲击载荷，制动器调得都比较松。

由于履带起重机的回转机构惯性载荷较大，而且启、制动频繁，所以要求其液压回路具有完善的启制动缓冲、制动和补油功能。

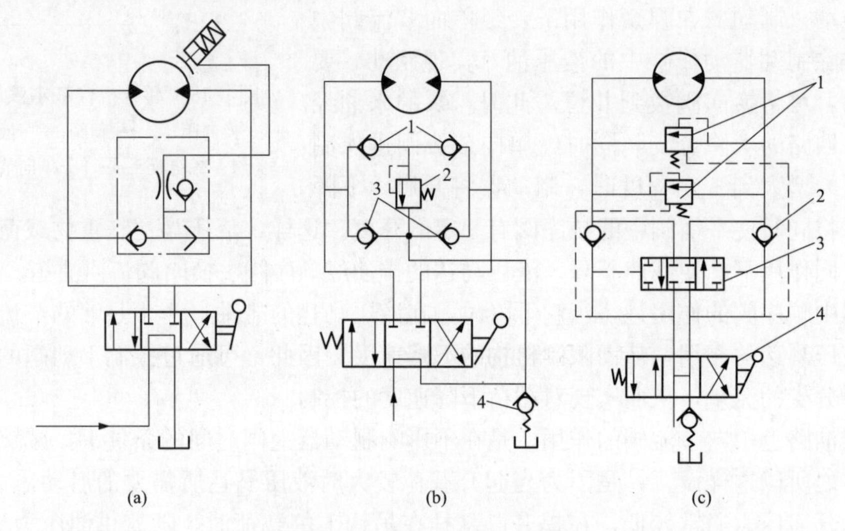

图 5-49　回转机构液压回路

图 5-49（a）为最基本的回转机构液压回路，机构的启制动及调速均依赖手动换向阀的节流作用。常闭式制动器由梭阀经单向节流阀过来的压力油开启的。这种回路多用于中小吨位的起重机。图 5-49（b）是一个具有双向缓冲、补油和制动功能的回转机构液压回路。这种回路的最大启动压力和制动压力均由一个缓冲阀来限制，从而使机构的最大启制动力矩相同，不适合于要求较大启动力矩的回转机构。图 5-49（c）是一使用导控缓冲阀和手制动器的液压回路。当机构工作时，泵的压力油中的一路进入液压马达，另一路经导控油路进入缓冲阀 1 的弹簧腔，以阻止缓冲阀 1 的开启，从而保证回转液压马达有足够的启动力矩。这一力矩的最大值可以通过最大供油压力的调定值来决定。当机构制动时，换向阀 4 处于 H 型中位，缓冲阀的导控油路和低压油路相通。这时，缓冲阀和普通缓冲阀一样，其开启压力由弹簧力决定，调整弹簧可改变缓冲压力的大小，从而改变制动力矩的大小。两个单向阀 2 和换向阀的中位实现了给液压马达补油的功能。流动阀 3 的作用，是机构动作时给液压马达提供回油通路。当需要定位制动时，可使用机构制动器定位。这种回路多用在中大吨位起重机上。

三、变幅控制

变幅机构组成主要有驱动液压马达、内藏式行星减速机、卷筒、安装支架和棘轮锁止机构。

其工作原理是液压马达驱动减速机，减速机输出装置连接在卷筒上，卷筒和减速机的输出同步旋转，使卷筒上的钢丝绳由旋转运动通过滑轮组变为直线运动。履带式起重机是通过改变起重臂的仰角来改变作业幅度，变幅机构就是改变起重臂仰角的机构。变幅机构的形式取决于履带起重机的起重臂的类型。伸缩式起重臂的变幅机构采用液压缸，并且变幅液压缸的前铰点是设置在基本臂上的，从而使变幅机构与伸缩臂的伸缩机构相互独立，本章不讨论该种类型的变幅机构。

对于桁架式起重臂，变幅机构采用钢丝绳变幅机构（见图 5-50），由变幅卷扬机、滑轮组（包括定滑轮组和变幅动滑轮组）和变幅拉索组成。变幅拉索的类型各有不同，小型履带起重机多采用柔性的钢丝绳，大中型履带起重机采用刚性的钢管或者钢板。

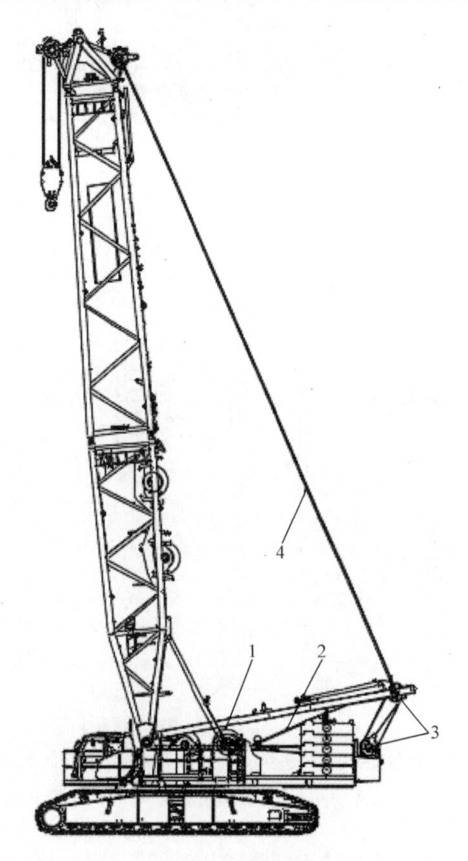

图 5-50　变幅机构

1—变幅卷扬机；2—变幅钢丝绳；3—变幅滑轮组；4—变幅拉索

变幅机构通过变幅卷扬的旋转以改变变幅钢丝绳长度，从而改变起重臂的仰角。这种变幅机构的滑轮组倍率都比较大，而变幅卷筒的钢丝绳容量总是有限的，因此，当起重臂组装时，靠增减中间拉索节数来改变其长度，变幅拉索（变幅动滑轮组与臂架顶端）的长度也要相应变化，这样才能保证变幅机构的正常动作。变幅拉索通常设计成多节铰接的，每节的长度与起重臂中间可增减的长度相对应。由于变幅钢丝绳和变幅拉索的单向承载特点，履带起重机都设置了防止臂架因起重机突然卸荷等原因而产生的起重臂防后倾装置，包括主臂防后倾油缸，副臂防后倾机械撑杆和超起防后倾油缸。

变幅机构根据用处不同，可分为主变幅机构、副变幅机构和超起变幅机构。

变幅机构驱动部分的原理与起升机构的液压原理相同，这里不再重复介绍。

四、行走机构控制

液压马达驱动减速机，减速机输出装置连接驱动轮，驱动轮和减速机的输出同步旋转，驱动轮带动履带板由旋转运动变为直线运动。

图 5-51 所示是履带图。起重机的垂直载荷通过支重轮作用在履带板上，与履带板啮合的驱动轮将驱动力作用在履带上，从而使起重机在履带上运行。

导向轮的纵向位置可以调整，使履带有一定的张紧力，减小起重机前行和倒行的性能差异。为了增大履带纵向的支承跨距，驱动轮和导向轮兼作支承轮。履带行走机构采用液压马达驱动，液压马达输出的动力经行星减速器传递到车轮上。

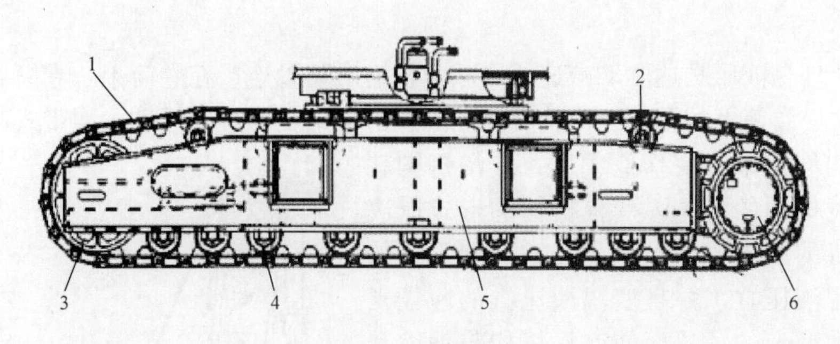

图 5-51 履带

1—履带板；2—托轮；3—导向轮；4—支承轮；5—履带架；6—驱动轮

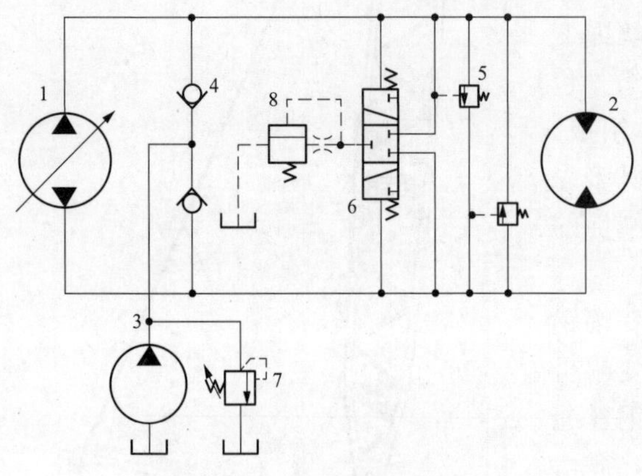

图 5-52 行走机构液压回路

1—变量泵；2—液压马达；3—补油泵；4—单向阀；5—溢流阀；6—液动阀；7—补油泵溢流阀；8—常开式溢流阀

履带起重机的行走机构的液压回路有较高的传动效率和较长的无级调速范围，两侧驱动机构采用独立的驱动系统和制动装置。图 5-52 所示是一采用双向变量泵和定量液压马达的闭式容积调速行走机构驱动回路。调节变量泵 1 的斜盘倾角，可改变其输出流量，使液压马达 2 有不同的转速；改变泵的斜盘倾角方向，可改变回路中液流方向，从而改变液压马达的转动方向。泵 3、溢流阀 7 和单向阀 4 构成了回路的补油系统。同时，这一系统还通过给回路补油起到冷却作用。液动阀 6 和常开式溢流阀 8 式回路中总有一部分油流回油箱，以便让补油系统的油进入主回路，从而达到冷却目的。主回路中的两个溢流阀 5 是为了限定回路最高压力而设置的，并有缓冲作用。

五、防后倾控制

防后倾控制的主要目的是防止臂架在大角度小负载时向后倾翻，主要是通过调节臂架的两个防后倾油缸的压力来实现。目前防后倾控制程序，主要是根据力矩百分比和臂架角度组合来判断防后倾油缸处于高压还是低压状态，也有根据主变幅总拉力和角度组合来判断防后倾油缸应该高压还是低压。

六、双卷扬同步控制

大型履带起重机在进行重载荷作业时，一般采用两个卷扬通过滑轮组提升同一个吊钩。在工作时，两个卷扬同时提升或下落。当两个卷扬的出绳量不相等时，将导致吊钩滑轮组偏斜工作，造成滑轮损坏和钢丝绳的加速磨损，另外，滑轮组偏斜工作，则两个卷扬的负荷有差异，当满载吊重时，其中一个卷扬必然超载工作，对安全作业构成危害。要避免这些问题出现，必须控制两个卷扬的出绳、收绳速度，即控制两卷扬缠绕在滑轮组上的钢丝绳长度的差值 ΔL 必须小于设定值。吊钩同步起始状态需操作者人为判断，调平后进行同步操作。起吊过程中除了系统在出现同步偏差时报警之外，还需操作者实时观察吊钩状态，及时发现问题。

七、主机顶升控制

履带起重机行走速度慢，且行走时容易损坏地面，长距离转场时需要用平板车运输。中大吨位履带式起重机由于体积重量过大，运输前需要将履带拆除，因此履带式起重机（50t级以上）大都设置有主机顶升油缸。主机顶升油缸由 4 个顶升液压油缸组成。顶升油缸一般按照辐射式布置，4 个油缸分别铰接在车架的 4 个角上。为了能够调整起重机水平，4 个油缸既能同时动作，又要能单独动作。

图 5-53 所示是某大吨位履带起重机的主机顶升油缸液压系统图，该机构顶升和收缩全部由电磁换向阀控制。溢流阀防止进油、回油压力超高，单向阀确保油缸能够实现自锁。

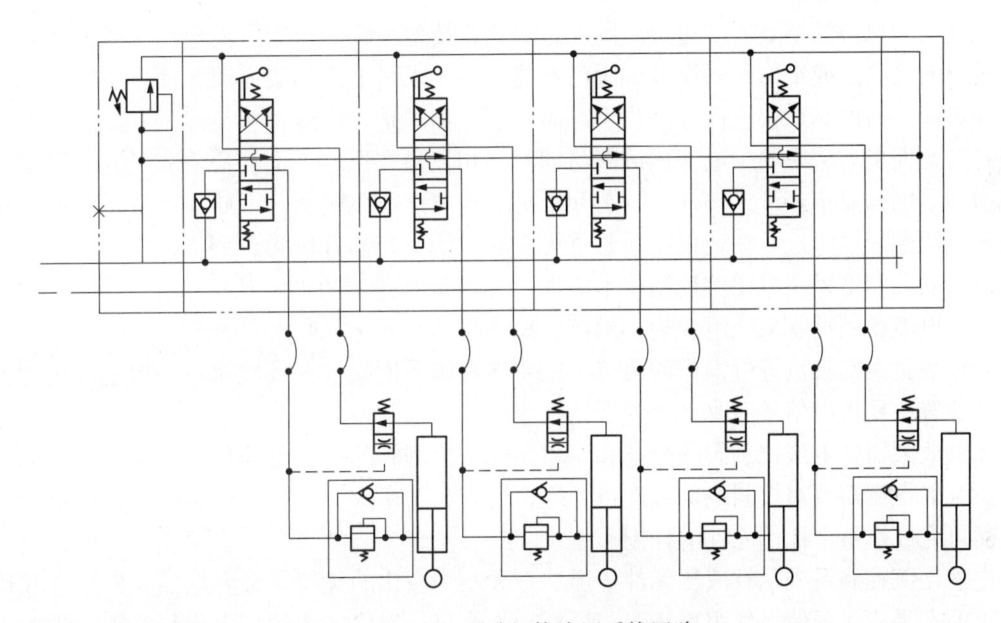

图 5-53　主机顶升机构液压系统回路

八、超起装置控制

在主桅杆（人字架）与臂架之间安装臂架式超起桅杆，以改善臂架与拉索的受力关系，同时超起桅杆顶端与超起配重相连，增加了整机稳定性，从而提高起重机的性能。超起装置较常用的形式有两种，一种是拖车式超起装置，将所有超起配重放在一个配重小车上，整机的稳定性始终处于最佳状态，工况变化实现简单，配重小车可以在地面上与主机同步行走或回转；另一种是悬浮式超起装置，超起配重在作业过程中要离地，否则主机不能进行行走及回转作业。一般情况下，拖车式超起装置对地面的要求高，需要能够满足配重小车的行走，适用于造船厂这种地面较好的场所作业。悬浮式超起装置只要求停放超起配重的地面平整度及地耐力满足要求，比较适合电力建设的实际情况。但使用悬浮式超起装置，起重量、工作幅度与超起配重重量、超起配重幅度要匹配，这样才能够保证配重离地，进行行走及回转作业。拖车式超起装置价格要高于悬浮式。超起装置的选用与配置，主要依据使用条件及用户的操作习惯。中大吨位起重机配置超起装置的性价比是很高的，可以大幅度提升起重机性能（相同起吊幅度额定载荷能提高40%以上，大幅度的额定载荷甚至能增加到10倍以上）。

悬浮式超起装置是目前常见的超起装置，超起配重通过超起配重拉杆悬挂在垂直提升油缸下。超起配重垂直位移由变形协调和提升油缸共同实现，水平位移由超起桅杆变幅实现。起升载荷前，要先将超起配重放置在选择的幅度，将超起拉杆与配重托架连好；调节超起桅杆幅度，使其与配重、载荷及载荷的幅度相匹配。起升载荷，当负荷率达到25%左右停止，操作垂直油缸提升超起配重，达到与重物相同载荷率为止，依据起重机显示的受力情况，交替起升载荷与超起配重，直到超起配重平稳离地之后载荷离地，查看超起配重离地高度，调节垂直油缸，使配重离地在200～400mm。下降载荷时，载荷到离地50～100mm停止，调节垂直油缸使超起配重刚好接触地面；再下降载荷，使其缓慢触地直到完全着地。

九、电液比例控制

现代工程机械的不断发展对液压阀在自动化、精度、响应速度方面提出了越来越高的要求，传统的开关型或定值控制型液压阀已不能满足要求，电液伺服阀因此而发展起来，其具有控制灵活、精度高、快速性好等优点。而电液比例阀是在电液伺服技术的基础上，对伺服阀进行简化而发展起来的。电液比例阀与伺服阀相比虽在性能方面还有一定差距，但其抗污染能力强，结构简单，形式多样，制造和维护成本都比伺服阀低，因此在液压设备的液压控制系统应用越来越广泛，在现代履带起重机控制系统中，起升机构、变幅机构、回转机构及行走机构的控制多采用电比例控制技术实现。

一般电液比例控制系统组成为：操控装置→驱动装置→电液比例阀→液压马达。

操控装置是驾驶员进行操作的装置，主要指操作手柄或推杆或旋钮，一般电液比例控制中操控装置主要用电信号向驱动装置下达指令。

比例放大器是电液比例阀的控制和驱动装置，比例阀的基本电控单元，能够根据比例阀和比例泵的控制需要对控制电信号进行处理、运算和功率放大。闭环控制阀和控制泵使用的放大器可完成对整个比例元件的控制。

电液比例控制系统既有液压元件传递功率大，响应快的优势，又有电器元件处理和运算信号方便，易于实现信号远距离传输（遥控）的优势。发挥二者的技术优势在很大程度上依赖于比例放大器。

比例放大器要具有断电保护功能；控制信号中要叠加高频小振幅的颤振信号，以克服摩擦力，保证控制灵活；要有斜坡信号发生器，以便控制压力变化、速度或位移部件的加速度，有效防止惯性冲击；要有函数发生器，以补偿死区特性。

现代履带起重机中多采用PLC直接作为电液比例阀的驱动装置，配以逻辑功能程序，实现对电液比例阀的精确控制。

电液比例阀是以传统的液压控制阀为基础，采用模拟式电气—机械转换装置将电信号转换为位移信号，连续地控制液压系统中工作介质的压力、方向或流量的一种液压元件。此种阀工作时，阀内电气—机械转换装置根据输入的电压信号产生相应动作，使工作阀阀芯产生位移，阀口尺寸发生改变并以此完成与输入电压成比例的压力、流量输出。阀芯位移可以以机械、液压或电的形式进行反馈。当前，电液比例阀在工程机械中获得了广泛的应用。

比例阀把电的快速性、灵活性等优点与液压传动力量大的优点结合起来，能连续地、按比例地控制液压系统中执行元件运动的力、速度和方向，简化了系统，减少了元件的使用量，并能防止压力或速度变换时的冲击现象。比例阀主要用在没有反馈的回路中，对有些场合，如进行位置控制或需要提高系统的性能时，电液比例阀也可作为信号转换与放大元件组成闭环控制系统。

比例阀与开关阀相比，比例阀可简单地对油液压力、流量和方向进行远距离的自动连续控制或程序控制，响应快，工作平稳，自动化程度高，容易实现编程控制，控制精度高，能大大提高液压系统的控制水平。

与伺服阀相比，电液比例阀虽然动静态性能有些逊色，但使用元件较少，结构简单，制造较电液伺服阀容易，价格低，效率也比伺服阀高（伺服控制系统的负载压力仅为供油压力的 2/3），系统的节能效果好，使用条件、保养和维护与一般液压阀相同，大大地减少了由污染而造成的工作故障，提高了液压系统的工作稳定性和可靠性。

电液比例元件和伺服、数字、开关元件特性比较见表 5-1。

表 5-1　　电液比例元件和伺服、数字、开关元件的特性比较

性　能	比例阀	伺服阀	开关阀
过滤精度	25	3	25～50
阀内压降	0.5～2	7	0.25～50
滞环（%）	1～3	1～3	—
重复精度（%）	0.5～1	0.5	—
频宽（Hz/3dB）	25	20～200	—
中位死区	有	无	有
价格比	1	3	0.5

第六章
履带起重机典型安全保护装置

履带起重机安全保护装置是指其作用是用来保证履带起重机工作安全的装置或元器件。它们由电器单元、液压单元和机构等不同种类的装置或元器件组成。由于这些装置直接关系到起重机的工作安全，因此在日常维护和保养中要特别注意检查它们的工作状态是否良好，如发现问题应及时修复。

第一节　力矩限制器保护装置

力矩限制器保护装置是由拉力传感器、角度传感器、风速仪等各种传感器以及力矩限制器组成（见图 6-1），通过传感器测量臂架拉板拉力、吊臂角度等数值，在力矩限制器主机中进行运算和比较，同时通过显示器向起重机的操作者实时显示臂架长度和角度、吊钩高度、工作幅度、实际起重量、额定起重量等参数，在接近安全边界时向起重机的操作者做出声光报警，且在达到边界条件时，配合起重机电控系统切断执行元器件（液压泵、油缸和阀门等）进一步做出危险动作来起到保护作用。具体元器件功能及说明详见第四章第二节。

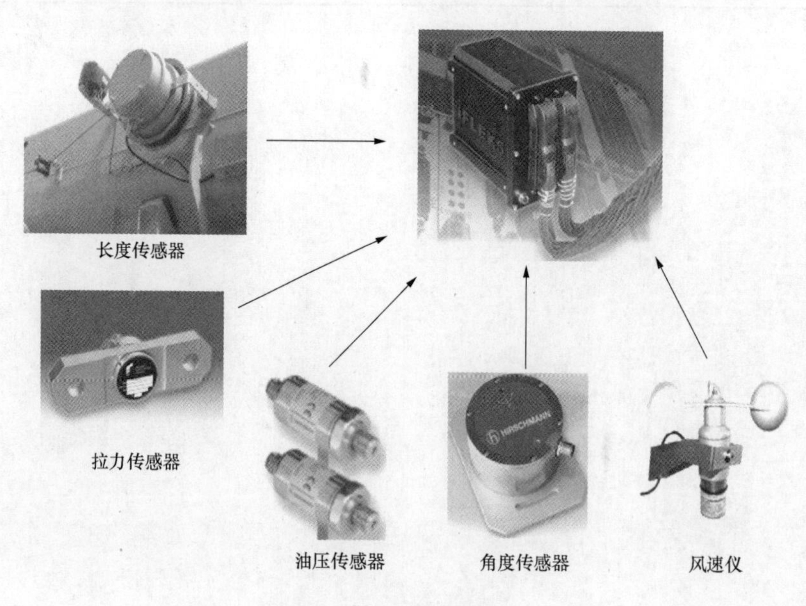

图 6-1　力矩限制器组成

第二节　臂架防后倾保护装置

臂架防后倾保护装置一共有刚性缓冲杆、弹簧缓冲杆和油缸 3 种。目前常见的防后倾保护装置是弹簧缓冲杆和油缸这两种。

一、弹簧缓冲杆保护装置

弹簧缓冲杆保护装置（见图 6-2）为机械式防后倾，无检测装置，在吊装时需注意检查防后倾装置的状态。

二、油缸式防后倾保护装置

如图 6-3 所示，这种油缸式防后倾保护装置上面装有安全限位检测装置——油缸全缩检测，在油缸达到全缩状态时，控制器发出警报并限制动作。油缸上面同时安装有油压传感器，实时传递给控制器压力信号，当超过安全范围时，发出警报。

图 6-2　弹簧缓冲杆保护装置

图 6-3　油缸防后倾保护装置

三、变幅副臂后支架防后倾保护装置

变幅副臂后支架防后倾保护装置有蓄能器式油缸（见图 6-4）和自吸式油缸两种形式。其工作原理是使油缸保持一定压力，从而可以提供给后支架支撑力，使后支架可以支撑变幅副臂后拉板，防止臂架系统后翻。

图 6-4　变幅副臂后支架防后倾保护装置

四、变幅副臂防后倾保护装置

变幅副臂防后倾保护装置采用油气缸式防后倾（见图 6-5），油缸一端安装在变幅副臂底节，另一端接触主臂过渡节，在变幅副臂起臂过程中，通过油缸被动压缩，而产生一定的力作为防止变幅副臂后翻的力，以此来保障变幅副臂正常工作而不后翻。

维护检查此类油缸（见图 6-6）时，油缸活塞杆完全外伸时，在充气活门 1 口处接上压力检测装置，检查此时氮气压力是否为厂家规定值，并检查此氮气压力值是否稳定。若不是厂家规定压力值，需充氮或放气使达到此值。同时，检查油缸是否有液压油泄流或渗漏，活塞杆部分是否有划痕。若有划痕，及时修复或报废。

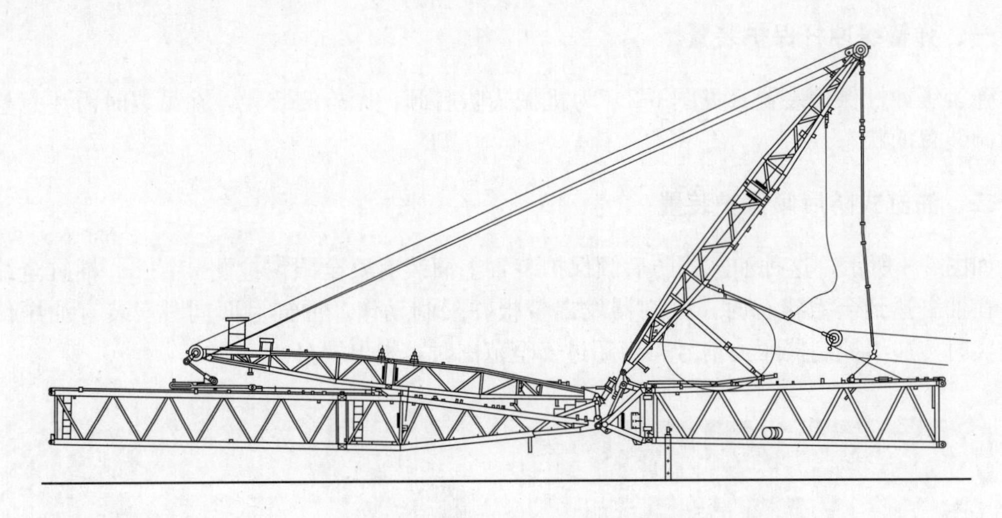

图 6-5　变幅副臂防后倾保护装置

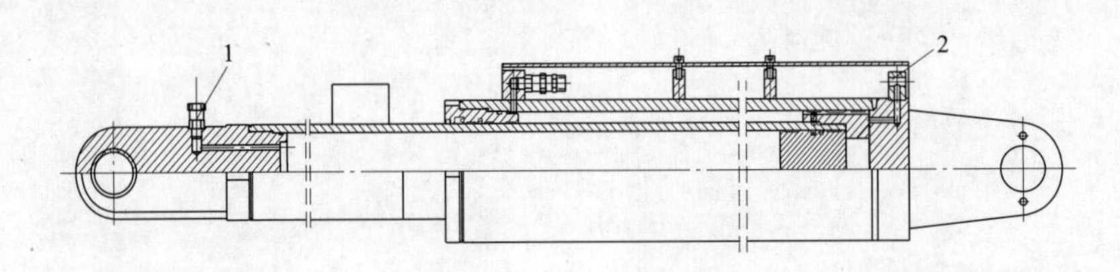

图 6-6　防后倾油缸

1—充气口；2—液压油注入口

工作时，从 2 口将液压油注入油缸，使油缸活塞杆伸出，然后将 2 口闭死。通过充气活门 1 口注入氮气，初始充氮压力应严格遵守厂家规定值。然后将油缸安装到使用位置使用，通过压缩油缸，使活塞杆回缩，活塞杆内滑动活塞向外移动，压缩氮气空间体积，氮气压力升高，油缸筒侧液压油压力也随之升高，油缸防后倾支撑力升高。

第三节　其他安全保护装置

一、卷扬钢丝绳防过卷保护装置

卷扬钢丝绳防过卷保护装置是通过高度限位开关（见图 6-7）来实现的，在高度限位开关拉绳的另一端放置一重锤（见图 6-8），当吊钩达到设定值时，吊钩就会拖住重锤，控制器收到信号后发出警告，同时禁止起升钩动作。

图 6-7　高度限位开关

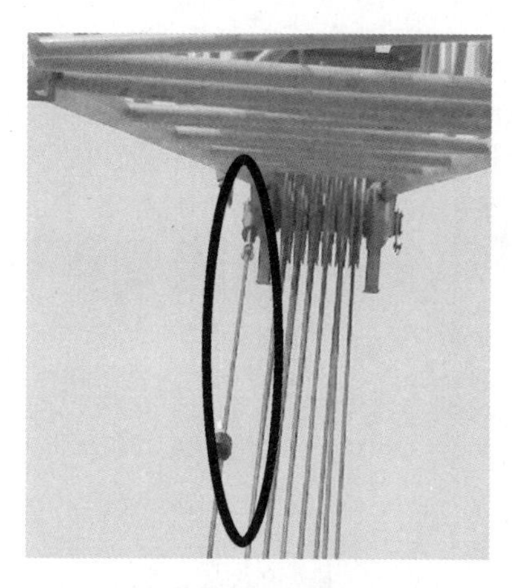

图 6-8　重锤

二、卷扬钢丝绳防过放保护装置

卷扬钢丝绳防过放保护装置一般有三圈保护器（见图 6-9）和压绳器（见图 6-10）两种类型，其功能都是在钢丝绳剩余三圈时给控制器信号报警并停止落钩动作。

图 6-9　三圈保护器

图 6-10　压绳器

三、臂架防过仰保护装置

一般主臂防过仰保护装置为接近开关（见图 6-11）和机械行程开关（见图 6-12）两种检测方式，作用是防止主臂角度过大后仰引起危险。

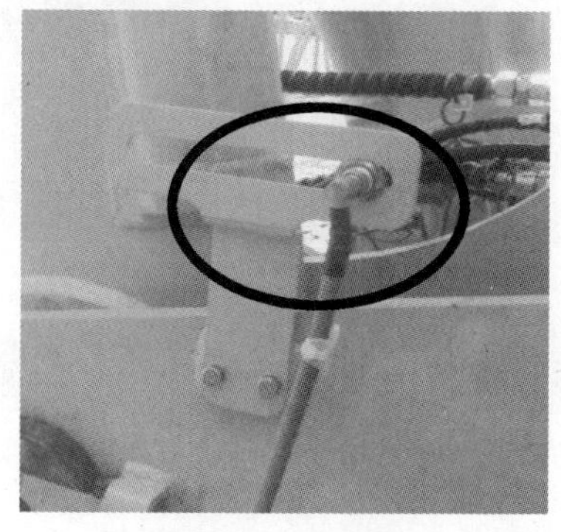

图 6-11　接近开关

图 6-12　机械行程开关

主臂防过仰通常会设置两重防护，一重是整机控制系统会实时检测主臂角度，当主臂角度超过设定值时，控制系统会停止起臂动作。另一重是通过防过仰装置，如果由于某些原因，主臂的角度超过了控制系统角度限制而未发现，这时就会触发过仰保护装置，停止起臂动作。

图 6-13　变幅副臂上限位、下限位保护装置

一般变幅副臂保护装置有上限位保护装置和下限位保护装置（见图 6-13）两种功用。两种限位保护装置都是采用接近开关实现限位动作。在臂架调试时，上限位和下限位都要经过标定。在变幅副臂起臂过程中，当主变幅副臂夹角较小时，触发下限位限制开关，使履带起重机停止放变幅副臂变幅绳和停止起主臂动作；当主变幅副臂夹角较大时，触发上限位限制开关，使变幅副臂变幅动作停止，防止变幅副臂过仰。

由于变幅副臂工况高度较高，在工作时操作及指挥人员不易观察情况，因此限位保护的设计尤其重要。为防止副臂变幅超过上限定值而产生倾翻事故，履带起重机制造厂家在不同的结构位置设置了多个副臂上限位，从而形成安全冗余系统。如果同一位置的上限位采用串联方式，某一限位被触发时控制器即停止副变幅起升动作。同时不同位置的上限位会分在不同的副臂角度点被触发，从而防止某一个位置的一个或两个限位出现“卡死”的现象。多数履带起重机会在副臂根部、副臂防后倾等位置设置一个或多个副臂上限位。

四、棘轮锁止检测装置

目前部分厂家的履带起重机变副卷扬会安装一个棘轮锁止机构，在卷扬做下落动作时，棘爪先打开，在卷扬无下落动作时，棘爪锁止。为防止在卷扬做下落动作时，棘爪未打开情况的出现，在棘爪装置上面做了一个检测装置（如图 6-14 所示），当检测开关检测到棘爪已经打开，才允许卷扬做下落动作，防止了棘爪卡住卷扬的情况出现。

五、超起配重离地检测装置

当超起配重未离地时，不允许履带起重机做回转及行走动作，为防止此类问题的发生，在超起配重上面安装了高度限位器（见图 6-15）；当超起配重离地时，高度限位发给控制器

图 6-14　棘爪检测开关

图 6-15　超起配重离地高度限位器

信号，控制器才允许做回转及行走动作。

六、水平倾角指示装置

倾角传感器在起重机上的应用主要因为保证操作时的安全考虑，随着起重机设计制作的吨位越来越大，其对地面的要求也越来越高，地面坡度过大将直接威胁到起重机的安全，因此履带起重机上均安装有电子式双轴倾角传感器，分别测量起重机履带方向和处置与履带方向的地面倾斜角度，并发送到驾驶室内显示器上供操作人员参考。

水平倾角传感器一般有电模拟量型和总线型两种，两者区别在于输出信号的不同，总线性内部集成了信号处理设备，将模拟量直接转换成相应的总线信号后输出。

大吨位为方便拆装均设置有支腿，用于起重机的拆装，为保证拆装时的安全履带起重机在下车的中间体上还设置有气泡式的水平倾角指示装置（见图 6-16）。

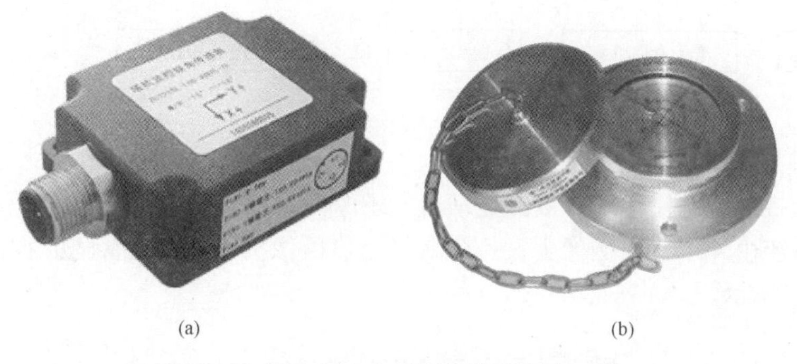

(a)　　(b)

图 6-16　水平倾角指示装置

（a）倾角传感器；（b）气泡式水平仪

第四节　安全监控管理系统

根据 GB/T 28164—2017《起重机械安全监控管理系统》国家标准的要求，起重机械应根据相关要求安装安全监控管理系统，该监控系统要求给操作者提供有关吊臂角度、高度、工作幅度、额定载荷、实际载荷及相关安全报警信息和状态视频监控，数据信息存储 30 个工作日，状态视频监控实时存储 72h。起重机的任何状态超出了其所允许的范围操作，监控系统都会发出警报提醒操作者，同时警灯闪亮并发出控制信号，结合起重机自身的控制电路使起重机只能进行安全方向的操作。

一、起重机械安全监控管理系统的组成

起重机械安全监控管理系统主要由硬件和软件组成，其单元构成包括信息采集单元、信息处理单元、控制输出单元、信息存储单元、信息显示单元及信息导出接口单元等。当有远程监控要求时，还应增加远程传输单元。其结构模式如图 6-17 所示。

安全监控管理系统是起重机电气控制系统的一部分，在履带起重机中主要由以下两方面组成：

（1）力矩限制系统（控制器、显示器、数据记录仪、拉力传感器、角度传感器等）（本章第一节已经介绍过）。

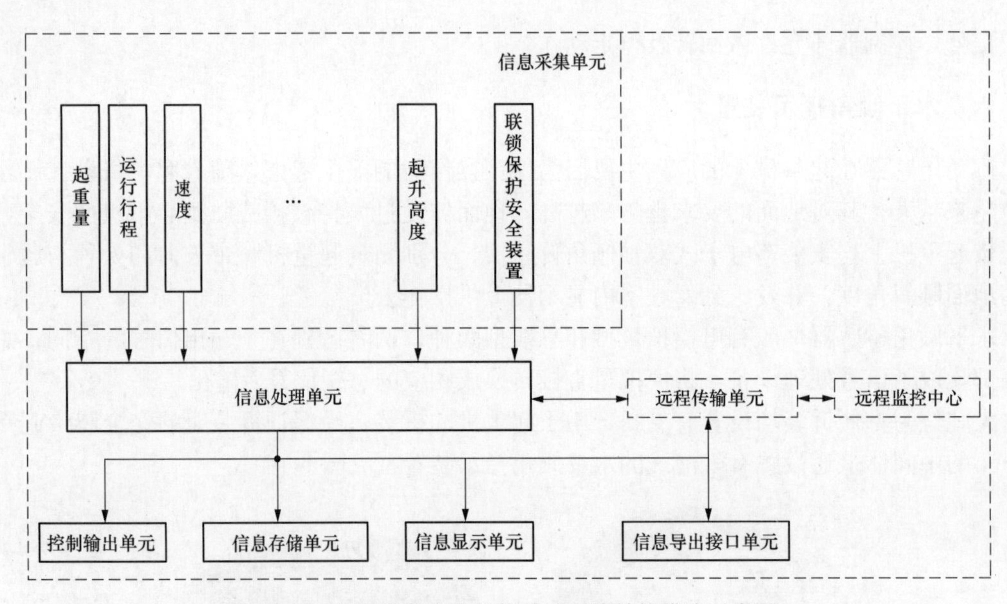

图 6-17　起重机械安全监控管理系统结构模式示意图

（2）视频监视系统（摄像头、液晶显示器、录像机等）。

视频监控系统由 4 个普通摄像头、一个高倍变焦摄像头、2 个液晶显示器和 1 个录像机组成，如图 6-18 所示。

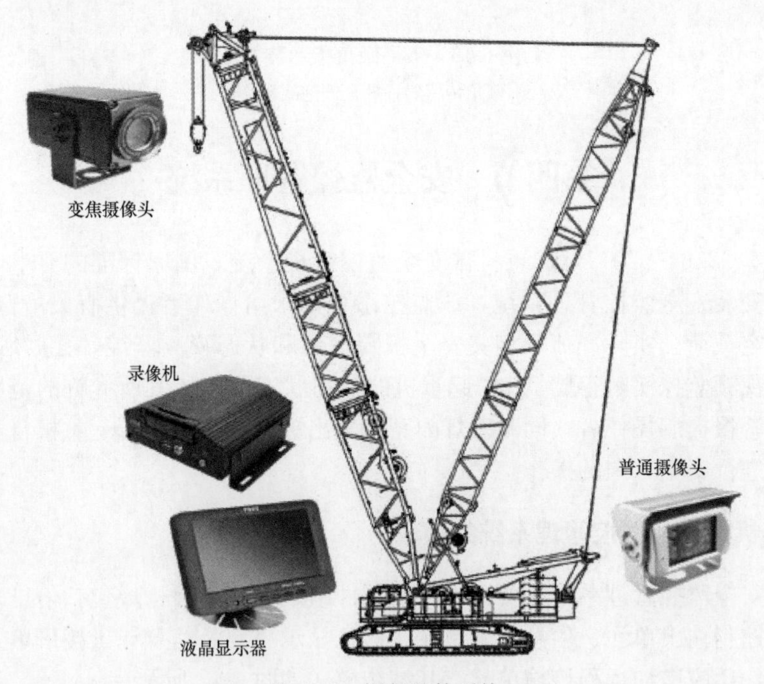

图 6-18　视频监控系统

变焦摄像头装在臂架头部，监视整个吊钩下方和专题前部，其他摄像头监视卷扬动作后转台后部，臂头变焦摄像头和转台后部摄像头连接到录像机中，可以连续录制 72h，SD 卡存满之后，前面的视频内容会被依次覆盖。

二、起重机械安全监控系统信息采集要求

履带起重机通过安全监控系统，主要采集的信号详见表 6-1。

表 6-1　　监控系统信息采集要求

序　号	监控项目	信息采集源
1	起重量	力矩限制器
2	起重力矩	力矩限制器
3	起升高度/下降深度	起升高度限位/卷扬过放限位
4	幅度	力矩限制器
5	水平度	水平传感器
6	风速	风速仪装置
7	回转角度	回转限制器
8	操作指令	控制器
9	工作时间	控制器
10	累计工作时间	控制器
11	每次工作循环	控制器
12	工况设置状态	力矩限制器及显示器
13	视频系统	视频监视装置

三、起重机械安全监控系统的性能要求

该监控系统要求给操作者提供有关吊臂角度、高度、工作幅度、额定载荷、实际载荷及相关安全报警信息和状态视频监控，数据信息存储 30 个工作日，状态视频监控实时存储 72h。起重机的任何超出了其所允许的范围的操作，监控系统都会发出警报提醒操作者，同时警灯闪亮并发出控制信号，结合起重机自身的控制电路使起重机只能进行安全方向的操作。

对于力矩限制器系统，应满足 GB 12602—2009《起重机械超载保护装置》的要求。

第七章 履带起重机组装与拆卸

履带起重机组装与拆卸现主要以SCC9000和LR1400履带起重机为例，主要分为底梁与横梁的安装、底梁与横梁间各种快装接头的安装、伸开横梁上支腿油缸、左右履带架与横梁的安装、收回支腿油缸、左右履带架与横梁间各种快装接头的安装、中央配重的安装、下车走台与下车的安装、主机与底座总成的安装、主机与底座总成间快组装接头的安装、司机室的安装、主提升卷扬机的安装、主变副桅杆与卷扬的安装、主机后配重的安装、超起桅杆的安装、主臂的安装、变幅副臂、变幅副臂动定撑臂的安装、超起配重的安装、搬起前检查无误、进入搬起程序将履带起重机搬起至规定位置等几个步骤，下面介绍拆装过程及注意要点。

在已选好履带起重机机型的前提下，履带起重机安拆前应注意考虑以下几点问题。

一、对安装现场的要求

(1) 安装场地的净高度、长度和宽度满足安装履带起重机及辅助起重机的占地要求。

(2) 履带起重机安拆及运输车辆进出方便。

(3) 安装空间内避开其他建筑物、高压电网等。

(4) 安装场地水平度、平整度满足履带起重机起、落臂要求。

(5) 安装场地应有足够的承载能力，履带起重机离斜坡或沟渠有足够的安全距离。

(6) 施工区域应无障碍物阻碍履带起重机的移动。

二、对设备和机具的要求

必须精心的组织安排，既要保证安全，又要提高效率和经济效益。

(1) 辅助起重机既避免大材小用，又不允许超载使用。

(2) 运输设备应根据履带起重机各零部件的质量、外形尺寸等安排，尽量避免超长，超高，超宽，超重运输。

(3) 尽量采用边拆卸，边装车运输，边安装的施工方法，避免二次倒运或占用不必要的施工现场。

三、对安拆人员的要求

由于履带起重机安拆是一个既重要又危险且紧张的作业工程，所有相关人员必须从思想上高度重视，严格执行履带起重机安拆方案和安全技术交底。除配备必要的施工管理与专业技术人员外，所有施工作业人员应经过专业培训，具有相应工种安全知识、操作技能，持证上岗。同时履带式起重机安拆应由有资质，人员业务素质高，技术力量强，操作经验丰富，精通安拆履带起重机工作全过程，熟练掌握本工种专业技术的专业队伍进行［满足国家质检总局颁布的《起重机械安全监察规定》（国家质检总局令第 92 号）的要求］。

第一节　履带起重机组装程序

一、底梁与横梁的安装

用辅助起重机从运输拖车上缓慢吊起底座总成，将底座总成的 4 个支腿全部伸长至要求长度后锁定，然后放到坚实地面上。用辅助起重机从运输拖车上缓慢吊起横梁，先拆除锁销，收缩移动泵站油缸，拔出横梁的销轴，拆下横梁上的拉杆，移动横梁缓慢靠近底座总成，将装配用卡轴缓慢落入卡槽，顶面顶住顶块，伸出移动泵站油缸，顶入横梁的销轴，将横梁连接到底座总成上，装上锁销。然后按相同办法安装另外一侧横梁。如图 7-1 和图 7-2 所示。

图 7-1　底座总成

图 7-2　底座支腿

注意：

（1）底座总成必须水平放置。

（2）场地必须平整坚实，必要时放置钢板或路基板。

（3）当连接和拆卸所有液压管路相关的快速接头时，动力应停止约 5min，卸掉所有液压系统中的压力，连接部分插在一起，然后用手将螺母上在一起（旋动 O 形圈上的螺母直到上紧），同时尽量不使用辅助工具。

二、底梁与横梁间各种快装接头的安装

将底座总成与横梁间的液压管路的快速接头、电气管路的接插件等各种快速接头连接。

注意：各快速接头应连接正确，防止错装、损坏。

三、伸开横梁上支腿油缸

将支腿放进工作位置，移动泵站液压管通过快速接头和横梁液压管连接，操作泵站，伸出支腿油缸，保持底座处于水平，将 4 个支腿油缸全部伸到最大长度。如图 7-3 所示。

注意：各快速接头应连接正确，保持底座处于水平状态。

四、左右履带架与横梁的安装

先拆除锁销，收缩移动泵站油缸，拔出履带架的销轴，用辅助起重机吊起履带架，缓慢靠近横梁，将装配用卡槽缓慢落入卡轴，顶面顶住顶紧螺栓，伸出移动泵站油缸，顶入履带架的销轴，将履带架连接到横梁上，装上锁销。然后按相同办法安装另外一侧履带架（如图7-4 所示）。

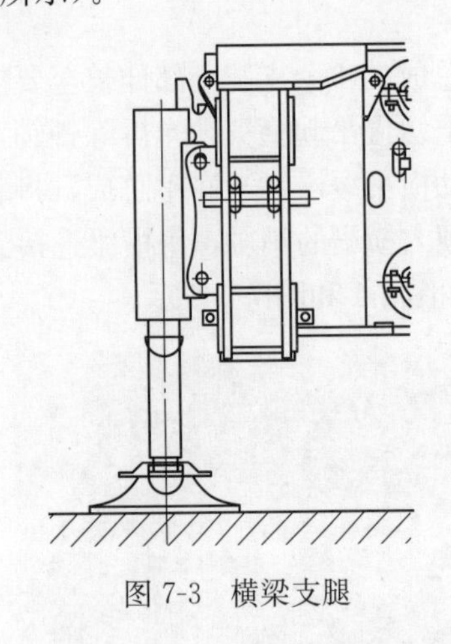

图 7-3　横梁支腿

图 7-4　履带架与横梁的安装

注意：在起吊履带架过程中，必须保证履带架处于水平位置。

五、收回支腿油缸

操作移动泵站，收回支腿油缸，直到将 4 个支腿油缸全部收回，断开移动泵站和横梁间液压管的快速接头。

注意：

（1）收回支腿油缸时，应保持底座总成的水平。

（2）断开液压接头时，释放液压管内的压力，防止高压油伤人。

六、左右履带架与横梁间各种快装接头安装

将横梁和左右履带架间的各种快速接头正确连接。

七、中央配重安装

先安装中央配重架，然后安装中央配重。

八、下车走台与下车安装

依次安装下车走台固定座、下车走台架、下车走台板、下车走梯及护栏。

九、主机与底座总成安装

用辅助起重机从运输拖车上缓慢吊起主机，先拆除锁销，收缩移动泵站油缸，拔出主机

的销轴，然后至底座总成上方，缓慢下降主机，直到主机和底座总成的连接销轴对准，伸出移动泵站油缸，顶入主机的销轴，插入连接销孔中，装上锁销，如图 7-5 所示。

注意：主机必须水平吊起。

图 7-5　主机与底座总成安装

十、主机与底座总成间快组装接头安装

将主机和底座间的各种液压、电气管路的快速接头正确连接。安装上车走台、护栏、走梯等附件并固定。

十一、司机室安装

将司机室缓慢吊起，调整好安装司机室的连接件，吊至平台总成附近，安装司机室并固定。连接司机室和平台的液压、电气管路的各种快速接头。安装和司机室连接的上车走台、护栏等并固定。

十二、安装主提升卷扬机

将一台主提升卷扬吊起，缓慢落入平台的安装位置并固定锁紧，安装和平台连接的各种液压、电气管路的快速接头。按同样方法连接另外一台主提升卷扬机。

十三、主变幅桅杆与卷扬安装

将主变幅桅杆、主变幅卷扬的组件吊起，缓慢落入平台主变幅卷扬的安装位置并固定锁紧，连接和平台的各种液压、电气管路的快速接头。拆下主变幅卷扬和主变幅桅杆的连接销轴，拆下平台尾部滑轮组和主变幅桅杆的连接销轴，连接平台尾部滑轮组销轴油缸和平台的液压快速接头，伸出销轴油缸，安装好平台尾部滑轮组和平台间的销轴并固定。控制伸出销轴油缸，安装好主变幅桅杆和平台间的销轴并固定，如图 7-6 所示。

图 7-6　主变幅桅杆与卷扬安装

如果回转平台和履带中间体是整体的，例如 LR1400，上面的安装程序大致如下：

1. 将回转平台和履带中间体放到道木基础上

用辅助起重机从运输车上吊起回转平台和履带中间体，然后放到道木基础上。

注意：起重机中间体必须水平放置。

2. 将支腿放进到工作位置

3. 顶起 A 型扳起架

（1）穿入卷扬机的钢丝绳——调整 A 型扳起架。

（2）将操作电脑设置到需要的操作模式。

注意：此时起重机安全装置已解除，有一定的危险性。

(3) 操作相应手柄，A 型扳起架由立起液压缸开始向上顶起，直到 A 型扳起架与回转平台上的滑轮组之间的钢丝绳张紧为止。

注意：绳子必须放在相应的轮槽里。

(4) 操作相应手柄，绳子从卷扬机Ⅳ放出，A 型扳起架在起升液压缸作用下向上顶起，直到最小夹角为 90°停止。

4. 用支腿千斤顶支起起重机

支腿底座必须位于合适的基础上，注意观察地基允承压能力。

注意：

(1) 在支起过程中，确保起重机水平。

(2) 支起后调整水平度。

(3) 当从卷扬机Ⅳ放绳时，要注意绳子的松紧度。

向前放下 LA 型架继续操作相应手柄并从卷扬机Ⅳ中放绳，LA 型扳起架在起升液压缸的作用下，超过垂直位置（重心），然后在自身重力作用下向前落。

5. 用 LA 型扳起架吊起履带（假如有此功能的话）

(1) 安装第一条履带。移动运输车尽可能靠近中间体。起落摆动 LA 型扳起架，旋转回转平台，起吊履带。

注意：

1) 履带上的履带板要防止悬空。

2) 吊起履带时最大作业半径的限制。

谨慎移动吊起的履带，逐渐接近中间体，将履带连接到中间体上，并锁住。收回已安装履带侧支撑千斤顶，让履带下侧接触地面。

注意：转动回转平台之前，已安装的履带必须先放到地面，且要牢稳。

(2) 安装第二条履带。转动回转平台，按照第一条履带的安装方法，安装第二条履带，安装好第二条履带后，回收千斤顶使履带着地。完全收回千斤顶。借助有关的液压快速接头将两条履带连接好。

注意：当连接和拆卸液压管路相关的快速接头时，发动机停止约 5min，卸掉所有液压系统中的压力，连接部分插在一起，然后用手将螺母上在一起（旋动 O 形圈上的螺母直到上紧），尽量不使用辅助工具。

6. 中间配重的安装

将两边的配重架安到中间体上并锁住，然后将配重安装到配重架上并固定。

注意：能自卸的履带起重机主机卸车时，特别注意主机的重心偏移，支腿垫道木的情况下，要尤其小心谨慎、平稳的一层一层的往下倒。用主变幅油缸升起主变幅桅杆时，加强主变幅卷扬机的监护，否则容易会造成主变幅桅杆的顶弯或主变幅卷扬机乱绳。

十四、主机后配重安装

可根据车的性能而定，有的先将 LA 扳起架动作至于前方水平角<90°，然后安装后配重托盘、后平衡重并固定；有的可直接先安装后配重托盘、后配重并固定。

注意：安装配重时，应左右交替进行，以防止起重机倾翻，平衡重总重量参考使用说明书的要求。

十五、超起桅杆安装

转动回转平台直到沿着履带纵轴方向或横轴方向。

1. 分体安装

(1) 用辅助起重机将桅杆根部节安装在回转平台上，然后放置在地面支承道木上。

注意：根部节不得和履带相碰，否则将根部节头部垫高。

(2) 用辅助起重机逐段安装桅杆和相应拉索，并将相应桅杆节销接到一起。

(3) 最后将桅杆头部拉索与主变幅桅杆的拉索销接并固定。

(4) 启动相应卷扬机，拉紧主变幅桅杆与桅杆头部的拉索，用辅助起重机吊起主臂变幅滑轮组，拖动到桅杆头部，同时相应卷扬机放出钢丝绳，将主臂变幅滑轮组固定在头部。

(5) 启动相应卷扬机，拉起桅杆到水平位置，并将主臂变幅滑轮组放置在地面上。

(6) 移开辅助起重机，拉出主起升钢丝绳，经桅杆头部节滑轮再回到桅杆根部节尾部并放置在地面上。

注意：应将尽量多的起升钢丝绳穿绕进滑轮组以防止钢丝绳因自身重量而向后滑落。

(7) 连接从回转平台至连接柜，连接所需的电缆并确认无误。

2. 整体安装

(1) 用辅助起重机将超起桅杆根部节、相应中间节、头部节连接及超起桅杆的内外拉板、拉绳连接。

注意：严格按照工况要求的超起半径安装超起内拉板及超起配重的拉绳。

(2) 拔出超起防后倾油缸撑杆的一销子，旋转防后倾油缸撑杆，在撑杆和主玄管角度约50°时，再将销子穿到孔中并固定。用辅助起重机将防后倾油缸吊起并放置到防后倾油缸撑杆上。

(3) 用辅助起重机将超起桅杆吊起或一端用主变幅桅杆上的辅助油缸，另一端用辅助起重机吊起，将超起桅杆吊到主变幅桅杆根部，连接超起桅杆动力油缸的油管，并使超起桅杆根部节销轴插入孔中并固定。

(4) 将桅杆头部节放置在地面支承道木上。

注意：根部节不得和履带相碰，否则将根部节头部垫高。

(5) 移走辅助起重机，将超起动滑轮组的固定销拔掉，使动滑轮组成垂直状态。

(6) 启动起重机，放出主变幅钢丝绳，尽量使主变幅桅杆朝前倾，连接主变幅桅杆和超起桅杆的拉板，关闭起重机，连接液压、电气管路，启动起重机，放出超起变幅卷扬钢丝绳和正确穿入的辅助穿绳卷扬机的绳头连接，卷入辅助穿绳卷扬，同时释放超起变幅卷扬，使超起变幅钢丝绳缠绕在超起桅杆滑轮组上，拆下辅助绳后将绳头固定在超起桅杆定滑轮组的绳头连接板上。拉出主起升钢丝绳，经桅杆头部节滑轮再回到桅杆根部节尾部并放置地面。

注意：

1) 桅杆组装时，注意臂杆、拉板的编码，严格按照说明书的要求，否则可能机毁人亡。

2) 卷入辅助穿绳卷扬，同时释放超起变幅卷扬，速度配合应恰当，否则可能拉断辅助绳或造成超起变幅卷扬乱绳。

3) 应将尽量多的起升钢丝绳穿绕进滑轮组以防止钢丝绳因自身重量而向后滑落。

十六、主臂安装

（1）扳起超起桅杆，伸长超起桅杆防后倾油缸，用辅助起重机吊起主臂根部节至回转平台与主臂根部节的销接位置并销接到回转平台上，将主臂根部节放置地面。

注意：

1）超起桅杆不能旋转大于规定的角度，否则有可能倾翻。

2）主臂根部节不得和履带相碰，否则要将根部节头部垫高。

（2）组装要求的主臂及相应拉索，并用辅助起重机将主臂和主臂根部节销接到一起，将主臂头部节前端的支撑腿伸出，插入销子并固定，然后将主臂放置在支撑物上。

图 7-7　主臂安装

（3）进行主臂上对应的液压、电气管路连接并手动检查各限位。

（4）降低桅杆和主臂变幅滑轮组，用辅助起重机吊起主臂变幅滑轮组使主臂拉索和主臂变幅滑轮组销接在一起。

（5）扳起超起桅杆至相应位置（满足超起配重半径的要求），同时开动主臂变幅卷扬机释放钢丝绳，以确保主臂不被扳起，但超起桅杆和主臂头部的拉索应张紧，如图 7-7 所示。

注意：主臂组装时，注意臂杆、拉板的编码，对应的主臂和主臂拉板应确保一致，应严格按照说明书的要求，否则可能机毁人亡。

十七、变幅副臂和动、定撑臂安装

1. 用辅助起重机组装副臂

用辅助起重机将副臂根部节连接到臂头上，按工况配置要求将相应的中间节连接到副臂根部节上，可在副臂中间节下垫合适的支撑。

2. 用辅助起重机组装动、定撑臂

（1）将动撑臂整体吊装到副臂上，安装销接到根部节上并固定锁住，旋转动撑臂头部节支撑腿，插入销轴，缓慢下落动撑臂，直到支撑腿撑在副臂主玄杆上。

（2）将定撑臂整体吊装到副臂上，安装销接到根部节上并固定锁住，旋转定撑臂头部节支撑腿，插入销轴，缓慢下落定撑臂，直到支撑腿撑在动撑臂主玄杆上。

（3）将动撑臂头部节和副臂用尼龙带捆绑在一起。

（4）将副变幅卷扬机放出的副变幅绳和已正确穿绕的辅助绳连接在一起，旋转辅助穿绳卷扬机收绳，同时副变幅卷扬机放出钢丝绳，牵引穿绕副变幅钢丝绳，将绳头接入到绳头拉板上。

（5）释放起升卷扬机的起升绳，将起升绳绳头和定撑臂的绳头拉板连接。

（6）用辅助起重机吊起定撑臂的头部，将定撑臂升高约 45°。为防止动撑臂被拉起，副变幅卷扬机必须同时放出钢丝绳。

（7）移去辅助起重机，旋转起升卷扬机收回起升绳，副变幅卷扬机放出钢丝绳，继续从

45°位置升起定撑臂，直到定撑臂的拉索和主臂根部节拉索销接固定在一起。

（8）打开主臂头部节的油缸滑槽盖板，然后卷入副臂变幅卷扬，使定撑臂缓慢向前转动，同时释放主起升绳，油缸随着向前滑行。

（9）当油缸自由端滑到安装孔位置时，插入销轴并固定。

（10）释放主起升绳，拆下主起升绳绳头及捆绑动撑臂头部节和副臂的尼龙带。

（11）用辅助起重机按要求工况将副臂接好，小车放置到副臂头部的支撑板上，将主副起升绳按照相应工况绕绳图穿好吊钩，卷入副变幅卷扬，使动撑臂向后旋转，参考副臂拉板的配置图，逐步安装副臂拉板，如图 7-8 所示。

图 7-8 小车与副臂头部

（12）连接好各部分电气线路，在副杆头部安装航空灯、风速仪、起升限位开关，手动检查防后倾油缸上的限位开关，主副臂起臂 57°夹角限位开关等动作及检查电气插头的防水性。

3. 注意事项

（1）对于 LR1400 定撑臂有机械防后倾的起重机来说，则需按照以下程序进行：

1）起升卷扬机放出钢丝绳，副变幅卷扬机回收钢丝绳，张紧定撑臂和主臂根部节的拉索，之后起升卷扬机继续放出钢丝绳，断开安装绳，并将其固定。

2）副变幅卷扬机继续收绳，张紧主臂拉索，一直到动撑臂防后倾油缸限位开关动作，使副变幅卷扬机收绳停止时，将定撑臂防后倾油缸支撑用销轴连接到最大长度的下一个孔洞并固定。

（2）用起升钢丝绳拉起定撑臂时，起升钢丝绳与主变副滑轮相切点的监护，否则有造成钢丝绳的断丝甚至报废的危险。

（3）副臂组装时，注意臂杆、副臂拉板、主臂下拉板的编码，对应的副臂和副臂拉板、主臂和主臂下拉板应确保一致，应严格按照说明书的要求，否则可能机毁人亡。

（4）动、定撑臂安装时，注意监护滑轮组上的钢丝绳，否则极易发生挤绳和乱绳现象，如图 7-9 所示。

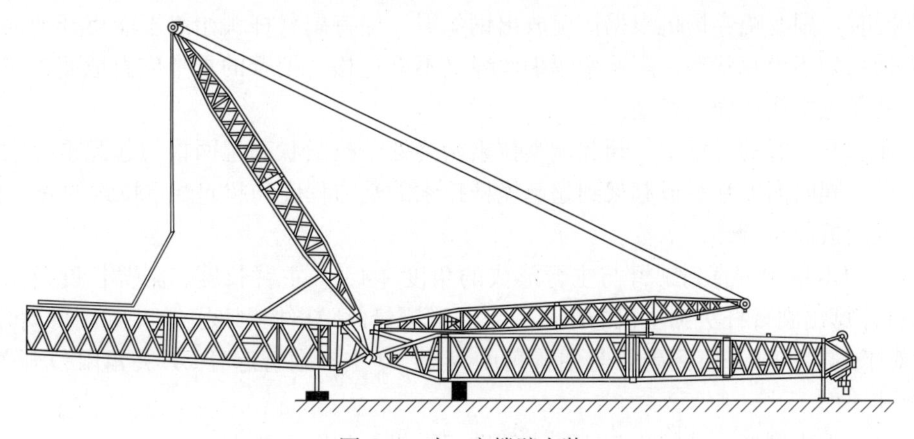

图 7-9 动、定撑臂安装

十八、超起配重安装

安装配重底板并调整，根据要求配重数量进行超起配重安装，根据超起配重和车体的连接形式（拉绳连接或导杆连接）将二者连接，同时连接回转平台到超起配重的电气线路和液压管路。

注意：

（1）配重块放置一定要使配重底板始终处于平衡状态。

（2）超起配重各限位开关是否正确连接并手动试验正常。

十九、板起前的检查

扳起作业前必须进行如下主要项目的全面检查：

（1）起重机水平放置。

（2）安装配重，超起配重是否符合要求。

（3）副臂安装是否正确。

（4）所有的限位开关是否正确安装并手动试验全部正常。

（5）扳起前，检查防后倾支撑在整个摆动区域内动作灵活。

（6）所有的销连接进行全面检查，保证齐全及正确安装。

（7）所有钢丝绳是否正确穿绕，卷扬机排绳良好。

（8）主臂、副臂上没有浮动物，以免掉落伤人。

（9）确保电气接线不漏水，以免造成接触不良，各个快装接头正确连接。

（10）超起配重已预拉紧。

（11）上述项目检查完后，应由有关部门签字认可后方可扳起作业。

二十、进入扳起程序

扳起程序如下：

（1）将超起配重拉索拉紧。

（2）臂杆手动控制杆扳至起升位置，起升主臂。

（3）同时，副变幅卷扬机根据情况放出钢丝绳，保持副臂杆头始终不能离开地面。要求副臂拉索始终处于松弛状态，副臂变幅钢丝绳又不能过松，副臂的重量应由地面支撑，通过小车或辅助起重机在地面上移动。

（4）在起升主臂的过程中，超起配重拉索始终处于拉紧状态且两根超起配重拉索拉力值应基本一样，同时高度注意扳起架到超起桅杆拉索的受力程度和超起配重拉索的受力程度。

（5）继续扳起主臂：

1）对于 LR1400，直到副臂与主臂形成的角度≥45°（主臂长度、副臂长度及主、副臂夹角 45°可计算出副臂杆头到主机的距离，可通过测量此距离控制该角度）或副臂离开地面。

2）对于 SCC9000，直到副臂与主臂角度为 57°（主、副臂起臂 57°夹角限位开关动作）或副臂离开地面。

此时可以拆去副杆头部的小车或移去辅助起重机，如图 7-10 所示。

（6）当副杆杆头离开地面后，穿绕起升钢丝绳，安装上限位开关重锤。

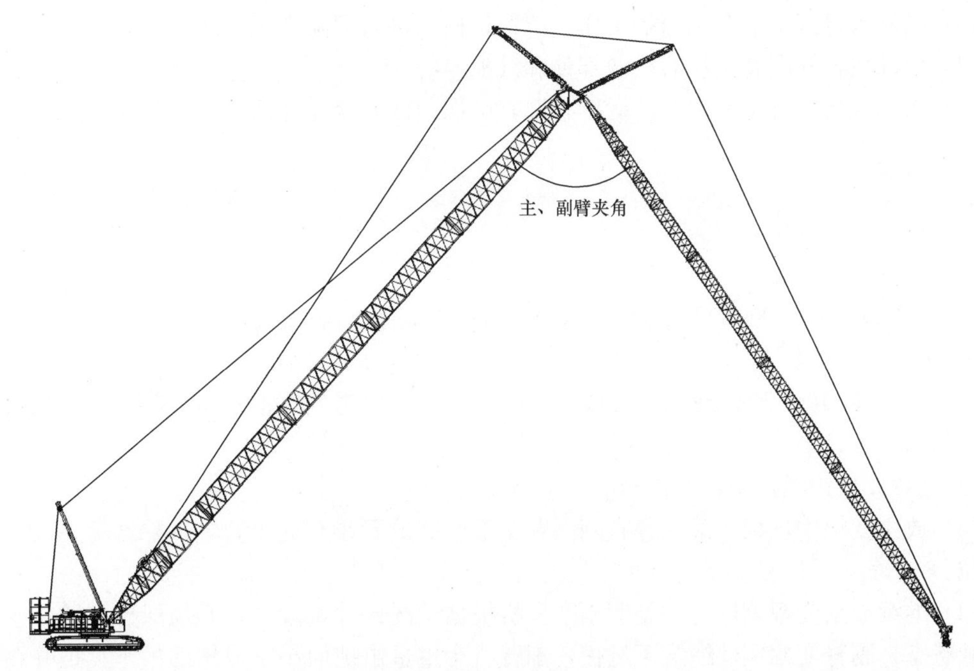

图 7-10　主臂扳起

(7) 继续扳起主臂至规定角度位置，扳起副臂至工作位置。

(8) 在扳起过程中，操作人员应注意报警功能动作或显示，当到达工作位置后，必须立即将电脑数据恢复正常使用状态。

(9) 最后通过空载操作检查“高”“低”限位、安全载荷显示系统的功能、起升限位开关的功能。

(10) 注意事项如下。

1) 在扳起主臂过程中，起升卷扬必须放钢丝绳，防止吊钩与副杆头部相碰撞。

2) 主、副臂变幅卷扬机操作应配合良好，否则副臂变幅卷扬机容易乱绳。

3) 扳起时，监护钩绳不要挤到滑轮组缝隙中。

4) 扳起时，既要严格防止扳起架到超起桅杆拉索的受力程度过小而超起配重拉索的受力程度又过大的情况发生，又要严格防止扳起架到超起桅杆拉索的受力程度过大而超起配重拉索的受力程度又过小的情况发生，否则将破坏整车臂架稳定，造成整机倾翻。

第二节　履带起重机拆卸程序

一、拆卸履带起重机前的准备工作

拆卸过程基本按照安装相反的程序进行，在拆卸履带起重机前应检查以下内容是否符合要求：

(1) 检查起重机地基状况，履带下面是否铺好路基板，整机是否处于水平状态。

(2) 根据履带起重机操作说明书的要求放置足够数量的超起配重并挂好，并调整好超起半径。

(3) 做好落臂区域的安全监护工作，严禁任何人进入危险区域。

(4) 保证主臂和副臂上没有松散部件和其他异物。

(5) 操作人员综合检查整车的运行状况，确保其的安全完好性。

二、落臂

(1) 将超起配重拉索拉紧。

(2) 落副臂。

1) 对于SCC9000型履带起重机，主臂保持85°，放副变幅钢丝绳，落副臂直到主副臂夹角为57°。

2) 对于LR1400型履带式起重机，主臂保持87°，放副变幅钢丝绳，落副臂直到主副臂夹角约为45°。

3) 注意放出钩绳，防止吊钩和滑轮组相碰。

(3) 放主变幅钢丝绳，落主臂直到副臂头部能够放到小车的位置，拆除鹰嘴、大小钩及其限位。

(4) 继续放主变幅钢丝绳，副变幅卷扬机根据情况回收钢丝绳，必须保持副臂拉索既处于松弛状态，副臂变幅钢丝绳又不过松，副臂所有重量由地面小车或辅助吊车承担并在地面向远离主机的方向移动，直到主副臂趴平，支起主臂支腿。

(5) 在落主臂的过程中，超起配重拉索始终处于拉紧状态且两根超起配重拉索拉力值应基本一样，同时高度注意扳起架到超起桅杆拉索的受力程度和超起配重拉索的受力程度。

(6) 利用辅助吊车吊起副臂杆头，撤离小车，旋转下副臂支腿并垫好。

(7) 将大、小钩钢丝绳收回到主臂杆头后待用，拆除副臂杆头滑轮组总成。

(8) 利用辅助吊车吊起副臂杆头，落下副臂头部并垫好。

(9) 拆除超起配重。

注意：①在落主臂的过程中观察副臂防后倾油气缸是否抗杆并及时拆除。②收卷扬机钩钢丝绳时必须有人监护卷扬机。③主、副臂变幅卷扬机操作应配合良好，否则副臂变幅卷扬机容易乱绳。④落臂时，既要严格防止扳起架到超起桅杆拉索的受力程度过小而超起配重拉索的受力程度又过大的情况发生，又要严格防止扳起架到超起桅杆拉索的受力程度过大而超起配重拉索的受力程度又过小的情况发生，否则将破坏整车臂架稳定，造成整机倾翻。

三、副臂动、定支撑臂拆除

(1) 放副变幅卷扬钢丝绳，使动撑臂向前降低直到能与副臂拉板断开，用钢丝绳将动撑臂端拉板与副臂连接。

(2) 用辅助吊车吊起定撑臂上部，继续松副变幅钢丝绳，使定撑臂向主机方向降落，直到能够拆除主臂外拉板，同时拆除防后倾油缸连接销。

(3) 将大钩钢丝绳连接到定撑臂的辅助钢丝绳上，收副变幅钢丝绳，同时配合放大钩钢丝绳并使辅助吊车慢慢起钩、摆杆，注意此时副变幅钢丝绳不能够受力。

(4) 在定撑臂快要靠近动撑臂的时候解除动撑臂拉板端的钢丝绳，使动撑臂与定撑臂慢慢下落到副臂上，支好动、定撑臂支腿。

(5) 去除辅助吊车及大钩钢丝绳，拆除副变幅钢丝绳固定拉板并将其慢慢收回，分别拆除动、定撑臂。

（6）同时收回大钩钢丝绳。

（7）注意事项。

1）在收绳的时候要有专人监护卷扬机。

2）防后倾油缸必须在滑道内滑动，并涂抹润滑脂。

（8）对于LR1400定撑臂有机械防后倾的起重机来说，则需按照下述程序进行。

1）放出副变幅卷扬机钢丝绳，使动撑臂向前降低直到能与副臂拉板断开，用拉索专用绳和动撑臂上的拉索连接，把和副臂杆头连接的副臂拉索放在副臂臂杆上，并且固定牢靠。

2）拔出根部节与中间节的销子，拆去副臂。

注意：拔出根部节与中间节的销轴之前，确保根部被辅助起重机吊住或被合适的预先放置支撑物支撑。

3）拆下定撑臂上的安装绳，并把钩绳卷扬机引出的起升绳与安装绳连接在一起。副臂变幅卷扬机缠绕钢丝绳，并且拉起动撑臂直到支撑油缸的反作用力使从定撑臂至主臂根部节的拉索张紧，在这种情况下允许抽出副臂防后倾支撑的销轴，拆去弹簧卡销和销轴。

注意：①当拉起动撑臂时，副臂支撑油缸限位开关动作，关闭副臂变幅卷扬机；②必须连接副臂防后倾油缸限位开关的电路。

4）降低动撑臂直到它放倒在副臂根部。

5）缠绕起升卷扬机，同时，副臂变幅卷扬机放出钢丝绳，将定撑臂向后拉，直至能抽出定撑臂到主杆根部拉索的销轴为止，抽出定撑臂到主杆根部拉索的销轴，把和主臂根部连接的拉索放在主臂上并固定牢固。

注意销轴必须被拨出，否则，当定撑臂向外拉时，它将被损坏。

6）起升卷扬机放绳，同时副臂变幅卷扬机收绳，拉起定撑臂至垂直位置。直到拨出主臂过渡节头部上防后倾支撑上的销轴，拆去销轴、弹簧卡销和垫圈。

7）利用辅助起重机吊起定撑臂，拆掉起升钢丝绳与定撑臂安装绳的连接，副臂变幅卷扬机收起钢丝绳，辅助起重机配合吊起定撑臂，直至定撑臂趴在动撑臂上。

8）拆掉副臂变幅绳的死头，在死头处连接辅助钢丝绳，继续收起副臂变幅卷扬机钢丝绳，使辅助钢丝绳完全缠绕在副臂变幅滑轮组上，以便今后的穿绳。然后将副臂变幅钢丝绳与辅助钢丝绳断开，将副臂变幅卷扬机钢丝绳全部收回，并同时将起升卷扬机钢丝绳全部收回。用专用绳索将定、动撑臂安装组合件捆绑牢固，利用辅助起重机吊起定、动撑臂安装组合件。

四、副臂拆除

将副臂上的电缆收回到卷筒，逐步拆除副臂。

五、主臂拆除

（1）松超起变幅卷扬机直至能将主臂内拉板和主变幅滑轮组断开。

（2）将主臂上的电缆收回卷筒。

（3）依次主臂断开拆除。

注意：在拆除主臂的时候，可以利用超起桅杆和辅助吊车抬吊的方式，在抬吊的过程中，超起桅杆的角度不能大于51°，否则有倾翻的危险。

六、超起桅杆、尾部配重拆除

(1) 松主变幅钢丝绳，打开主变幅桅杆顶升油缸，使超起桅杆逐渐向前趴平并垫好。
(2) 拆除超起变幅拉板、超起变幅动滑轮组等，收回钩钢丝绳。
(3) 利用辅助吊车拆除超起变幅桅杆。
(4) 利用辅助吊车拆除尾部配重及托盘，注意要左右交替进行。

七、主变幅桅杆、主卷拆除

(1) 慢慢收主变幅钢丝绳，同时配合收主变幅桅杆顶升油缸，直到主变幅桅杆向后趴平。
(2) 利用移动泵站拆除主变幅定滑轮组并固定到主变幅桅杆上，拆除主变幅卷扬后将其固定到主变幅桅杆上。
(3) 利用辅助吊车拆除主变幅桅杆。
(4) 控制操作室内的按钮，抽出主卷固定油缸销，利用辅助吊车吊起主卷放置在地面并垫好。

八、中央配重、操作室、平台拆除

(1) 利用辅助吊车拆除中央配重及托盘。
(2) 拆除与操作室连接的电气元件和空调水管。
(3) 利用辅助吊车将操作室拆除后放置在地面并垫好。
(4) 拆除机台总成上的平台，以及机台总成与底座之间的电气元件和液压油管等。

九、机台总成拆除

利用机台总成上的固定吊点，挂好辅助吊车钢丝绳，利用移动泵站抽出机台总成与底座连接的销轴。

注意：在装车的时候要拆除销轴托架。

十、履带和履带架的拆除

(1) 抽出履带连接销轴，将履带断成三节后并铺平。
(2) 利用移动泵站将横梁上的4只液压支腿伸出，并调整底座的水平。
(3) 拆除横梁与履带架之间的斜撑、液压油管、电气元件等。
(4) 用辅助吊车吊着履带架，利用移动泵站抽出履带架和横梁之间的连接销轴。
(5) 逐步调整辅助吊车使履带架脱离横梁后装车。
(6) 以同样的方法拆除另一侧履带架。

十一、横梁、底座拆除

支起底座上的4只刚性支腿，利用移动泵站收回横梁上的液压支腿，拆除横梁与底座之间斜撑、液压油管、电气元件等。利用辅助吊车拆除横梁。

第三节　安装拆卸控制细节及运输安全技术要求

一、安装拆卸注意事项

1. 臂杆顺序不正确

（1）一般而言，除加重节外，短标准节都靠近臂杆的根部。

（2）大吨位吊车，同样外形尺寸的臂杆，壁厚可能不同，臂杆代码也不同，必须按照说明书要求的顺序进行组合。一般而言壁厚的靠近根部。

2. 拉索未按照顺序连接

（1）顺序不对。由于拉索的连接顺序是对应臂杆的连接顺序的，拉索的连接顺序错误会导致拉杆的折弯。

（2）长度不对。拉索过长，履带吊达不到最小半径，主、副撑臂有挤压风险（或板起架滑轮组挤压）；拉索过短，扳起过程或大半径作业时副臂变幅异常；还会导致扳起时拉索力臂变化，钢丝绳受力偏大，钢丝绳可能会与臂杆钢结构发生摩擦，若拉索中部有腰绳则可能使臂架损毁。

3. 配重（超起配重）与要求不符

这种情况会导致回转支撑受力过大或整车倾覆。有的工况可能需要侧扳起（放倒），且要安装辅助支腿（或其他吊车辅助）才能安全搬起（放倒），要严格按技术文件要求操作。

4. 钢丝绳穿绕方式不正确

这种情况会导致钢丝绳与钢结构摩擦，切割弦管。扳起前必须严格检查钢丝绳穿绕方式。

5. 主撑臂防后倾撑杆长度调节不正确

主撑臂防后倾撑杆长度调节一般有液压缸调节和伸缩杆调节，未按说明书要求调整长度会导致撑杆或撑臂损坏。

6. 扳起或放倒臂杆过程不正确

扳起（或放倒）过程中主副臂夹角控制不正确，会导致拉索或回转支撑受力过大而损坏，或导致吊车整体力矩失衡，尾部翘起。扳起（或放倒）过程中，控制主副臂夹角是较常用的技术手段。

7. 一些部件装拆中的注意事项

（1）臂杆拆除过程中注意对臂杆的保护，做好防碰撞、防刮伤措施。

（2）各部位的销轴在拆除过程中应妥善保存。联结销和螺纹必须是清洁的并有保护油膜；固定销必须涂上油脂，拧紧时不能超过规定的力矩。

（3）检查液压软管、软管接头上的O形圈是否脱落或有损坏；液压软管和软管接头必须保持清洁，且必须按记号（标号）连接在一起；在拆卸接头前，必须更换连接处丢失或有损坏的标示牌；拆除软管时，接头处必须安装保护盖。脏的或破损的软管接头，会污染液压系统并导致故障。拆卸后，要立即固定密封好液压管，以避免在运输过程中损坏污染。

（4）检查电气系统插头上的密封是否丢失或受损；电气系统的插头必须是清洁干燥的，不能沾到油污，只能按照规定的标识连接。在拆卸电缆前，必须更换连接点处丢失或损坏的标示牌；插头必须连接牢靠，必须正确的连接所有的安全设备。拆卸后，要立即固定好电缆和接头插座，以避免它们在运输过程中被损坏，只有当发动机处于停止状态时，才能进行安装和拆卸电气系统。

（5）通过快速接头相连接的各液压管路、电气线路之间应连接正确，谨防管路线路错装错插，损坏液压、电器元件。连接不当会导致压力损失或突发泄漏，从而造成意外事故。例如液压马达 A、B 口接反会导致动作方向相反，泄油口和补油口接反会导致液压马达损坏。

二、运输安全技术要求

履带起重机转移应使用平板拖车运送，在工地内转移，条件允许时可自行转移。

1. 自行转移

自行转移时，要按照说明书要求加强对履带行走装置的保养和检查。在行驶前应对行走装置做好润滑、紧固、调整等保养工作；行驶时驱动轮在后面，机台、起重臂、吊钩等处于制动位置，并加保险固定，每行驶 500～1000m 时，应对行走机构进行检查、润滑和保养，并及时查看行走电动机、减速机的发热情况，出现过热时及时停机检查。自行转移前，要确认路面承载能力、行走路线的通行条件是否满足要求，确认沿途空中及地下设施情况，保证起重机通过时符合安全要求。

2. 平板拖车运输

采用平板拖车运输时应注意以下几点：

（1）首先要了解所运输的起重机分解后单件的质量、外形尺寸、运输路线和路线桥梁的安全承载能力、桥洞高度等情况。可参照《中华人民共和国道路交通安全法实施条例》等相关法规、标准等。

（2）选用合适的平板拖车。

（3）起重机主机装卸平板拖车必须由经验丰富的指挥人员指挥并由熟悉该起重机性能、操作技术良好的操作人员进行操作。

（4）起重机主机装车时，拖车驾驶员必须离开驾驶室，拖车和平板均要将制动器制动牢固，前后车轮用三角木掩牢，平板尾部用道木垫实。

（5）起重机主机及各部件的重心位置要大致摆放在平板载重面的中心上，以使起重机主机及各部件的重量均匀地分布在平板拖车上。

（6）在运输时，将主机回转制动器制动并插上锁销，并按照说明书要求进行封车牢固。在履带两端加上垫木并用扒钉钉住，履带左右两面用钢丝绳或其他可靠绳索绑牢。

（7）在装卸和运输过程中要加强对起重机各部件的保护，防止碰撞。臂杆在装车时应在车板上垫好道木，并用钢丝绳倒链封好，钢丝绳与臂杆接触处用皮子垫好。

第八章 接地比压的计算及地基处理

第一节　履带起重机接地比压计算

履带单位接地面积所承受的垂直载荷，被称为履带接地比压。

如图 8-1（a）所示，以两条履带接地区段的几何中心为 O 点，通过该点引出相互垂直的纵向与横向中心线 x 和 y。这样便形成一个直角坐标系。C 为起重机的横向偏心距，e 为起重机的纵向偏心距。履带Ⅰ所承受的合力为 G_1，履带Ⅱ所承受的合力为 G_2，履带轨距为 B。

（1）当 $C=0$ 时，则 $G_1=G_2$，工作重力与垂直外载荷所构成的合力在水平地面上的投影同履带接地区段的几何中心相重合，履带接地比压呈均匀分布状态，被称为平均接地比压［见图 8-1（b）］。

计算公式为：

$$p_a=\frac{G}{2bL} \tag{8-1}$$

式中　p_a——履带平均接地比压，kPa；

G——起重机工作重力与垂直外载荷所构成的合力，kN；

b——履带接地宽度，m；

L——履带接地区段长度，m。

说明：平均接地比压并不代表起重机的实际接地比压。因为起重机的重心在水平地面上的投影一般不会恰好与履带接地区段的几何中心相重合，所以必须计算起重机的最大接地比压和最小接地比压。

（2）当 $C\neq0$ 且 $e=0\sim L/6$ 时，接地比压图为梯形［见图 8-1（c）］。

履带Ⅰ接地区段最大、最小和任意部位的接地比压为：

$$p_{max}^{Ⅰ}=\frac{G}{2bL}\left(1+\frac{2C}{B}\right)\left(1+\frac{6e}{L}\right) \tag{8-2}$$

$$p_{min}^{Ⅰ}=\frac{G}{2bL}\left(1+\frac{2C}{B}\right)\left(1-\frac{6e}{L}\right) \tag{8-3}$$

$$p_{x}^{Ⅰ}=\frac{G}{2bL}\left(1+\frac{2C}{B}\right)\left(1+\frac{12e}{L^2}x\right) \tag{8-4}$$

履带Ⅱ接地区段最大、最小和任意部位 x 的接地比压为：

$$p_{max}^{Ⅱ}=\frac{G}{2bL}\left(1-\frac{2C}{B}\right)\left(1+\frac{6e}{L}\right) \tag{8-5}$$

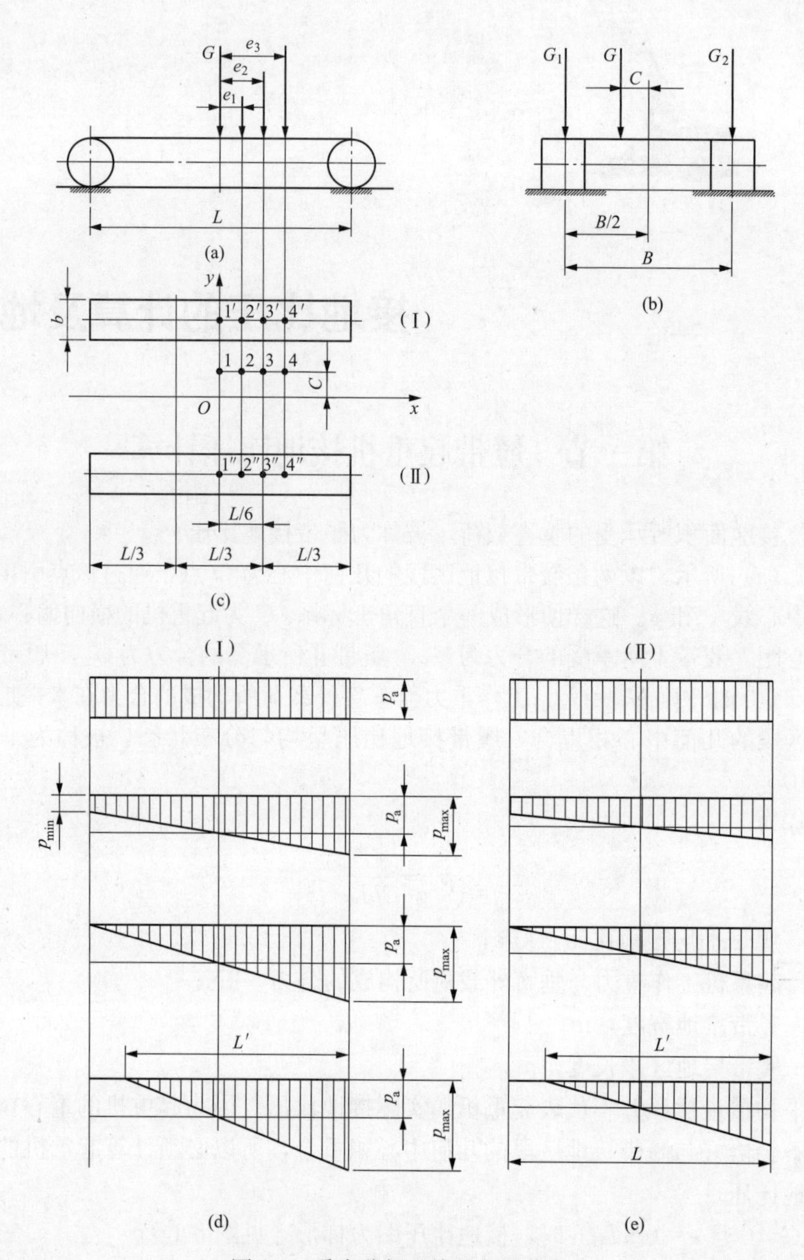

图 8-1 受力分析及接地比压分布

$$p_{\min}^{\mathrm{II}}=\frac{G}{2bL}\left(1-\frac{2C}{B}\right)\left(1-\frac{6e}{L}\right) \tag{8-6}$$

$$p_{x}^{\mathrm{II}}=\frac{G}{2bL}\left(1-\frac{2C}{B}\right)\left(1=\frac{6e}{L^{2}}x\right) \tag{8-7}$$

说明：当 $e=L/6$ 时，履带接地比压图是以履带接地区段长度 L 为底边的直角三角形［见图 8-1（d)］。

（3）当 $C\neq0$ 且 $e>L/6$ 时，接地比压图为直角三角形，其底边较履带接地区段长度 L 短［见图 8-1（e)］。

计算公式为：

$$L'=3\left(\frac{L}{2}-e\right) \tag{8-8}$$

履带接地区段承受压力部分的长度 L'，m。

履带Ⅰ接地区段最大、最小和任意部位 x 的接地比压为：

$$p_{\max}^{\mathrm{I}}=\frac{2G}{3b(L-2e)}\left(1+\frac{2C}{B}\right) \tag{8-9}$$

$$p_{\min}^{\mathrm{I}}=0$$

$$p_{\mathrm{x}}^{\mathrm{I}}=\frac{G}{9b\left(\frac{L}{2}-e\right)^2}\left(1+\frac{2C}{B}\right)(L-3e+x) \tag{8-10}$$

履带Ⅱ接地区段最大、最小和任意部位的接地比压为：

$$p_{\max}^{\mathrm{II}}=\frac{2G}{3b(L-2e)}\left(1-\frac{2C}{B}\right) \tag{8-11}$$

$$p_{\min}^{\mathrm{II}}=0$$

$$p_{\mathrm{x}}^{\mathrm{II}}=\frac{G}{9b\left(\frac{L}{2}-e\right)^2}(1-\frac{2C}{B})(L-3e+x) \tag{8-12}$$

第二节　履带起重机接地比压计算示例

一、以某型号 300t 级履带起重机为例，标准工况一

吊重 300t，整车自重与外载荷合力 $G=552\mathrm{kg}=552\times9.8=5409.6\mathrm{kN}$，每条履带承受的压力 $G_{1v}=\frac{G}{2}=\frac{5409.6}{2}=2704.3\mathrm{kN}$，整车重心距回转中心距离 $e=1940\mathrm{mm}$，横向偏心 $C\neq0$，履带起重机的履带板宽度 $b=1200\mathrm{mm}$，履带接地长度 $L=8663\mathrm{mm}$，履带轨距 $B=7100\mathrm{mm}$。

当 $C=0$ 时，根据式（8-1），履带Ⅰ和履带Ⅱ分布规律相同，$e=1940\mathrm{mm}>\frac{L}{6}=\frac{8663}{6}=1443\mathrm{mm}$，接地比压图为直角三角形，履带接地区段承受压力部分的长度公式即式（8-8）中 $L'=3\left(\frac{L}{2}-e\right)=7175\mathrm{mm}$，则履带Ⅰ和履带Ⅱ的最大、最小接地比压分别如下。

最大接地比压 $p_{\max}$：

$$p_{\max}=\frac{2G\cdot1000}{3b(L-2e)}=\frac{2\times5409.6\times1000}{3\times1200\times(8663-2\times1940)}=0.63\mathrm{MPa}$$

最小接地比压 $p_{\min}=0$

任意部位 x 处的接地比压 p_{x}：

$$p_{\mathrm{x}}=\frac{1000G}{9b\left(\frac{L}{2}-e\right)^2}(L-3e+x)$$

实际接地比压的分布如图 8-2 所示。

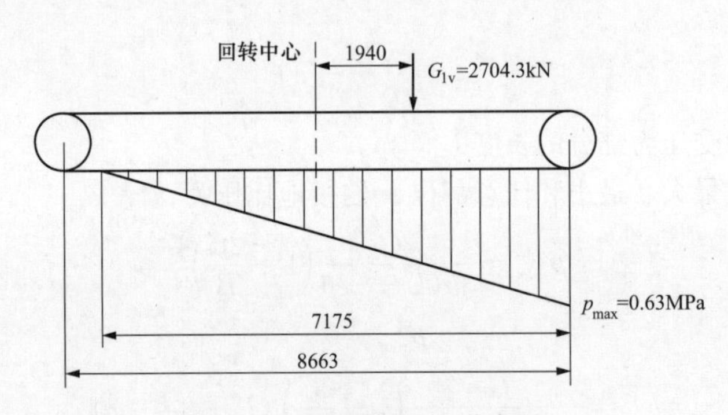

图 8-2　实际接地比压分布图

二、标准工况二

最大起重力矩工况下吊重 153t，整车自重与外载荷合力 $G=445\text{kg}=445\times9.8=4361\text{kN}$，每条履带承受的压力 $G_{2v}=\dfrac{G}{2}=\dfrac{4362}{2}=2180.5\text{kN}$，整车重心距回转中心距离 $e=2430\text{mm}$，横向偏心 $C=0$，履带起重机的履带板宽度 $b=1200\text{mm}$，履带接地长度 $L=8663\text{mm}$，履带轨距 $B=7100\text{mm}$。

同理，横向偏距 $C=0$，根据式（8-1）履带Ⅰ和履带Ⅱ分布规律相同，$e=2460\text{mm}>\dfrac{Lm}{6}=\dfrac{8663}{6}=1443\text{mm}$，接地比压图为直角三角形，根据履带接地区段承受压力部分的长度公式即式（8-8）得：$L'=3\left(\dfrac{L}{2}-e\right)=5704\text{mm}$，则履带Ⅰ和履带Ⅱ的最大、最小接地比压分别如下。

最大接地比压 p_{max}：

$$p_{max}=\frac{2G\cdot1000}{3b(L-2e)}=\frac{2\times4361\times1000}{3\times1200\times(8663-2\times2430)}=0.64\text{MPa}$$

最小接地比压 $p_{min}=0$

任意部位 x 的接地比压 p_x：

$$p_x=\frac{1000G}{9b\left(\dfrac{L}{2}-e\right)^2}(L-3e+x)$$

实际接地比压的分布如图 8-3 所示。

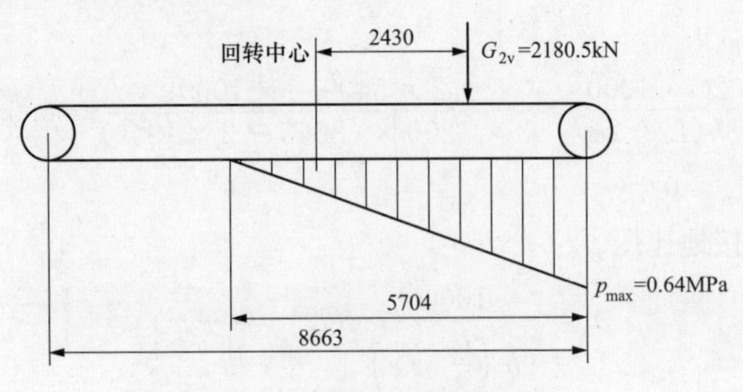

图 8-3　实际接地比压分布图

第三节　履带起重机对场地地基要求

起重机地基的承载能力值应满足起重机吊装作业的要求，履带起重机吊装工件，应按照作业工况条件下履带板对地比压要求，进行作业地面的地基处理，同一起重机履带板下应采用相同的地基处理方法进行处理。

地基处理是改善地基的承载力或抗渗能力所采取的工程技术措施，是确保起重机械安全作业的前提条件，也是吊装作业中至关重要的一个环节。处理完成后，必须进行地基承载力试验，确认地基承载力满足吊装要求后方可进行吊装作业。

一、常用地基处理方法

地基处理方法有换填垫层法、强夯和强夯置换法、排水固结法、真空预压法、桩基法、钢筋混凝土承力板法等。

换填垫层法适用于淤泥、淤泥质土、素填土、杂填土地基及暗沟、暗塘等的浅层处理。处理深度通常控制在3m以内较为经济、合理。

强夯法适用于处理碎石土、沙土、低保和度的粉土和黏性土、杂填土和素土等地基；强夯置换法适用于高饱和度的粉土和黏性土地基。

排水固结法适用于处理淤泥、淤泥质土和冲填土等饱和黏性土地基。

真空预压法适用于均质黏性土及含薄粉砂夹层黏性土等地基的加固，尤其适用于新吹填土地基的加固。

桩基法主要有砂桩、夯实水泥土桩、水泥土搅拌桩、高压旋喷桩、长螺旋钻孔灌注桩等，根据其被用材料和成桩工艺的不同分别被用于各种软弱地基的深层处理。

二、地基处理方法的选择

履带起重机作业地基具有承载时间短、载荷动态变化等特点，应采用经济、合理的地基处理方法，确保地基承载能力满足吊装需求。处理完成后，必须进行地基承载力试验，确认地基承载力满足吊装要求后方可进行吊装作业。同一起重机履带板下应采用相同的地基处理方法进行处理。

（1）在选择地基处理方法前，应完成下列工作：

搜集详细的岩土工程勘察资料、上部结构、基础设计资料等。根据工程的要求和采用天然地基存在的主要问题，确定地基处理的目的、处理范围和处理后要求达到的各项技术经济指标等。结合工程情况，了解当地地基处理经验和施工条件，对于有特殊要求的工程，还应了解其他地区相似场地上同类工程的地基处理经验和使用情况等，调查邻近建筑、地下工程和有关管线等情况。了解建筑场地的环境情况。

（2）在选择地基处理方法时，应考虑上部结构、基础和地基的共同作用，并经过技术经济比较，选用处理地基或加强上部结构和处理地基相结合的方案。

（3）地基处理方法的确定宜按下列步骤进行：

1）根据结构类型、荷载大小及使用要求，结合地形地貌、地层结构、土质条件、地下水特征、环境情况、对邻近建筑的影响等因素进行综合分析，初步选出几种可供考虑的地基处理方法，包括选择两种或多种地基处理措施组成的综合处理方法。

2）对初步选出的各种地基处理方法，分别从加固原理、适用范围、预期处理效果、耗用材料、施工机械、工期要求、对环境的影响等方面进行技术经济分析和对比，选择最佳的地基处理方法。

3）对已选定的地基处理方法，宜按建筑物地基基础设计等级和场地复杂程度，在有代表性的场地上进行相应的现场试验或实验性施工，并进行必要的测试，以检验设计参数和处理效果。如达不到设计要求时，应查明原因，修改设计参数或调整地基处理方法。

4）经处理后的地基，当按地基承载力确定基础底面积及埋深而需要对确定的地基承载力特征值进行修正时，应符合下列规定：①基础宽度的地基承载力修正系数应取 0。②基础埋深的地基承载力修正系数应取 1.0。经处理后的地基，在受力层范围内仍存在软弱下卧层时，尚应验算下卧层的地基承载力。对水泥土类桩复合地基尚应根据修正后的复合地基承载力特征值，进行桩身强度验算。

5）按地基变形设计或应做变性验算且需进行地基处理的建筑物或构筑物，应对处理后的地基进行变性验算。

6）受较大水平荷载或位于斜坡上的建筑物及构筑物，当建造在处理后的地基上时，应进行地基稳定性验算。

7）施工技术人员应掌握所承担工程的地基处理目的、加固原理、技术要求、质量标准等。施工中，应有专人负责质量控制和检测，并做好施工记录。当出现异常情况时，必须及时和有关部门一起妥善解决。施工过程中，应进行质量监理。施工结束后，必须按国家有关规定进行工程质量检验和验收。

8）地基处理方案，一般情况下，吊装方案应包含地基处理措施等相关内容。特殊情况下，应编制专项地基处理方案。

三、地基处理方法确定实例分析

下面以镇海炼化 100 万 t/a 乙烯工程乙烯裂解装置脱乙烷塔 DA-401 吊装为例，介绍地基处理方法的确定和计算过程。

镇海炼化分公司位于浙江省宁波市镇海区，距宁波市区约 15km。根据地质报告中的介绍，得知乙烯裂解装置场地位于宁波盆地东北部、杭州湾喇叭口南岸新近围垦而成的海涂地上，地势较低，地形平坦开阔，地貌类型单一，属第 4 系滨海淤积平原区。根据地层的沉积年代、沉积环境、岩性特征、埋藏条件及室内土工试验指标，并结合静力触探曲线线性、阻力大小，将场地内勘探深度以浅地层划分为 8 个工程地质层、27 个工程地质亚层。根据地质报告和吊装方案，并结合以往该地区设备吊装地基处理的经验，确定脱乙烷塔 DA-401 吊装起重机站位采用换填垫层法进行基础处理，基础处理深度为 2m，用块石和碎石分层夯实回填并用压路机碾压密实。2m 深度处为淤泥质粉质黏土层，该土层地基土承载力特征值 f_{ak} 为 50kPa。

脱乙烷塔 DA-401 吊装使用的主起重机为 CC6800 型履带起重机，其额定起升能力 1250t，SSL 工况，主臂长度 84m，溜尾起重机为 250t 履带起重机，主臂长度 24.4m，采用两车抬吊翻转法进行吊装。DA-401 设备质量为 324t，起吊时，CC6800 型履带起重机作业半径 16m，就位时，作业半径为 18m，起吊和就位均不用加超起配重。经计算，吊装时履带起重机履带路基板对地最大接地比压为 8.7t/m^2。

下面介绍软弱下卧层顶面处的附加压力值及土的自重压力值计算。

根据 GB 50007—2011《建筑地基基础设计规范》中式（5.2.7-3）计算软弱下卧层顶面处的附加压力值 p_z：

$$p_z=\frac{lb(p_k-p_c)}{(b+2z\tan\theta)(l+2z\tan\theta)} \tag{8-13}$$

式中　b——矩形基础或条形基础地面的宽度，m；

l——矩形基础地面的长度，m；

p_k——相应于荷载效应标准组合时，基础底面处的平均压力值，kPa；

p_c——地基底面处土的自重压力值，kPa；

z——基础底面下垫层的厚度，m；

θ——垫层的压力扩散角，(°)。

宜通过试验确定，无试验资料时，可按表 8-1 确定。

表 8-1　　压力扩散角

E_{s1}/E_{s2}	z/b	
	0.25	0.50
3	6°	23°
5	10°	25°
10	20°	30°

注　1. E_{s1}为上层土压缩模量，E_{s2}为下层土压缩模量；

2. 当 $z/b<0.25$ 时，除灰土取 $\theta=28°$外，其余材料均取 $\theta=0°$，必要时，宜由试验确定；

3. 当 $0.25<z/b<0.5$ 时，θ 值可内插求得。

得：

$$\begin{aligned}p_z&=\frac{lb(p_k-p_c)}{(b+2z\tan\theta)(l+2z\tan\theta)}\\&=\frac{15.4\times7\times8.7}{(7+2\times2\tan21.4)(15.4+2\times2\tan21.4)}\\&=6.4\text{t/m}^2\end{aligned}$$

软弱下卧层顶面处土的自重压力值 p_{cz}查 GB 50009—2012《建筑结构荷载规范》得：

$$p_{cz}=1.5\times2=3\text{t/m}^2$$

软弱下卧层顶面处总压力值为：

$$p_z+p_{cz}=6.4+3=9.4\text{t/m}^2$$

根据 GB 50007—2011《建筑地基基础设计规范》中式（5.2.4），计算地基承载力修正值 f_a 为：

$$f_a=f_{ak}+\eta_b r(b-3)+\eta_d r_m(d-0.5)=5+3\times1.5\times(6-3)=18.5\text{t/m}^2$$

式中　f_a——修正后的地基承载力特征值，kPa；

f_{ak}——地基承载力特征值，kPa；

η_b、η_d——基础宽度和埋置深度的地基承载力修正系数，按基底下土的类别查表 8-2 取值；

r——基础底面以下的重度，kN/m^3，地下水位以下取浮重度；

b——基础底面宽度，m，当基础底面宽度小于3m时按3m取值，大于6m时按6m取值；

r_m——基础底面以上土的加权平均重度，kN/m^3，位于地下水位以下的土层取有效重度；

d——基础埋置深度，m。

表 8-2　　承载力修正系数

土的类别		η_b	η_d
淤泥和淤泥质土		0	1.0
人工填土		0	1.0
红黏土	含水比大于0.8	0	1.2
	含水比小于等于0.8	0.15	1.4
大面积压实填土	压实系数大于0.95、黏粒含量大于等于10%的粉土	0	1.5
	罪的干密度大于2100kg/m³的级配砂石	0	2.0
粉土	黏粒含量大于等于10%的粉土	0.3	1.5
	黏粒含量小于10%的粉土	0.5	2.0
粉砂、细砂（不包括很湿与饱和时的稍密状态）		2.0	3.0
中砂、粗砂、砾沙和碎石土		3.0	4.4

结论为：

$$p_z + p_{cz} = 9.2 < f_a = 18.5t/m^2 \qquad (8\text{-}14)$$

所有地基承载力满足吊装要求。

第九章
履带起重机保养与常见故障排除

第一节　履带起重机的保养要点

保养是保证起重机充分发挥良好性能、安全可靠的工作及延长使用寿命的重要手段。履带起重机保养一般分为日常例行保养、一级保养和二级保养三个级别。日常例行保养为班或者项目开始前进行，一级保养为连续工作一月一次，二级保养为每 4～6 个月做一次。履带起重机的保养应根据工作强度及繁忙程度（运行工作时数）调整保养工作时间。

在用履带起重机至少每月进行一次日常维护保养和自行检查，每年进行一次全面检查，保持起重机的正常状态。日常维护保养和自行检查、全面检查应当按照本规则和产品安装使用维护说明的要求进行，发现异常情况，应当及时进行处理，并且记录，记录应存入安全技术档案。

在用履带起重机的日常维护保养，重点是对主要受力结构件、安全保护装置、工作机构、操纵机构、电气（液压）控制系统等进行清洁、润滑、检查、调整、更换易损件和失效的零部件。

一、日常例行保养

例行保养，又被称为每班保养。重点是清洁、润滑、紧固、调整和防腐。起重机操作人员应按照润滑与维护保养手册每班检查起重机。

（1）检查油位及油的质量。

（2）检查油箱及过滤系统，确保系统保持清洁并运转正常。

（3）检查水箱水位及防冻液。

（4）检查风扇皮带和发动机皮带松紧。

（5）检查发动机空载运行情况。

（6）检查操作手柄、操作开关、操作踏板。

（7）检查各传动装置的噪声程度与震动程度。

（8）检查各仪表控制器。

（9）检查起重机安全装置。

（10）检查吊钩及滑轮组。

（11）检查起升、变幅钢丝绳及拉索。

（12）检查各保险销。

（13）检查液压管路及管接头。

（14）检查紧固件的联接。

（15）按照润滑要求进行润滑。

（16）认真做好整机的清洁工作。

二、一级保养

1. 发动机

（1）空气滤清器。空气滤清器与进气管应连接可靠，无漏气；污染堵塞传感器应工作正常；清洁空气滤清器。用压缩空气清洁滤芯，直接用压缩空气吹击滤芯的褶皱，喷管与褶皱的间距应保持 2.5cm。慢慢转动滤芯，同时上下移动喷管。空气压力为 0.2～0.3MPa。发动机工作 2000h 后，更换滤芯。

（2）发动机工作皮带的检查和调整。

1）检查时，在风扇皮带轮与发动机皮带轮之间施加 9.8N，其挠度以 10～15mm 为宜。

2）皮带轮张紧度不合适时，先松开发电机上部调整螺栓及底部的固定螺栓上的固定螺母；再用撬棍撬住发电机，在风扇皮带轮和发电机皮带轮之间的中点上，用大约 9.8N 的力压下皮带，调整至挠度为 10～15mm，然后拧紧调整螺栓；拧紧发电机固定螺栓的螺母；调整后，重新检查皮带轮的挠度，如不符合要求，重新按上述方法调整。

3）蓄电池电解液液位。检查蓄电池内的电解液液位，液位应保持在高于极板 10mm 左右，如液位低于标准值应添加蒸馏水。清除蓄电池及接线柱上的锈蚀及污物。

2. 液压系统

（1）液压系统压力。液压系统压力值应符合产品设计要求。

（2）液压元件。

1）各液压元件工作时应无不正常的声音及发热。

2）应无严重的渗漏油。

3. 卷扬机构

（1）制动器、离合器及棘爪。操作操作杆和每个棘爪锁止开关，确认制动器、离合器和棘爪动作准确。

（2）检查传动机构。应无不正常声音及异常发热，各连接点连接应稳定可靠。

4. 回转机构

操作回转制动开关及回转锁止操作杆，回转制动器及回转锁止动作应正确。

5. 仪表盘及显示器

将发动机启动开关拨至启动位置，各仪表指示应正常、准确。

6. 吊钩及滑轮

（1）检查主、副钩的三个危险断面，应无裂纹，磨损不超标；对吊钩进行左右转动和上下摆动，应灵活自如，不应有卡滞现象。

（2）目测检查滑轮组各滑轮的轮缘及滑轮底部，应无裂痕、无严重磨损、符合使用标准，转动滑轮应灵活无异响。

7. 钢丝绳

（1）在钢丝绳使用的有效全长范围内，以目测为主进行检测，应符合钢丝绳使用标准；当钢丝绳磨损较重时，要用游标卡尺进行测量计算，保证符合钢丝绳的使用标准。

（2）目测钢丝绳端部的固定应牢固可靠。检查完毕，用钢丝绳专用润滑剂润滑钢丝绳。

8. 操作杆及踏板

各操作杆及踏板，其工作行程及自由行程应符合要求。

9. 电器辅助装置的检查

喇叭、灯和雨刷等辅助装置应动作正常，检查保险丝、开关和电线连接应无松动和损坏。

10. 安全装置

（1）各限位装置动作可靠。

（2）力矩限制器工作正常。

11. 各减速箱油位

（1）回转减速箱和分动箱油位用油位尺检查，油位必须在油位尺的上下限刻度范围之间，如果油位低于下限刻度应添加相同牌号的齿轮油。

（2）起升、行走、主臂和副臂俯仰减速机的油位用油位塞进行检查，拆下减速机端面上的油位塞，确认油位应达到油位塞的底端。如未达到要求则应添加相同牌号的齿轮油。

12. 润滑

按随车提供的润滑图进行润滑操作。

13. 记录

保养完成做详细记录，特别是配件及油料的更换情况并记录下更换时的发动机运行时数。

三、二级保养

1. 发动机机油的更换

（1）放油前，预热发动机到工作温度，然后停止发动机。

（2）拆下油底壳底部的放油塞，让油流入适当的容器内。

（3）拆下滤清器放油塞，让油放入适合的容器内。把放油塞可靠的安装到原位置。

（4）加入规定牌号和数量的发动机机油，用油尺测量，保证加入后的油位达到机油尺的上限刻度。

（5）运转发动机，并检查应无漏油，然后停止发动机。15min后才能有油尺重新检查油位，如果需要，添加机油，使油位达到上限刻度，但不能超过上限。

2. 更换分动箱油（必要时更换）

（1）运转发动机4～10min，稍微预热分动箱内的油。

（2）拆下分动箱底部的放油塞，把油放入适当的容器内。

（3）在放油塞周围绕上密封带，然后将其安装到原位。

（4）添加相同牌号及数量的齿轮油，待油位稳定后，用油尺检查。

（5）启动发动机，检查应无漏油，停止发动机，10min后，检查油位应符合要求。

3. 更换回转减速机油（必要时更换）

（1）回转机构反复动作几次，预热减速机内油。

（2）接合制动器及回转锁止，并停止发动机。

（3）将合适的油盘放在减速机下面，拆下放油塞并放出减速机油。

（4）清洗放油塞，并装回原位置。

（5）加入符合要求的齿轮油达规定油位。

（6）启动发动机，检查应无漏油。停止发动机，10min 后，检查油位应符合要求。

4. 更换起升和变副卷扬的减速机油（必要时更换）

（1）反复动作卷扬几次，预热减速机内油。

（2）安全停机，将合适的油盘放在减速机放油口下面，拆下减速机底部的放油塞并放出油料。

（3）清洗放油塞，并装回原位置。

（4）加入符合要求的齿轮油，达观察孔油流出，拧紧观察孔。

（5）启动发动机，检查应无漏油。停止发动机，10min 后，检查油位应符合要求。

5. 更换行走驱动减速机油（必要时更换）

按上面 4. 介绍的相同的方法更换。

6. 发动机机油滤清器的更换

（1）运转发动机，把油温升到工作温度后停止发动机。

（2）拆下机油滤清器放油塞，并把机油放入相应容器内。

（3）松开中心螺栓，拆下滤清器壳、滤芯和弹簧。

（4）更换滤芯。

（5）清洗零件（弹簧、外壳、中心螺栓等）。

（6）正确安装新的密封件及垫圈。

（7）添加符合固定的发动机机油后，启动发动机，观察滤清器，此时应无漏油。

（8）停止发动机，15min 后，用油尺检查机油油位，如果需要，添加机油，使油位达到上限刻度，但不能超过上限。

7. 柴油滤清器的更换

（1）拆下滤芯。

（2）装配新滤芯，在 O 形圈上涂上薄薄的一层发动机机油，并用手拧紧。

（3）安装好后，放出燃油系统中的内部空气。

（4）启动发动机，检查应无漏油。

8. 更换液压回油滤芯（必要时更换）

（1）拆下上部盖的螺栓，卸下上部盖子。

（2）将滤芯连同弹簧和阀一起取出，解体取出滤芯。

（3）将新滤芯与弹簧和阀一起装回。

（4）装上上部盖子，拧紧螺栓。

9. 液压系统

（1）检查液压系统压力，压力值应正常。

（2）液压系统应无严重的渗漏油。

（3）各液压元件工作时无不正常的响声及异常发热。

10. 卷扬机构

（1）检查离合器及制动器的工作情况，应工作可靠，离合器摩擦片制动片的磨损量应在固定范围内（必要时需要测量），表面应无碳化等情况。

（2）检查传动机构，应无不正常声响及异常发热，各连接点连接可靠稳定。

（3）检查调整力矩限制器。这里主要是指空载时的校正。在空载时打开力矩限制器，载荷显示、幅度显示、额定起重量显示应准确。

四、金属结构检查维护

在日常使用过程中，应该对钢结构部分进行定期检查。检查项目包括钢结构是否变形、锈蚀，焊缝有无开裂现象，螺栓连接是否紧固等。尤其是在工况变换、整机转移、满负荷吊装后要进行仔细检查。钢结构细小的裂纹很难用肉眼发现，通常要在机械大修时对焊缝作无损探伤的检验。但如果发现油漆剥落、开裂、变形就要立即停机检查，如果局部受损，可考虑修复；如因疲劳导致大范围出现开裂，则应考虑对其进行报废。

主要受力构件失去整体稳定性时不应修复，应报废；主要受力构件发生腐蚀时，应进行检查和测量，当主要受力构件断面腐蚀达设计厚度的10%时，如不能修复，应报废；主要受力构件产生裂纹时，应根据受力情况和裂纹情况采取阻止措施，并采取加强或改变应力分布措施，或停止使用；主要受力构件因产生塑性变形，使工作机构不能正常的安全运行时，如不能修复，应报废。

金属结构的焊接补强与修理，施工前应制定详细的工作计划，确保修复后的金属结构达到原设计要求。要确定原结构所用母材的类型，确定母材对焊接的适应性；对补强或修理的部位进行应力分析，确定所有使用条件下的静载荷和动载荷，应考虑构件在以往使用过程中可能遭受的累计损坏；承受周期性载荷的构件应在设计中考虑以前的载荷经历，如果不知道载荷经历，必要时应进行疲劳经历计算；对进行加热、焊接或热切割的构件应考虑其允许的承载程度，必要时应减轻载荷。考虑到升高的温度将遍布有关横截面的各处，因此，应审核承载构件的局部或整体稳定性；按照标准制定各项工艺措施及检验措施并严格执行。

第二节　履带起重机常见故障排除

履带起重机常见故障原因及排除方法见表9-1。

表9-1　　履带起重机常见故障原因及排除方法表

故　障		原　因	排除方法	备　注
发动机故障	发动机不运转或者转动缓慢	1. 启动电路接头松动或者腐蚀 2. 蓄电池充电不足 3. 启动电动机故障 4. 发动机油门故障	1. 检查和旋紧接头 2. 检查蓄电池电压 3. 更换启动机 4. 检查油门及导线	
	发动机启动困难或不启动	1. 气候寒冷不能正常工作 2. 燃油系统内部有空气 3. 燃油有杂质	1. 检查修理或者更换寒冷气候启动辅助装置 2. 燃油系统放气和检查吸油管路是否漏气 3. 过滤更换燃油	
	启动机转动但不启动（无烟排出）	1. 油箱无燃油 2. 水或者其他杂质堵塞燃油滤清器 3. 发动机控制器插头松动	1. 添加燃油 2. 泄放燃油分离器或更换燃油过滤器 3. 控制器插头插好	

续表

故障		原因	排除方法	备注
发动机故障	发动机能启动但是无法继续运转	1. 燃油系统有空气 2. 燃油滤清器堵塞 3. 气候寒冷，燃油蜡化 4. 燃油有杂质	1. 燃油系统放气或检查吸油管路是否漏气 2. 泄放燃油分离器或者更换燃油过滤器 3. 更换寒冷气候用用油 4. 过滤或者更换燃油	
	发动机怠速不稳定	1. 油箱油面过低 2. 燃油系统有空气	1. 加油 2. 燃油系统放气或者检查吸油管路是否漏气	
	机油压力过低	1. 机油油面不准确 2. 机油被水稀释 3. 机油规格不正确 4. 机油滤清器堵塞 5. 发动机过于倾斜	1. 添加或者泄放机油 2. 检查是否失落雨水盖，机油注入孔盖 3. 更换机油 4. 更换机油及滤清器，尽可能使发动机处于水平位置	
	机油压力过高	机油规格不正确	更换机油	
	冷却液温度过高	1. 冷却液液位过低 2. 水箱散热片损坏或者堵塞 3. 风扇驱动皮带松动 4. 传感器损坏	1. 添加冷却液 2. 检查水箱散热片、进行清洁或者修理 3. 检查皮带张紧情况 4. 检查温度传感器或者电缆	
	冷却液耗损	1. 水箱或者加热器泄漏 2. 发动机外部泄漏	1. 检查水箱、加热器、软管和接头，寻找泄漏 2. 检查发动机各部是否有密封或者垫圈的泄漏	
	冷却液油杂质	冷却液中有锈垢，未使用正确的防冻液和水的混合物	泄放和冲洗冷却系统，注入正确的防冻液	
	在有负荷时冒烟过多	1. 发动机负载大 2. 燃油系统有空气 3. 空气滤清器堵塞	1. 减速或者降低负载 2. 对燃油系统进行放气 3. 清洗或者更换空气滤清器	
	有负荷时发动机达不到额定转速	1. 超载 2. 转速表故障	1. 减速或者降低负荷 2. 检查转速表	
	功率输出过低	1. 车辆超载 2. 机油油面过高 3. 燃油系统有空气 4. 燃油质量差 5. 气门间隙不正确 6. 燃烧器损坏	1. 减速或者降低负荷 2. 泄放机油到适当油位 3. 对燃油系统进行排气检查吸油管路是否漏气 4. 采用优质燃油 5. 调整气门间隙 6. 更换燃烧器	

续表

故　障		原　因	排除方法	备　注
发动机故障	发动机熄火	1. 燃油有杂质 2. 燃油系统有空气 3. 发动机控制器故障	1. 更换优质燃油 2. 对燃油系统进行排气检查吸油管路是否漏气 3. 检查控制电源及接线	
	燃油爆震	1. 发动机超载 2. 燃油质量差 3. 燃油系统有空气	1. 减速和降低负荷 2. 采用优质燃油 3. 对燃油系统进行排气后或者检查吸油管路是否漏气	
	发动机油耗过多	1. 燃油泄漏 2. 燃油质量差 3. 操作技术不正确	1. 检查维修泄漏处 2. 采用优质燃油 3. 提高操作技术，正确操作	
	发动机噪声过大	驱动皮带张力不足或者高负荷时运转不正常	张紧驱动皮带，确定水泵、皮带轮、风扇轴壳和发电机运转正常	
	不充电或者充电不足	1. 蓄电池接头松动或者腐蚀 2. 发电机皮带打滑 3. 发电机皮带松动 4. 发电机接地不良	1. 清洁旋紧蓄电池接头 2. 检查调整皮带张紧度 3. 旋紧皮带和张紧螺栓 4. 检查接地线	
	发动机运转正常但无先导压力	1. 先导泵故障 2. 先导溢流阀故障 3. 吸油过滤器堵塞 4. 油箱上吸油阀门未打开 5. 传感器故障或者线路故障 6. 油泵连接处故障	1. 检查或者更换先导油泵 2. 检查调整溢流阀压力 3. 清洗更换过滤器 4. 打开阀门 5. 检查传感器及接线 6. 检查相应的固定装置	
液压故障	发动机运转正常但先导压力过低	1. 先导系统泄漏 2. 吸油过滤器堵塞 3. 先导溢流阀故障 4. 压力传感器故障	1. 检查泄漏处 2. 清洗更换过滤器 3. 检查调整溢流阀压力 4. 检查传感器及接线	需立即停车
	发动机运转正常操作手柄无动作	1. 液压泵故障 2. 先导操作阀故障 3. 主安全阀失灵 4. 阀或者管路堵塞 5. 系统卸荷 6. 控制器熔断器故障 7. 线路故障 8. 手柄故障	1. 检查更换主泵 2. 检查先导操作阀 3. 检查调整安全阀溢流压力 4. 清洗管路组件 5. 检查系统是否卸荷 6. 更换相应保险 7. 查找更换电缆故障 8. 检修或更换手柄	

续表

故障		原因	排除方法	备注
液压故障	回转无动作	1. 油箱吸油阀门未打开 2. 回转安全阀失灵 3. 回转泵故障 4. 制动器未打开 5. 吸油过滤器堵塞 6. 控制器熔断器故障 7. 线路故障 8. 手柄故障	1. 打开阀门 2. 检查调整安全阀压力 3. 检查更换回转泵 4. 操作打开回转刹车 5. 清洗或者更滑过滤器 6. 更换保险丝 7. 检查更换线路 8. 更换手柄	需立即停车
	回转动作无力	1. 回转电动机内泄 2. 超载 3. 回转系统阀，管路堵塞	1. 检查更换回转电动机 2. 减小负荷 3. 清洗管路及组件	
	行走无动作或者行走无力	1. 行走阻力大 2. 回转接头或者管路堵塞 3. 电动机泄漏 4. 液压泵故障 5. 快速接头未拧紧 6. 控制器熔断器故障 7. 线路故障 8. 手柄故障	1. 降低行走速度 2. 清洗回转接头及管路 3. 检查更换行走电动机 4. 检查更换电动机 5. 拧紧到位 6. 更换熔断器 7. 检查更换线路 8. 更换手柄	
	执行部件速度低	1. 泵和电动机泄漏 2. 液压管路堵塞 3. 过滤器堵塞 4. 手柄扳到位	1. 检查更换泵或者电动机 2. 清洗管路 3. 清洗更换过滤器 4. 将手柄扳到位	
	提升机构误动作或者动作无力	1. 液压泵故障 2. 液压管路堵塞 3. 超载 4. 控制器熔断器故障 5. 手柄故障	1. 检查或者更换主泵 2. 清洗管路 3. 调整载荷 4. 更换熔断器 5. 更换手柄	
	液压系统噪声	1. 过滤器故障 2. 液压油黏度过低 3. 液压油油温低	1. 清洗过滤器 2. 更换液压油 3. 液压系统预热	
	液压油温度高	1. 散热器或管路堵塞 2. 液压油牌号不对 3. 液压油变质 4. 油箱内油量不足 5. 冷却电磁阀故障	1. 清洗散热器或管路 2. 更换液压油 3. 更换液压油 4. 加油到油位线 5. 更换电磁阀	
	液压管路剧烈震动	1. 液压系统内有空气 2. 管路固定卡松动 3. 溢流阀或安全阀堵塞 4. 泵、电动机、阀故障	1. 排气 2. 调整、固定管路 3. 清洗阀件 4. 检查更换泵、阀、电动机	

续表

故障		原因	排除方法	备　注
液压故障	液压油接头处渗油	1. 接头未拧紧 2. 密封件损坏	1. 紧固接头 2. 更换密封圈	
	软管爆裂	1. 软管与使用压力不符 2. 软管老化、划伤 3. 软管接头处堵塞	1. 更换合适的软管 2. 更换软管 3. 清洗软管及接头	
机械传动故障	行走跑偏	1. 左右履带张紧程度不同 2. 履带松弛	1. 调整张紧装置 2. 调整张紧装置	
	行走阻力大	1. 履带张紧过度 2. 路面松软 3. 四轮一带之间夹入硬土、石块等异物	1. 调整履带张紧度 2. 填、垫坚硬平整路面 3. 清除异物	
	履带打滑	1. 履带松弛 2. 履带板磨损 3. 主动轮凸缘磨损	1. 调整张紧履带 2. 更换履带板 3. 更换主动轮	
	起升或变幅不转动	1. 减速机故障 2. 制动器未打开 3. 线路或者电磁阀故障	1. 检修减速机 2. 检修制动器 3. 检修线路及电磁阀	
	卷筒乱绳		1. 将卷筒钢丝绳全部放出，缠绕时给钢丝绳施加一定的预紧力 2. 反复使用卷筒做提升和下降动作，借助人工强制排列	
	钢丝绳打劲		反复提升和下降后，将钢丝绳绳头松开，释放钢丝绳内部应力，反复几次，彻底释放	
电气装置故障	全车无电	1. 电池接线故障 2. 电池接线错误 3. 电源继电器故障 4. 线路故障 5. 熔断器故障	1. 检查电池端子接线 2. 重新接线 3. 更换继电器 4. 更换线路 5. 更换熔断器	
	启动机不启动	1. 线断路 2. 接触器不工作	1. 检查线路端子 2. 检查接触器是否损坏	
	启动电机无力	电池亏电	检查电池是否亏电，及时充电	
	蜂鸣器异常报警	1. 限位开关故障 2. 线路短路 3. 传感器故障 4. 电磁阀故障	1. 检查限位开关是否正常 2. 检查线路是否断路 3. 查询故障信息，排除相应故障	
	工作指示灯不亮	1. 指示灯损坏 2. 线路断路	1. 更换指示灯 2. 检查线路	

第三节　液压系统常见故障初步排查方法

一、液压系统常见故障及排查

（一）液压泵的故障诊断与排查

1. 齿轮泵故障诊断与排除

履带起重机中齿轮泵主要用于控制油泵或者补油泵，它直接影响到起重机的性能。其主要故障如下：

（1）齿轮泵产生剧烈震动与噪声。

1）因密封不严吸入空气产生噪声：

①泵轴上采用骨架式油封密封，当弹簧脱落或者油封装反，以及因使用造成唇部拉伤或者老化破损时，空气便会进入泵内，产生噪声。此种问题一般可以通过更换骨架油封解决；

②油箱内油量不足，过滤器或吸油管路未插入油面以下，液压泵便会吸入空气，此时应往油箱内补充液压油至油标线；

③回油管露出油面，有时也会因系统内瞬间负压使空气反灌进入系统。所以回油管一般应插入油面以下；

④液压泵的安装位置距离油面太高，特别是在泵转速降低时，不能保证泵吸油腔必要的真空度造成吸油不足而吸入空气，因此应调整两者的相对高度，使其满足规定的范围；

⑤吸油过滤器被污物堵塞导致吸油阻力增大而吸入空气，此时可清洗过滤器加以排除。

2）因机械原因产生振动与噪声：

①泵与联轴器的同轴度超出规定要求，此时应按规定要求调整联轴器。

②因油中污物进入泵内导致齿轮等磨损拉伤产生噪声，此时应更换油液，加大过滤，拆开油泵清洗，齿轮磨损厉害需要予以更换。

③泵内零件损坏或者磨损产生振动或者噪声，此时需要拆修或更换齿轮泵及损害的零部件。

3）其他原因产生的振动与噪声：

①进油过滤器被污物堵塞是最常见的噪声大的原因之一，往往通过清洗过滤器后噪声可立即降下来。

②油液的黏度过高也会产生噪声，必须合理选用油液黏度。

③进、出油口通径太大，也是产生噪声的原因之一，此时应适当减小进出油口通径。

（2）齿轮泵输出流量不足，压力上不去。

1）进油过滤器堵塞，造成吸油阻力增大，产生吸空。此时需要拆下过滤器清洗，并分析污物产生的原因及种类，防止此种故障的再次发生。

2）齿轮泵内泄太大，导致输出流量减小。此时应拆开齿轮泵检查导致内泄加大的原因，是密封损坏还是内部磨损严重，必要时更换新的齿轮泵。

3）油温太高，温升使油液的黏度降低，内泄增大使输出流量减小。此时应查明温度升高的主要原因，采取相应的措施降低系统温度。

4）选用的液压油黏度过高或者过低，过高吸油阻力增大，过低内泄漏大，均会造成输出流量的减小，应严格按照说明书的要求选择液压油。

5）发动机转速不够造成齿轮泵达不到需求流量，应检查发动机，确保发动机工作正常。

（3）齿轮泵旋转不畅或者咬死。

1）齿轮泵内有残存或浸入污物，此时需将齿轮泵解体进行清洗，清除异物。

2）工作油输出口堵塞，排油不畅，此时应清除输出口的异物保证输出通畅。

2. 柱塞泵的故障诊断与排除

（1）液压泵输出流量不足或无流量输出。

1）泵的吸入量不足。原因可能是油箱液压油过低，油温较高，进油管漏气过滤器堵塞等。

2）泵的泄漏量过大。主要原因是密封不良或者内部磨损严重造成的。可以通过检查液压油中的异物来确认泵中损坏或者泄漏的部位。对于密封的损坏可以更换相应型号的密封圈即可，而对于内部磨损，当磨损大于一定程度时，必须更换液压泵。

3）泵的变量调节斜盘倾角过小，使泵排量减小。如果是定量泵需要检查泵的变量调节杆是否到位，如果是变量泵，检查伺服系统（包括电气、液压）是否导致将泵摆角减小。

4）具有极限负载调节的系统，当泵负载过大时，由于系统的自动调节功能，泵的流量也会相应减小。

（2）输出流量波动。

1）若流量波动与发动机转速同步，有规则地变化，则可认为是与排油行程有关的零部件发生了损伤，例如柱塞与柱塞孔、缸体与配油盘等。

2）若流量波动很大，对变量泵可以认为是变量机构的控制作用不佳造成的。例如异物混入变量机构，变量控制活塞损伤等原因导致控制活塞运行不流畅。

流量的不稳定又往往伴随着压力的波动，出现此类故障，一般需要拆开液压泵，更换受损部件。

（3）输出压力异常。

1）输出压力不上升，原因有：溢流阀有故障或调整压力过低，使系统压力上不去；单向阀、换向阀及执行元件有较大泄漏，系统压力上不去，需要找出泄漏处，更换元件。

2）输出压力过高，系统外负荷上升，泵压力随着负荷上升而增加是正常的，若负荷一定，而泵压力却超过负荷压力的对应压力值时，则应检查泵外的元件，如换向阀、执行元件、传动装置、油路等，一般压力过高应调整溢流阀进行限定。

（4）振动和噪声。

1）机械振动和噪声：泵轴和发动机轴不同心，轴承、传动齿轮、联轴器损伤，装配螺栓松动等均会产生振动噪声。

2）管道内部液流产生的噪声：当进油管路太细，粗过滤器堵塞或通油能力减弱，进油管道内混入空气，油液黏度过高，油液太低吸油不足，高压管路内有压力冲击等均会产生噪声。

（5）液压泵过度发热，主要由于系统内高压油流经各液压元件时产生节流压力损失所产生的泵体过度发热。正确选择各运动元件之间的间隙、油箱容积、散热器的大小，注意通风等都能有效地降低系统温度。

（6）液压泵的漏油可分为外漏与内漏两种。内漏在漏油量中占的比例较大，其中缸体与配油盘之间的内泄漏又是主要的。故障排除视检查情况而定，如必要时需要更换零部件。

（二）液压阀的故障诊断与排除

1. 液压阀的失效原因及几种典型的液压现象

液压阀是起重机中使用最多的元件，它的功能是控制油液的压力、流量、流动方向以满足执行元件所需的力（力矩）、速度与动力方向的要求，使整个液压系统能按要求协调地进行工作。所以当液压阀出现故障时，对液压系统的稳定性、精度和可靠性均会产生较大的影响。

（1）液压阀的机械性能失效原因。

1）磨损。液压阀芯、阀等机械部件的运动副间，在使用中不断产生摩擦，使得零件的尺寸、形状和表面质量发生变化而失效。如电磁阀阀芯磨损或变形，将使阀内部漏损而使效率下降，若为换向阀，由于阀芯与阀孔的配合间隙过大，则会产生压力冲击；减压阀的先导阀磨损会使阀工作不稳定；溢流阀内锥阀或小球阀处由于磨损而密封不严导致系统压力调整不上去；对于单向节流调速阀，如果单向阀磨损密封不严，部分油将会通过单向阀流走，影响调速的灵敏性。

2）疲劳。液压阀中的平衡弹簧及有关的阀芯、阀座在长期高变载荷下工作，会产生疲劳及裂纹，造成弹簧长度缩短或者折断以及阀座密封表面的剥落、损坏而失效。如溢流阀上弹簧疲劳将使系统压力达不到要求；换向阀的弹簧过软将影响阀芯的工作位置及正常复位，使得某些执行部件不能按程序动作。

3）变形。液压零件在加工的过程中残留的残余应力和使用的过程中外载荷的应力超过零部件屈服强度时，零件产生变形，不能完成规定功能而失效。例如溢流阀芯弯曲变形或者弹簧变形，使阀芯移动不灵活，造成系统压力不稳定；卸荷阀芯弯曲变形将使阀芯运动迟缓，使系统由卸荷到高压或者高压到卸荷的转换过程缓慢；换向阀的阀芯弯曲变形则将会使换向动作难以正常运行。

4）腐蚀。液压油中混有水分或酸性物过高，使用较长时间后，会腐蚀液压阀中的有关零件，使其丧失应有的精度而失效。例如溢流阀芯或阀孔的精度不好，就会造成系统压力不稳定。

上述分析可见，液压阀的失效除加工制造因素外，主要与管理有关。液压阀作为系统中的一部分在执行控制任务时，其结构功能性零件全部密封在壳体内，无法直接观察，往往是系统无法工作后才去予以解决，这样难以保证系统的正常工作。作为技术人员只有认真掌握阀件的失效原因和现象，才能在分析问题的时候有的放矢。

液压阀作为重要的液压元件，除上述机械性失效原因和现象外，还有不同于一般机械零件的属于液压个性的因素。

（2）液压卡紧。

1）液压卡紧的原因。液压系统中的压力油液，流经普通液压阀圆柱形滑阀结构时，作用在阀芯上的径向不平衡力使阀芯卡住，叫“液压卡紧”。液压系统产生“液压卡紧”是由于滑阀运动副几何形状误差和同轴度变化使阀芯产生径向不平衡力的结果。

2）液压卡紧的危害。轻微的“液压卡紧”使阀芯移动时摩擦阻力增加，严重时可能导致所控制的系统元件动作滞后，破坏给定的自动循环，造成液压设备故障。当液压卡紧阻力大于阀芯移动力时，阀芯便会被“卡死”无法移动，在高压系统中，减压阀和顺序阀处理不当，由此容易产生“卡死”现象。如果液压阀芯的移动是以电磁力驱动的，一旦发生阀芯被“卡死”，电磁线圈极易被烧毁。“液压卡紧”会加速滑阀的磨损，降低元件的使用寿命。

3）液压卡紧的消除。首先要提高液压油的清洁度，防止颗粒性污染物进入系统中而使滑阀移动副产生卡紧或卡死。此外要保证阀芯和阀孔的配合精度，液压油使用过程中的合适温度，以免阀芯受热膨胀而卡死。

（3）液压冲击。

1）液压冲击的原因。液压系统中由于迅速换向或关闭油路，使系统内流动的油液突然换向或者停止流动，而引起压力急剧上升，形成一个很大的压力峰值，即液压冲击。由此可见产生液压冲击的主要原因是由于液压元件的突然启动和停止，突然变速或换向，引起的液压系统中工作介质的流速和方向发生急剧的变化，因为流动油液及液压工作部件存在运动惯性，从而使得某个局部区域压力猛然上升，形成“液压冲击”。

2）液压冲击的危害。液压系统中产生液压冲击时，由于压力峰值高于系统正常工作压力，因此系统中的控制阀等液压元件、计量仪表甚至管路都会造成损坏，压力继电器等传感器元件也将会发出非正常信号，致使系统无法正常工作。

3）压力冲击的防止。在保证正常工作的前提下，尽量减慢换向速度，必要时在系统中的合理位置设置缓冲装置。

（4）气穴现象。

1）产生气穴的原因。在液压系统中，因液体流速变化引起的压力下降而产生气泡的现象叫作“气穴”，产生气穴的原因是液压系统中某一局部压力低于工作温度下溶于油液中的空气分离的临界压力时，油液中原本溶解的空气就会大量离析出来，形成气泡。如果压力继续下降，在低于工作温度时溶液的饱和蒸汽压时，油液沸腾而迅速蒸发，形成大量的气泡，这些气泡混合在工作油液中使原来充满管道元件中的油液成为断续状态，形成气穴。

2）气穴的危害。当气泡随着油液进入高压区后，突然收缩，有些在高压油流冲击下迅速破裂，重新凝结为液体，使原占据的体积减小而形成真空，而周围的高压油以极大的速度向真空区冲来，因而形成局部压力的猛烈冲击，压力和温度在此急剧升高，产生剧烈振动，发出噪声。在气泡凝结附近的元件表面，会在高温条件下反复受到液压冲击，加之油液中分离出来的酸性气体，具有一定的腐蚀作用，使其表面材料剥落，形成小麻点及蜂窝状，即产生“空蚀”。“气穴”和“空蚀”使液压系统工作性能恶化，可靠性降低。

3）气穴的防止。防止气穴和空蚀的主要措施是降低油液中空气的含量，注意系统中泵的油封，管路接头处的密封情况，油液的高度、回油管的入口等，防止空气的进入；此外则要注意油温，防止油液气化；保持吸油管路的畅通，使系统油压高于气油分离的临界压力；还有就是防止液压油中混有易挥发的物质和水分，以免低压区挥发出来形成气泡和变成水蒸气泡。

液压阀的故障不是孤立的反映在它本身上，必然反映在起重机液压系统的工作性能上，而系统故障必然表现在工作性能上。机械故障是多种多样的，都是机械、电气、设置控制器等共同组合体，往往是以上多方面的因素相互影响、联系、交织在一起，因此分析解决问题时要从整体考虑、辨证施治，以保证工作效率。

2. 几种起重机常用的液压阀的故障诊断及排除方法

（1）溢流阀的故障及排除。

1）系统压力波动引起压力波动的原因。①调节压力的螺钉由于振动而使锁紧螺母松动造成压力波动；②液压油不清洁，有微小的灰尘存在，使主阀芯滑动不灵活，产生不规则的压力变化，有时会将阀芯卡死；③主阀芯滑动不畅造成阻尼孔时堵时通；④主阀芯圆锥面与阀座接触不良，没有良好的磨合；⑤主阀芯的阻尼孔太大，没有起到阻尼的作用；⑥先导阀调整弹簧弯曲，造成阀芯与阀座接触不好，磨损不均。解决方法：①定期清理油箱，管路，对进入油箱的液压油要过滤；②如管路中已有过滤器，应增加二次过滤元件，或者更换二次元件的过滤精度，并对阀类元件进行拆卸清洗，更换清洁的液压油；③修配或者更换不合格的零部件；④适当的缩小阻尼孔径。

2）系统压力完全建立不上去。

①主阀故障。主阀芯阻尼孔被堵死；装配精度低，阀间间隙调整不好；主阀芯复位弹簧折断或弯曲，不能复位。解决办法：拆开主阀清洗阻尼孔并重新装配；过滤或更换油液；更换折断的弹簧。

②先导阀故障。调整弹簧折断或未装入；锥阀或钢珠未装；锥阀碎裂。解决方法：更换破损件或补装零件，使先导阀恢复正常工作。

③远控口电磁阀未通电（常开型）或滑阀卡死。解决方法：检查电源线路，查看电源是否接通；如正常，说明可能是滑阀卡死，应检修或更换失效零件。

④液压泵故障。液压泵联接键脱落或波动；滑动表面间间隙过大。解决方法：更换或重新调整联接键，并修配键槽；修配滑动表面间间隙。

⑤进出油口装反。解决方法：调整进出油口。

3）系统压力升不高的主要原因。①主阀芯故障。主阀芯锥面磨损或不圆，阀座锥面磨损或不圆；锥面处有脏物粘住；锥面与阀座由于机械加工误差导致的不同心；主阀芯与阀座配合不好，主阀芯别劲或损坏，使阀芯与阀座配合不严密；主阀压盖处有泄漏，例如密封垫损坏，装配不良，压盖螺钉有松动等。解决方法：更换或修配溢流阀体或主阀及阀座；清洗溢流阀使之配合良好或更换不合格元件；拆卸主阀调正阀芯，更换破损密封垫，消除泄漏使密封良好。②先导阀调整弹簧弯曲或太短、太软，致使锥阀与阀座结合处封闭性差。解决方法：更换不合格件或检修先导阀，使之达到使用要求。③阀泄漏。远控口电磁常闭位置时内泄漏严重；阀口处阀体与滑阀严重磨损；滑阀换向未达到正确位置，造成油封长度不足；远控口管路有泄漏。解决方法：修配远控电磁阀，检查更换失效件，更换泄漏部分的管路。

4）压力突然升高。由于主阀芯零件工作不灵敏，在关闭状态时突然被卡死；加工的液压元件精度低，装配质量差，油液过脏等原因。先导阀阀芯与阀座结合面粘住脱不开，造成系统不能实现正常卸荷，调整弹簧弯曲“别劲”。解决方法：清洗先导阀阀体，修配更换失效零件。

5）压力突然下降。主阀芯阻尼孔突然被堵；主阀盖处密封垫突然破损；主阀芯工作不灵敏，在开启状态突然卡死，例如零件加工精度低，装配质量差，油液过脏等；先导阀芯突然破裂，调整弹簧突然折断，远控口电磁阀电磁铁突然断电使溢流阀卸荷；远控口管接头突然脱口或管子突然破裂。解决方法：清洗液压阀类元件，如果是阀类元件被堵，则还应过滤油液；更换破损元件，检修失效零件；检查消除电气故障。

（2）换向阀的故障及排除。

1）电气故障。电气线路故障：①线路被拉断，电磁阀不通电，无控制信号；更换电线，使电磁铁通电；②线路插接不牢，接头松动；固定焊接接头；③电瓶电压过低或者不稳定。电磁线圈发热至烧毁：①线圈绝缘不良，产生漏电，需更换线圈；②电磁铁铁芯不合格，吸不住，需更换铁芯；③推杆过长，电磁铁铁心不能吸到位，需修整推杆到适当位置；④电磁铁在工作时由于摩擦引起发热膨胀，使铁心卡死，需检修或更换铁芯。

2）机械故障。电磁换向阀动作不灵：①阀芯与阀体配合间隙太小，摩擦阻力大，阀芯不能到位，需检查配合间隙；②阀芯和阀孔几何尺寸精度差，移动时有卡死现象，需修复阀芯或阀体孔的精度；③弹簧太硬或太软，太硬时阀芯行程不够，太软时阀芯不能复位，需更换合适的弹簧；④连接螺钉紧固不良，使阀孔变形，需重新紧固螺钉，并使之受力均匀；⑤油温太高，使零件变形而产生卡死现象，需分析原因并采取相应措施降低油温；⑥油黏度过大，使阀芯运动不灵活，需更换合适的液压油；⑦油过脏，使阀芯被卡住，需过滤或更滑液压油，并清洗阀体内孔与阀芯。此外，常用的方法是清洗阀芯，必要时更换新的阀芯。

二、履带起重机典型液压故障

（一）双卷扬不同步故障

履带起重机350t级以上机型，都采用两个或者两个以上的卷扬机构来对重物进行提升。由于两卷扬机构是通过钢丝绳软连接到吊钩上，因此两卷扬在运行过程中就要求同步运行。如果运行过程中出现不同步现象，可能会引起吊钩偏斜和安全问题。

履带起重机在双卷扬同步运行工况做了程序调节、监控、报警保护等措施，但是仍不能100%保证双卷扬同步运行，因而在工作过程中需要操作者留意吊钩的水平状态，作出及时的人为主观判断。现场若出现吊钩偏斜或者同步程序报警问题时，请立即停车进行故障查找、分析、处理。故障消除后，才能再一次投入使用。

双卷扬不同步故障排除思路及方法如下：

（1）排除思路为先电气后液压、先简单后复杂、先起升后下降、先低速后高速。

（2）排除方法应按以下内容的序号逐项有序的执行：

1）检查电气接线。包括起升回路的主泵变量、主阀、电动机变量、卷扬控制阀、电动机计数器等电磁铁及其线路有无虚接和松动现象，如有虚接和松动现象应对其进行加固处理。

2）在操纵室内显示屏上查看双卷扬起升机构的比例信号的输出和反馈是否正常，且两卷扬的同一元件相关参数是否相同。例如主泵变量控制电流、电动机变量控制电流、电动机计数器信号等参数。

3）在双卷扬低速挡进行起升动作，观察此动作时是否有不同步现象。如果是高倍率工况，可以在非同步模式下，做两卷扬同步起升动作，运行10～15s，期间要一直观察吊钩有无偏钩现象，若偏差不明显，说明主泵正常。非同步模式时，动手柄不建议在倍率过低工况试验。

4）在卷扬高速、同步模式下，做双钩起升动作，观察此动作是否有不同步现象，如果有可能为调节程序问题、电动机变量问题、电动机计数器问题、电气线路问题。此时应采取互换、替代的方法逐项进行验证排查。

5）在卷扬机构起升同步效果良好的情况下，进一步判断下降是否同步。下降不同步的情况原因有主阀二次溢流阀的设定值不同或设定值过低、平衡阀阻尼选用不同或者受堵。

（二）行走无力与跑偏

履带起重机行走是由完全相同的两个回路系统来驱动两条履带。由于自身重量大和行走路面和行走工况等很多原因，需要很大的驱动力。另外，两履带的各自液压驱动系统是完全独立的，很容易出现两履带行走速度不一样的跑偏现象。

(1) 行走液压驱动系统的主要组成元件如下：液压泵（含操作手柄）—液压主阀—中心回转体—行走电动机。

(2) 行走无力故障原因分析。根据行走系统组成逐项分析如下：

1）液压泵的压力切断值设定过小，会造成主机在需求驱动力较大的情况下行走无动作，小驱动力时可以正常行走。

2）主阀溢流阀压力设定过小，在大负载时系统发生溢流而系统压力无法达到负载需求值，造成行走无力。

3）中心回转体串油，造成系统内部泄漏量过大，无法建立系统压力导致行走无力。

4）行走电动机的排量设定过小或者伺服机构卡滞，造成行走电动机只有高速小排量；另有的产品行走制动阀上带有溢流阀，此阀的卡滞或者溢流压力过低，这些原因都会造成整机行走无力。

通过以上对各元件的故障可能性分析，对系统中可能发生的故障点逐一排查。而不应依据经验和定势思维误确定为某个元件的问题。排查思路应该先易后难。

(3) 行走跑偏故障分析。履带起重机两履带使用的是相同的独立液压回路进行驱动，两系统的不一致有可能会造成行走跑偏现象。主要原因有：

1）主阀芯行程定位不一致，造成两主阀过流能力不同，导致两履带行驶速度不同。

2）中心回转体单油道内泄，造成一条履带行走过慢。

3）两条履带行走电动机排量设置不一致，导致行走跑偏。

（三）卷扬无动作

履带起重机卷扬机构全部为液压驱动，目前使用的系统类型主要有开式、闭式两种。这两种类型的系统在系统控制上有一定的区别。现场出现卷扬无动作故障时，应该从以下方面进行检查。

(1) 先检查起升回路的主泵变量、主阀、电动机变量、卷扬控制阀、电动机计数器等电磁铁及其线路有无虚接和松动现象，如有虚接和松动现象应对其进行加固处理。

(2) 检查整车先导油路压力是否正常。使用量程为6MPa或10MPa的压力表进行先导压力校正，压力范围为3～3.5MPa。

(3) 检查管路快插连接是否正常，有无接错的可能，起升和下落的管路是否接反，如果是，会造成起升动作受二次溢流限制而无力。

(4) 检查整车工况和控制程序，是否有高度限位保护、臂架角度过仰、过放保护、三圈保护等程序的限制，造成卷扬无动作。

(5) 试验做起升动作，测试主阀溢流阀处是否有压力，压力值和额定压力值是否一样。若有压力，进一步检查制动器处是否有压力，压力值应超过2.5MPa。若这两处压力都正常，仍然无动作，就是主阀未进行换向，造成卷扬无起升动作。电控系统车辆应该检查电动机处压力传感器及其线路是否正常，若此处有问题会造成二次提升程序无法执行，卷扬无动作。

(6) 有起升动作，无下降动作。此时可能的原因为主阀为换向、二次溢流阀被卡或者压力过低、平衡阀未打开。闭式系统可能会出现下降二次提升程序未执行造成无下降动作。

（四）油温不正常

液压系统要正常工作，必须要保证液压油温度在合理的范围内，若超范围可能会造成系统不稳定或元件的损坏。所有履带起重机都设置了液压油温度监控和报警装置。同时根据液压油温度变化自动控制散热器工作。液压油温度过高或者过低可能存在的原因为：

（1）液压油温度不正常，应排查传感器是否正常，这个可以根据传感器装配出的实际问题和传感器的显示温度进行初步对比，来判断是否是传感器问题。

（2）液压油温度过高的可能原因是液压系统在某处发生了大流量的溢流，造成系统严重发热，也可能为液压油散热器未工作。

（3）液压油温度过低的可能原因：环境温度过低，液压油散热器仍在工作。

第四节　电气系统常见故障初步排查方法

一、整车无法送电

履带起重机电源系统由电瓶、电源继电器、钥匙保险和钥匙开关控制，在送电状态下，整车仍然无电时，需要按下面介绍的方法检查器件以及中间的线路，逐一排查即可：

（1）起重机长时间不用，电瓶亏电严重时，会导致整车无电。

（2）钥匙保险烧掉时，无法使电源继电器闭合，需要更换保险。

（3）钥匙开关接触不良时，无法送电，需要更换钥匙开关。

（4）电源继电器线圈烧毁，触点无法吸合，需要更换电源继电器。

二、发动机启动困难

发动机启动困难原因如下：

（1）电瓶电压过低，一般低于18V时发动机启动困难，现象为启动电动机无力。

（2）温度过低时，发动机负载过大，发动机启动困难。

（3）柴油吸油口漏气，启动困难，现象为启动电动机工作，但发动机不能启动。

三、常规电气故障

履带起重机常规电气分为大灯、喇叭、雨刮器以及CD机等电气。

常规电气件故障的检查顺序应该是首先确定保险是否烧毁，然后确定电气线路是否断路，最后确定元器件是否损坏，逐一按顺序排查会节省大量时间。

1. 回转系统故障

（1）检查线路是否正常，阀芯是否能动作。

（2）检查手柄上自由滑转开关是否打开，打开后回转卸荷，回转无动作。

（3）超起工况下，检查超起配重是否离地，检测信号是否正常，当超起配重托盘未离地时，回转动作被限制，检查限位及其接线是否有误报。

2. 提升系统故障

（1）高度限位开关断开时，起升卷扬无法提升，检查限位工作是否正常，接线是否错误。

(2) 二次起升压力达不到上次记忆压力的时候，无法提升，检查传感器线路。

(3) 三圈保护开关动作时，起升卷扬无法下落，检查三圈限位及其接线。

(4) 当力矩百分比超载时，超载状态主副卷扬无法提升，拉力及角度传感器是否正常，力矩限制器输出是否正确。

3. 变幅系统故障

(1) 主臂过仰检测开关闭合，主臂、超起防后倾检测开关闭合，主变幅卷扬无法起升；主臂过仰检测开关闭合，主臂防后倾检测开关闭合，超起变幅卷扬无法起升；塔臂过仰检测开关闭合，塔臂防后倾检测开关闭合，塔臂变幅卷扬无法起升。检测相关限位及其接线是否正常。

(2) 棘轮制动未打开，变幅卷扬无法起落。检查棘轮制动电磁阀的接线是否正确。

4. 油缸防后倾系统故障

大吨位履带起重机防后倾油缸为手动控制伸缩，在工作情况下，手柄必须时时打到伸的位置，控制器根据力矩百分比和角度控制防后倾油缸高低压切换，防后倾出现故障时会有报警提示，可能会出现以下故障：

(1) 首先要查看显示器中防后倾压力显示，是否两个防后倾油缸压力差超过厂家设定值。

(2) 对照高低压执行等级逻辑，看执行顺序是否正确，根据力矩百分比和角度对比。

(3) 对于高低压切换时油缸顶臂架引起的臂架晃动抖动，需要查看防后倾泵高压电磁阀和高低压缓冲阀延时得电时间是否太短，防后倾缓冲阀的缓冲阻尼是否过小，如果过小就不能有效过滤缓冲。

5. 力限器系统故障

力矩限制器的组成包括显示器、控制器、角度传感器、拉力传感器、风速仪、高度限位器，其中任何一个损坏掉或者示数显示不准，都会导致力限器故障。

(1) 显示器、控制器故障时，会直接导致履带起重机无法操作，故障比较直观，需要更换新件。

(2) 角度传感器、拉力传感器损坏或者线路不通，显示器中直接显示相应的故障代码，可对照相应的故障代码排除故障，维修线路或者更换器件。

(3) 风速仪和高度限位故障时，可按照电气原理图检查线路或者检查器件是否损坏。

(4) 控制器和显示器之间CAN通信中断，也会导致力限器故障，常见故障原因为总线接线断路，或者终端电阻虚接。当总线有电源串入时，可能烧坏相关器件的CAN总线接口，此时需要更换器件。

第十章
履带起重机安全使用

第一节 作业计划

所有起重作业计划应保证安全操作并充分考虑到各种危险因素。计划应由有经验的主管人员制定。如果是重复或例行操作，这个计划仅需首次制定就可以，然后进行周期性的复查以保证没有改变的因素。

计划应包括如下：

(1) 载荷的特征和起吊方法。

(2) 起重机应保证载荷与起重机结构之间保持符合有关规定的作业空间。

(3) 确定起重机起吊的载荷质量时，应包括起吊装置的质量。

(4) 起重机和载荷在整个作业中的位置。

(5) 起重作业地点应考虑可能的危险因素、实际的作业空间环境和地面或基础的适用性。

(6) 起重机所需要的安装和拆卸。

(7) 当作业地点存在或出现不适宜作业的环境情况时，应停止作业。

然后起重机司机便可以用这些资料，根据起重机装置的正确功能作出决断：

(1) 选择合适的吊钩。

(2) 选择合适的副臂、塔臂。

(3) 索具。

(4) 配重的配置。

第二节 安全规定及注意事项

一、对起重机司机的要求

(一) 职责

司机应遵照制造商说明书和安全工作制度负责起重机的安全操作。除接到停止信号之外，在任何时候都只应服从吊装工或指挥人员发出的可明显识别的信号。

具体职责如下：

(1) 严格执行起重机械操作规程和有关安全管理制度。

（2）填写运行记录、交接班等记录。

（3）进行日常维护保养和自行检查，并且进行记录。

（4）参加安全教育和安全技术培训。

（5）严禁违章作业，拒绝违章指挥。

（6）发现事故隐患或者其他不安全因素立即向现场管理人员和单位有关负责人报告，当事故隐患或者其他不安全因素直接危及人身安全时，停止作业并且在采取可能的应急措施后撤离作业现场。

（7）参加应急救援演练，掌握相应的基本救援技能。

（二）基本要求

司机应具备以下条件：

（1）具备相应的文化程度。

（2）年满18周岁。

（3）在视力、听力和反应能力方面能胜任该项工作。

（4）具有安全操作起重机的体力。

（5）具有判断距离、高度和净空的能力。

（6）在所操作的起重机械上受过专业培训，并有起重机及其安全装置方面的丰富知识。

（7）经过起重作业指挥信号的培训，理解起重作业指挥信号，听从吊装工或指挥人员的指挥。

（8）熟悉起重机械上的灭火设备并经过使用培训。

（9）熟知在各种紧急情况下处置及逃逸手段。

（10）具有操作起重机械的资质（适合操作起重机械的健康证明年限不得超过5年）；出于培训目的在专业技术人员指挥监督下的操作除外。

对于起重机司机最重要的要求是控制、操作及调整起重机，使得在起重机周围的作业人员及其他人员都不会有危险。为了你的利益及其他人的利益，请正确操作你的起重机，定期保养和检查起重机，并且要熟悉自己工作时可能带来的各种危险因素。

起重机65%的意外事故是由于操作不当引起的。为尽量避免操作不当，达到安全生产的目的，有以下一些重要的安全须知。

经常发生的不适当操作过程包括：

（1）回转太快。

（2）吊起重物时快速制动。

（3）被吊物体未离开地面就进行横向拖拉（回转或行走）。

（4）钢丝绳乱绕在卷扬机上。

（5）超载。

（6）吊重物时行驶太快（或回转太快），或在不平的地面上起吊重物。

（7）重物捆绑不当。

（8）在不适合的条件下作业，特别斜拉重物或吊起的重物突然松解。

（9）重物悬空时打转。

（10）与桥梁、天花板、高压电线碰撞。

（11）吊臂装拆不当。

起重机 20%的意外事故是由于保养不当造成的。常见的保养不当包括：

（1）缺少润滑油、润滑脂或防冻液。

（2）脏物积聚太多。

（3）钢丝绳断裂、零部件磨损。

（4）紧急限位开关或力矩限制器不起作用。

（5）制动器或变速箱故障。

（6）液压系统失灵，例如软管断裂。

（7）螺栓松动。

二、作业场地的选择

为了避免意外事故，首先要正确地选择作业场地。作业场地的选择应该是：

（1）起重机的作业在尽量小半径内开展。

（2）在必要的工作范围内无障碍物。

（3）作业场地的地面能够支承预计的对地压力。

（4）工作和非工作状态下风力的影响。

（5）具备在施工场地设置或安装起重机械以及在起重作业完成之后拆卸和移动起重机械的通道。

不能使起重机太靠近斜坡或沟渠，应根据土壤的类别，与其保持一定的安全距离（见图 10-1 和表 10-1）。

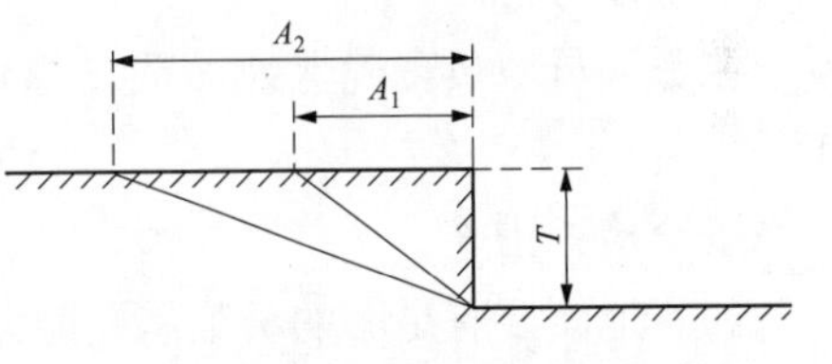

图 10-1　斜坡及沟渠安全距离示意图

注意最小安全距离 A 可通过测量沟渠的深度并结合现场情况确定：

表 10-1　　地面容许的静载荷表

<table>
<tr><th colspan="3">土壤类型</th><th>静载荷（kg/cm²）</th></tr>
<tr><td colspan="3">差的土壤，未经人工压实</td><td>0～1</td></tr>
<tr><td rowspan="10">自然土壤，未被明显破坏过</td><td colspan="2">淤泥、泥炭、沼泽地</td><td>0</td></tr>
<tr><td rowspan="2">不黏的，足够稳固的土壤</td><td>中等细砂</td><td>1.5</td></tr>
<tr><td>流动砂砾层</td><td>2.0</td></tr>
<tr><td rowspan="5">黏性土壤</td><td>壤质土</td><td>0</td></tr>
<tr><td>软土</td><td>0.4</td></tr>
<tr><td>硬土</td><td>1.0</td></tr>
<tr><td>半实心的</td><td>2.0</td></tr>
<tr><td>牢固的</td><td>4.0</td></tr>
<tr><td rowspan="2">有细小裂沟、状态良好、未被风化且堆放整齐的岩石地面</td><td>密实的地层</td><td>15</td></tr>
<tr><td>实心的成柱状地层</td><td>30</td></tr>
<tr><td rowspan="3">人工压实地面</td><td colspan="2">柏油路</td><td>5～15</td></tr>
<tr><td colspan="2">混凝土 B Ⅰ类</td><td>50～250</td></tr>
<tr><td colspan="2">混凝土 B Ⅱ类</td><td>350～550</td></tr>
</table>

在松软或回填土壤上的距离＝2·沟深（$A_2=2T$）。

在非松软的天然土壤上的距离＝1·沟深（$A_1=1T$）。

如果不能保持安全距离，该斜坡或沟渠就须填平压实。否则，斜坡或沟渠边缘就会坍塌。

注意：如果对作业地点地面负载能力有疑问，务必调查测量。

指派人员应确保地面或其他支撑设施能承受起重机械施加的载荷，主管人员应对此做出评估。

起重机械在工作状态、非工作状态和在安装、拆卸过程中产生的载荷应从起重机械制造商或起重机械设计、制造方面的权威机构获得。该载荷应包括下列组合载荷：

（1）起重机械（包括配重、平衡重或需要时的基础）的净重。

（2）重物及吊具的净重。

（3）起重机械运行引起的动载荷。

（4）由最大允许风速导致的风载荷，考虑工作场地的暴露程度。

起重机械在工作状态下可能产生较大的载荷，但非工作状态和安装、拆卸过程产生的载荷也应加以考虑。

指派人员应负责确保地面或支撑设施能使起重机械在制造商规定的工作级别和参数下工作。

安全检查措施：

（1）地面要有足够的负载承受能力。

（2）整车要与斜坡或地沟有足够的安全距离。

（3）水平支腿用插销固定好。

（4）使起重机保持水平。

（5）核实当起重机运动时空中确实不会与电线相碰。

（6）在工作区域范围内，不能有妨碍起重机作业的障碍物。

三、起重机械周围的障碍物

起重机械作业应考虑周围的障碍物，如附近的建筑、其他起重机、车辆或正在进行装卸作业的船只、堆垛的货物、公共交通区域，包括高速公路、铁路和河流。

不应忽视通向或来自地下设施的危险（如煤气管道或电缆线）。应采取措施使起重机械避开任何地下设施，如果避不开，应对地下设施实施保护措施，预防灾害事故发生。

起重机械或其吊载通过有障碍物的地方应注意观察下列环境：

（1）现场条件允许时，起重机械的运行路线应清晰地标识出来，使其远离障碍物。起重机械的任何部件与障碍物之间应有足够的间隙。如不能达到规定的间隙要求，应采取有效措施防止任何阻挡或被挤住的危险。

（2）在起重机械附近周期性堆放货物的地方，应在地面上长期标记其边界线。

1. 馈电裸滑线的安全距离

起重机械馈电裸滑线与周围设备的安全距离应符合表10-2的规定，否则应采取安全防护措施。

表 10-2　　起重机馈电裸滑线与周围设备的安全距离

项　　目	安全距离（mm）
距地面高度	＞3500
距汽车通道高度	＞6000
距一般管道	＞1000
距氧气管道及设备	＞1500
距易燃气体及液体管道	＞3000

2. 架空电线和电缆

起重机在靠近架空电缆线作业时，指派人员、操作者和其他现场工作人员应注意以下几点：

（1）在不熟悉的地区工作时，检查是否有架空线。

（2）确认所有架空电缆线路是否带电。

（3）在可能与带电动力线接触的场合，工作开始之前，应首先考虑当地电力主管部门的意见。

（4）起重机工作时，臂架、吊具、辅具、钢丝绳、缆风绳及载荷等，与输电线的最小距离应符合表 10-3 的规定。

表 10-3　　起重机与输电线的最小距离

直流输电线路电压（kV）	最小距离（m）	输电线路电压（kV）	最小距离（m）
＜1	1.50	±50 及以下	4.50
1～20	2.00	±400	8.50
35～110	4.00	±500	10.00
154	5.00	±660	12.00
220	6.00	±880	13.00
330	7.00		
500	8.00		
750	11.00		
1000	13.00		

注　1. 750kV 电压等级的数据是按海拔 2000m 校正的，其他电压等级数据按照海拔 1000m 校正的。
　　2. 表中未列电压等级按高一档电压等级的安全距离执行。

当起重机械进入到架空电线和电缆的预定距离之内时，安装在起重机械上的防触电安全装置可发出有效的警报。但不能因为配有这种装置而忽视起重机的安全工作制度。

3. 起重机械与架空电线的意外触碰

如果起重机械触碰了带电电线或电缆，应采取下列措施：

（1）司机室内的人员不要离开。

（2）警告其他人员远离起重机械，不要触碰起重机械、绳索或物品的任何部分。

（3）在没有任何人接近起重机械的情况下，司机应尝试独立地开动起重机械直到动力电线或电缆与起重机械脱离。

（4）如果起重机械不能开动，司机应留在驾驶室内。设法立即通知供电部门。在未确认处于安全状态之前，不要采取任何行动。

(5) 如果由于触电引起的火灾或者一些其他因素，应离开司机室，要尽可能跳离起重机械，人体部位不要同时接触起重机械和地面。

(6) 应立刻通知对工程负有相关责任的工程师，或现场有关的管理人员。在获取帮助之前，应有人留在起重机附近，以警告危险情况。

四、在发射塔附近工作须知

如果工作现场附近设有发射器，则会存在强电磁场。这些电磁场将会对人身或物体产生直接或间接危险，例如：

(1) 温度过高对人体器官产生不良影响。

(2) 温度过高而起火。

(3) 形成电火花或电弧。

(4) 电磁干扰对起重机所属电器的正常工作造成影响。

无论在何种情况下，当起重机在发射器附近工作时，请同起重机的生产厂家代表联系。此外，请向高频专家请教。

要对发射机发出的高频射线加强保护以及要求起重机操作人员对以下项目进行检查：

(1) 整个起重机需要接地。用肉眼或简单的检测仪检查，确保梯子、驾驶室与绳索滑轮都完全接地。

(2) 起重机上或大块金属板上的所有工作人员必须穿戴特制的绝缘手套和绝缘服以防止被烧伤。

(3) 如果感到温度升高，不必惊慌。这只是由于工具、组件及底盘受高频射线影响而造成的。

(4) 高频射线对物体温度的影响同物体的体积相关。例如起重机、底盘、遮盖物的温度会更高一些。

(5) 起重机移动时，注意不要碰到其他起重机的载荷物（电弧）。这是由于燃烧会损伤钢丝绳，一旦此种情况发生，请马上同主管联系，对钢丝绳进行检查。

(6) 起重机的吊钩和吊具之间必须装有绝缘体，此绝缘体绝对不能撤走。

(7) 钢丝绳绝对不能接触上述绝缘体，这是绝对禁止的。

(8) 当起重机提起或放下不带绝缘体的载荷物后，不要触摸起重机。

(9) 工作时绝对不可赤裸上身或穿短裤。

(10) 如有可能，请水平方向移动载荷物，以减少载荷物的高频射线吸收量。

(11) 在进行必要的人工操作时，务必先将载荷物接地或绝缘（在所用工具与手套之间放置橡胶布）。

(12) 可用适当检测器测试所用工具的温度。例如，如果在距离工具 1～2cm 的范围内测得 500V 电压，则该工具不得用手触摸。距离越长，工具上的电压越高。在距离 10cm 的范围内，电压约为 600V。在距离 30cm 的范围内，电压约为 2000V。

(13) 为防止发生事故，在高空组件上工作时需系好安全带。

(14) 对易燃物体进行处理（例如添加燃料），需在距离由大块金属板引起的电火花易发处至少 6m 远的地方。添加燃料时，只可使用适当可靠的橡胶管。

(15) 所有事故或特殊现象均需及时向项目主管或安全工程师报告。

五、防雷一般工作要求

（1）在雷雨天气不应进行吊装作业，起重机作业完毕后，应尽量将起重臂降至较低的高度。

（2）起重机在组装前、拆除后或者进行行走移动时，可不连接接地线。除此之外，其他状态（无论是在进行吊装作业或是停用状态），均应用专用接地线将吊车同接地装置引出线可靠连接，接地线与吊车处的接触面应除锈并作防腐处理。

（3）专用接地线应使用截面不小于25mm²的软铜线（裸软铜线或绝缘软铜线），不得使用其他导线。

（4）接地导线两端应压接铜接线端子（该端子螺孔应和接地螺栓匹配）且应镀锡或使用专用夹具，接地连接应可靠。

（5）接地线应尽量安装在起重机臂架根部位置，条件允许建议选用截面30mm²以上软铜线连接在主臂头部。

（6）装设接地线时，必须先接接地端，后接吊车端；拆除时的顺序相反。

（7）接地线应妥善随车保管，不得损坏。

六、低温及冰雪的影响

（1）履带起重机工作环境温度为－20～＋40℃。此范围外工作可能会显著降低工作效率、增加设备故障概率甚至导致事故。极端温度下使用时，请联系生产厂家，在厂家的指导下进行使用。

（2）低温（或高温）对液压油的黏度、液压元件配合间隙产生显著影响，还会使密封件老化变质、寿命缩短。

（3）低温常使液晶显示屏不能正常显示或显示滞后，温度过高（或过低）会使电气元件灵敏度和准确度降低甚至损坏。

（4）低温使滑轮阻力增大，导致空钩偏斜或钩绳松散、出槽，造成钢丝绳受挤压变形甚至断丝、断股。

（5）钢铁材料会在低温时变脆，韧性和强度显著降低，即“冷脆”，钢材塑性下降使吊车更易发生安全事故。

（6）低温产生的冻雨或冰、雪在滑轮等处冻结，会导致钢丝绳出槽或挤压受损，吊钩处滑轮冻结会使吊钩无法正常升降。

（7）低温环境下，使用前应注意确认以下几点：

1）齿轮油、润滑油、冷却液、柴油是否符合当前使用温度。

2）电瓶、电缆是否需更换低温型号。

3）可编程控制器、力矩限制器等电子设备是否符合当前使用温度。

4）泵、电动机、减速机、阀块等液压件的密封件及构件材质是否符合当前使用温度。

5）液压胶管、钢管是否符合当前使用温度。

6）起重机起升性能可能会大幅降低，请联系制造商确认当前使用温度下的起重性能。

（8）个别零部件可以通过增加额外的加热装置来确保其正常工作，如液晶显示屏、可编程控制器等。

七、风对起重机的影响

GB/T 14560—2016 标准对履带起重机工作风速要求如下：

（1）臂架长度不大于 50m 的起重机，风速不应超过 14.1m/s。

（2）臂架长度大于 50m 的起重机，风速不应超过 9.8m/s。

风速与风级的对应关系请参照表 10-4～表 10-6。

表 10-4　　风　速　表　　(m/s)

离地面高度(m)	预报风速															
	3				5				8				10			
	平地		城市		平地		城市		平地		城市		平地		城市	
	平均值	瞬时值	平均值	瞬时值	平均值	瞬时值	平均值	瞬时值	平均值	瞬时值	平均值	瞬时值	平均值	瞬时值	平均值	瞬时值
5	2.7	9.8	2.5	10.0	4.5	11.7	4.2	11.4	7.1	14.3	6.7	14.0	8.9	16.3	8.4	15.8
10	3.0	10.2	3.0	10.2	5.0	12.3	5.0	12.3	8.0	15.4	8.0	15.4	10.0	17.5	10.0	17.5
15	3.2	10.4	3.3	10.5	5.4	12.7	5.6	12.9	8.6	16.0	8.9	16.3	10.7	18.2	11.1	18.7
20	3.4	10.5	3.6	10.8	5.6	12.9	6.0	13.3	9.0	16.5	9.3	17.0	18.8	18.8	11.9	19.5
25	3.5	10.7	3.8	11.0	5.9	13.2	6.3	13.6	9.4	16.9	10.1	17.6	19.3	19.3	12.6	20.2
30	3.6	10.8	4.0	11.2	6.0	13.3	6.6	13.9	9.6	17.1	10.6	18.1	19.6	19.6	13.2	20.9
35	3.8	11.0	4.2	11.5	6.3	13.6	7.1	14.5	10.1	17.6	11.3	18.9	20.2	20.2	14.1	21.8
40	3.9	11.1	4.5	11.7	6.6	13.9	7.5	14.9	10.5	18.0	12.0	19.6	20.8	20.8	13.0	22.8
45	4.2	11.4	5.0	12.2	7.0	14.4	8.3	15.7	11.2	18.8	13.2	20.9	21.7	21.7	16.5	24.8
50	4.4	11.6	5.3	12.6	7.4	14.8	8.9	16.3	11.8	19.4	14.2	21.9	22.4	22.4	17.8	26.7

注意：有时被高楼包围的很小区域的风速会比上表中的风速值更大。

表 10-5　　风力等级表

蒲福氏风等级	名称	景物征象	相当于空旷平地上标准高度 10m 处的 10min 时距平均风速	
			m/s	km/h
0	无风	烟直上	0～0.29	＜1
1	轻风	烟有方向，风标不转	0.3～1.5	1～5
2	软风	树叶微动，风标能转	1.6～3.3	6～11
3	微风	微枝摇动，旌旗展开	3.4～5.4	12～19
4	和风	小枝摇动，吹起纸张	5.5～7.9	20～28
5	清劲风	中树枝摇动，水面小波	8.0～10.7	29～38
6	强风	大树枝摇动，举伞困难	10.8～13.8	39～49
7	疾风	全数摇动，逆风难行	13.9～17.1	50～61
8	大风	树枝折断，逆行受阻	17.2～20.7	62～74
9	烈风	烟囱受损，小屋破坏	20.8～24.4	75～88
10	狂风	陆上少见，树倒屋毁	24.5～28.4	89～102
11	暴风	陆上很少，重大摧毁力	28.5～32.6	103～117
12	飓风	陆上绝少，极大摧毁力	32.7～36.9	118～133

续表

蒲福氏风等级	名称	景物征象	相当于空旷平地上标准高度10m处的10min时距平均风速	
			m/s	km/h
13	—	—	37.0～41.4	134～149
14	—	—	41.5～46.1	150～166
15	—	—	46.2～50.9	167～183
16	—	—	51.0～56.0	184～201
17	—	—	56.1～61.2	202～220

表10-6　计算风压 p、3s时距平均瞬时风速 v_s、10min时距平均风速 v_p 与风力等级对应关系

p(N/m²)	v_s(m/s)	v_p		风级
		m/s	km/h	
30	6.9	4.6	16.6	3
40	8.0	5.3	19.0	3
43	8.3	5.5	19.8	4
50	8.9	6.0	21.6	4
80	11.3	7.5	27.0	5
100	12.6	8.4	30.2	5
125	14.1	9.4	33.8	5
150	15.5	10.3	37.1	5
250	20.0	13.3	47.9	6
350	23.7	15.8	56.9	7
400	25.3	16.9	60.8	7
500	28.3	18.9	68.0	8
600	31.0	22.1	79.6	9
800	35.8	25.6	92.2	10
1000	40.0	28.6	103.0	11
1100	42.0	30.0	108.0	11
1200	43.8	31.3	112.7	11
1300	45.6	32.6	117.4	12
1500	49.0	35.0	126.0	12
1800	53.7	38.4	138.2	13
1890	55.0	39.3	141.5	13
2000	56.6	40.4	145.4	13
2250	60.0	42.9	154.4	14

注　1. 表中离地10m高处 p 与 v_s 符合EN13001－2：2004的公式。

2. 根据EN13001－2：2004，v_s 与 v_p 的换算系数：工作状态风为1.5；非工作状态风为1.4。

3. 对应的风级可由 v_p 查得，但 v_p 不一定是该风级的中心风速，允许偏离中心值。

4. 表中风压小于500N/m² 以下为工作状态数值，大于600N/m² 以上为非工作状态数值。

（3）臂架长度不小于 50m 的起重机，在下列非工作风速时，应将整个臂架平放倒在地面上：仅装主臂时，风速大于或等于 21m/s；装有主臂和副臂时，风速大于或等于 15m/s。

具体使用时，请严格按照使用说明书要求进行，大吨位履带起重机每个工况都有相应的风速说明。应与当地气象台建立密切联系，以及时得到气象台大风预报信息。天气预报所指的风速是离地面 10m 高度，10min 内的平均风速，因此有必要将其转换为瞬时风速。

八、性能表使用注意事项

使用性能表时请严格按照以下要求操作，以免发生危险。

（1）性能表中所示额定起重量的数值，指在给定的臂架长度、幅度条件下，在坚实、平坦（作业过程中不得下陷）、坡度不大于 1%的地面上履带起重机所能保证的最大起重量。严禁超过该起重量作业，另外作业者须视各种不良条件（例如地面松软或不平、各种不同水平条件、风力、侧面负荷、摆动作用、多台起重机合力起吊）限制或降低起重机的起重量。

（2）表中所列额定起重量包括吊钩、吊具和臂头与吊钩之间起升钢丝绳的重量。用户可根据实际吊重使用的倍率和起升高度来计算钢丝绳重量。

（3）表中的工作幅度是指吊重后吊钩铅垂线到回转中心的水平距离，为包括吊臂变形量在内的实际值。

（4）表中没有列出额定值的空白区，表示不允许将起重机用于该区作业。

（5）使用重型主臂、轻型主臂和变幅副臂时，如有臂端滑轮机构的，可以配置臂端滑轮机构。装有臂端滑轮机构时各工况的起重量为性能表中相应的额定起重量减去臂端单滑轮机构重量、臂端单滑轮吊钩的重量和吊具的重量。

（6）依据实际作业情况选用合适的吊钩及倍率。如果对臂端滑轮选用吊钩及倍率的方法不清楚，请与起重机生产厂家联系，以免发生事故。

（7）臂端滑轮的最大幅度，不允许超过所对应的起重机主臂或变幅副臂的最大幅度。臂端滑轮的最小幅度，由处于最小幅度时的等值吊臂倾角确定。

（8）主钩和臂端滑轮的吊钩依据起重机使用说明书判断是否能同时使用。

（9）严格按照操作手册要求配置吊钩，设定倍率，如果需要变化请和起重机生产厂家联系，以免发生事故。

（10）所有超起工况都必须配置超起桅杆，否则将发生事故。

第三节　起重机械的安全操作

一、总则

起重机械安全操作一般要求如下：

（1）司机操作起重机械时，不允许从事分散注意力的其他操作。

（2）司机体力和精神不适时，不得操作起重设备。

（3）司机应接受起重作业人员的起重作业指挥信号的指挥，当起重机的操作不需要信号员时，司机负有起重作业的责任。无论何时，司机随时都应执行来自任何人发出的停止信号。

（4）司机应对自己直接控制的操作复杂度完全了解。无论何时，当怀疑有不安全情况时，司机在起吊物品前应和管理人员协商。

（5）在离开无人看管的起重机之前，司机应做到下列要求：

1）被吊载荷应下放到地面，不得悬吊。

2）使运行机构制动器上闸或设置其他的保险装置。

3）把吊具起升到规定位置。

4）根据情况，断开电源或脱开主离合器。

5）将所有控制器置于"零位"或空挡位置。

6）固定住起重机械防止发生意外的移动。

7）当采用发动机提供动力时，应使发动机熄火。

8）按照说明书要求安全停机。

（6）如对于电源切断装置或启动控制器有报警信号，在指定人员取消这类信号之前，司机不得接通电路或开通设备。

（7）在接通电源或开动设备之前，司机应查看所有控制器，使其处于"零位"或空挡位置。所有现场人员均应在安全区内。

（8）司机应熟悉设备和设备的正常维护。如起重机械需要调试或修理，司机应把情况迅速报告给管理人员并通知接班司机。

（9）在每一个工作班开始，司机应试验所有控制装置。如果控制装置操作不正常，应在起重机械运行之前调试和修理。

（10）当风速超过制造厂规定的最大工作风速时，不允许操作起重机械。

（11）夜班操作起重机时，作业现场应有足够的照度。

（12）正常作业时，过载解除开关或强制（释放）开关严禁使用，严禁将模式选择开关从工作模式换成安装模式。

二、载荷的吊运

（1）载荷在吊运前，应通过各种方式确认起吊载荷的质量。同时，为了保证起吊的稳定性，应通过各种方式确认起吊载荷质心，确立质心后，应调整起升装置，选择合适的起升系挂位置，保证在起升时均匀平衡，没有倾覆的趋势。

（2）起吊载荷的质量应符合的要求。

起吊载荷的质量应符合下列要求：

1）起重机械不得起吊超过额定载荷的物品。

2）当不知道载荷的精确质量时，负责作业的人员要确保吊起的载荷不超过额定载荷。

三、系挂物品应符合的要求

系挂物品应符合下列要求：

（1）起重绳索或链条不能缠绕在物品上。

（2）物品要通过吊索或其他有足够承载能力的装置挂在吊钩上。

（3）链条不能用螺栓或钢丝绳进行连接。

（4）吊索或链条不应沿着地面拖拽。

四、悬停载荷应符合的要求

悬停载荷应符合下列要求：

(1) 司机不能在载荷悬停时离开控制器。

(2) 任何人不得在悬停载荷的下方停留或通过。

(3) 如果载荷悬停在空中的时间比正常提升操作时间长时，在司机离开控制器前应保证禁止起重机械做回转和运行等其他方向的运动并采取必要的预防措施。

五、移动载荷应符合的要求

(1) 有关人员在指挥起吊作业时应注意的要求：

1) 采用合适的吊索具。

2) 载荷刚被吊离地面时，要保证安全，而且载荷在吊索具或提升装置上要保持平衡。

3) 载荷在运行轨迹上应与障碍物保持一定的间距。

(2) 在开始起吊前，应注意的要求：

1) 其中钢丝绳或其中链条不得产生扭结。

2) 多根钢丝绳或链条不得缠绕在一起。

3) 采用吊钩的起吊方式应使载荷转动最小。

4) 如果有松绳现象，应进行调整，确保钢丝绳在卷筒或滑轮位置上的松弛现象被排除。

5) 考虑风对载荷和起重机械的影响。

6) 起吊的载荷不得与其他的物体卡住或连接。

(3) 起吊过程中的注意事项：

1) 起吊载荷时不得突然加速和减速。

2) 载荷和钢丝绳不得与任何障碍物刮碰。

(4) 起重机械不许斜向拖拉物品（为特殊工况设计的起重机械除外）。

(5) 吊运载荷时，不得从人员上方通过。

(6) 每次起吊接近额定载荷的物品时，应慢速操作，并应先把物品吊离地面较小的高度，试验制动器的制动性能。

(7) 起重机械进行回转、变幅和运行时，要避免突然的启动和停止。调运速度应控制在使物品的摆动半径在规定的范围内。当物品的摆动有危险时，应做出标志或限定的轮廓线。

六、超起工况使用时注意事项

(1) 超起系统应设置检测超起配重（不含配重小车）离开地面状况的装置，采用超起配重小车时应能显示超起配重利用率。

(2) 熟悉使用说明书中有关超起工况工作使用说明，操作过程严格按照操作使用说明书执行。

(3) 工作前，根据履带起重机制造厂家提供的参数计算系统，选择相应的工况和工作幅度，选择超起配重工作半径，输入较准确的起吊重量，查出所需加的超起配重的重量。

(4) 超起工况工作前，检查超起线路是否连接正确，安全装置是否可靠。

(5) 超起工况工作时，根据履带起重机制造厂家参数计算系统查出的数据，在相应的超起配重工作半径悬挂超起配重，在相应的工作幅度起吊重物。

（6）超起工况工作时，注意操作室监视器的显示，及时调整超起配重有效重量保持平衡。

（7）超起工况工作时，专人监护超起配重的情况，回转前确认超起配重是否离地，超起配重回转区域是否有障碍物。

第四节　多台起重机械的联合起升

一、总则

在多台起重机械的联合起升操作中，由于起重机械之间的相互运动可能产生作用于起重机械、物品和吊索具上的附加载荷，而这些附加载荷的监控是困难的。因此，只有在物品的尺寸、性能、质量或物品所需要的运动由单台起重机械无法操作时才使用多台起重机械操作。

多台起重机械的操作应制定联合起升作业计划，还应包括仔细估算每台起重机按比例所搬运的载荷。基本要求是确保起升钢丝绳保持垂直状态。多台起重机所受的合力不应超过各台起重机单独起升操作时的额定载荷。

二、多台起重机械的起升操作应考虑的主要因素

（一）重物的质量

应了解或计算重物的总质量及其分布。对于从图样中获得的相关参数，应给出在铸件和轧制件的预留公差和制造公差。

（二）质心

由于制造公差和轧制裕度、焊接金属的质量等各种因素的影响，可能确定不了精确的质心，造成分配到每台起重机械的载荷比例是不准确的。必要时，应采用有关方法精确地确定质心。

（三）取物装置的质量

取物装置的质量应作为起重机计算起升载荷的一部分。当搬运较重的或形状复杂的重物时，从起重机械额定起重量中扣除取物装置的质量可能更重要。因而应该准确地了解取物装置以及必要的吊钩组件的质量及其分布情况。

（四）取物装置的承载能力

应确定在起升操作中取物装置内部产生的力的分布。取物装置应留有超过所需均衡载荷的充分的载荷裕度。除非有针对特殊起升操作的专门要求。为适应联合起升操作过程中产生的载荷或作用力的分布与方向的最大变化，可能有必要使用特殊取物装置。

（五）起重机械的同步动作

多台起重机械的起升过程中，应使作用在起重机械上力的方向和大小变化保持到最小；应尽可能使用额定起重量相等和相同性能的起重机械；应采取措施使各种不均衡（例如起重机械难于达到精确同步，起升速度的不均衡等）降至最小。

（六）监控设备

监控设备用于监控载荷的角度和每根起重绳稳定地通过齐声操作的垂直度和作用力。这种监控设备的使用有助于将起重机上的载荷控制在规定值之内。

（七）起升操作的监督

应有被授权人员参加并全面管理多台起重机的联合起升操作，只有该人员才能发出作业指令。但在突发事件中，目睹险情发生的人可以给出常用停止信号的情况除外。

如果从一个位置无法观察到全部所需的观测点，安排在其他地点的观察人员应及时向指派人员报告有关情况。

第十一章 履带起重机事故特点及典型案例介绍

随着经济发展和科技进步，在生产建设中越来越多地使用履带起重机，履带起重机成为减轻劳动强度、提高生产效率的重要工具，特别是建筑行业、石化行业、风电行业和核电行业，起重作业已成为这些行业中重要组成部分。但在企业大量使用起重机械的同时，由于违章操作、使用不当、安全防范不够等原因，也造成许多人员伤亡事故。因此，为了保障生产建设的顺利进行，减小事故发生率，就需要研究起重作业安全操作、安全管理、安全技术，分析事故形成的原因与特点，从而提高安全防范能力，保障安全生产。

第一节　起重机械的风险特性与事故特点

履带起重机作业作为特种作业，是集复杂性、特殊性、危险性于一身的生产活动，同时又由于起重作业主要是高处作业和露天作业，受自然条件和作业环境的影响较大，因此在起重作业中不可避免地会导致操作上的失误，从而引发事故。如何加强起重作业安全管理，降低事故发生率，是一个重要的课题。

一、履带起重机的安全风险特性

履带起重机事故的发生于起重机械作业自身所具有的高风险性有直接的关系。履带起重机械的高风险性，是由它的特殊运动形式和作业特点所决定的。起重作业的作业特点是周期性的间歇作业，其工作原理是取物装置借助庞大金属结构的支撑，通过多个工作机构的单独运动或组合运动把物料提升，并在空间一定范围内运移，然后按需要将物料安放在指定位置，空载回到原处，准备再次作业。在作业过程中，主要是地面指挥人员、起重机司机等各方面人员的协调配合，如果某一个方面配合不当，或者机械设备出现问题，就会导致事故的发生。

起重机械作业的风险特性，主要体现在以下几个方面：

1. 物料的大势能

起重搬运的载荷质量大，一半都在百吨以上，有的高达千吨。起重搬运过程是将重物悬吊在空中的运动过程。由于载荷质量大，位置高，因而具有很大的势能。一旦发生意外，大势能就会迅速转化为大动能。

2. 作业范围大

起重机庞大的金属结构横跨车间或作业场地，高居其他设备、设施和施工人群之上。起重机起吊重物，可实现带载情况下，起重机部分或整体在较大范围内移动运行，在作业区域增大的同时，也使危险的影响范围加大。

3. 运动的多维性

与其他固定式机械不同的是，起重机在作业过程中需要整体移动，其搬运过程是借助多个机构的组合运动来实现的。每个机构都存在大量结构复杂、形状不同、运动各异、速度多变的可动零部件，再加上吊载在三维空间的运移，这样就形成了起重机械的危险源点多且分散的特点。

4. 作业条件的复杂性

室外起重作业，会受气象条件和场地限制。在夜间作业，会受作业范围内采光条件影响。另外，作业涉及物料的种类繁多。此外履带起重机还会受到地形和周围环境等众多因素的影响。

总之，起重这种特殊的作业形式和起重机械特殊的结构与运动形式本身，就存在着诸多危险因素，安全问题尤其突出。随着人们安全意识的增强，对工作条件的安全期望越来越高，将更加重视起重机械的安全。

二、履带起重机常见事故特点

履带起重机常见事故有挤压、撞击、钩挂、坠落、倒塌、倾覆、折断、触电等，例如发生在作业现场的脱钩砸人、移动吊物撞人、高处坠落等伤亡事故，发生在使用和安装过程中的倾覆、过卷扬、坠落等设备事故，发生在起重作业过程中的设备误触高压线或感应带电体的触电事故，维护保养过程中发生的各类操作事故等。

三、造成起重机械事故的主要因素

造成起重机械事故的原因主要有操作因素、设备因素和环境因素，除此之外，还有吊运物件因素和吊运方案因素等。

（一）操作因素

（1）起吊方式不当、捆绑不牢造成的脱钩、起重物散落或摆动伤人。

（2）指挥不当、动作不协调造成的碰撞等。

（3）违反操作规程，例如超载起吊，人员处于危险区工作等造成的伤亡和设备损坏，起重机司机不按规定使用超载限制器、限位器、制动器或过卷、倾覆等事故。

（二）设备因素

（1）起重设备的操作系统失灵或安全装置失效而引起的事故，例如制动装置失灵而造成重物的冲击和夹压。

（2）构件强度不够导致的事故，例如履带起重机的折臂，其原因是臂架系统达到其最大承载能力。

（3）吊具失效，例如吊钩、钢丝绳、吊具等损坏造成的重物坠落。

（三）环境因素

（1）因场地拥挤、杂乱造成的碰撞、挤压事故。

（2）因雷电、阵风、龙卷风、台风、地震等强自然灾害超差的倾覆、损毁等设备事故。

（3）因亮度不够和遮挡视线造成的碰撞事故等。

四、对履带起重机特性和事故的认识

从起重机发生的事故情况来看，事故多发生在起重机械安装、拆除和使用过程中。其原因是操作者对起重机械的特殊性认识不足，对起重机械事故认识不足，安全管理措施不落实、特别是许多小企业，问题更为严重。

（一）对起重机的维护、保养及修理等方面投入不足

履带起重机作为特种设备之一，需要按厂家维修保养的要求进行定期维护保养，才能确保其正常工作。而不少企业为了达到所谓“节约”的目的，忽略了正常的保养和维修，个别企业甚至也不修复起重机损坏的最基本的安全附件，只是拆除后继续使用。殊不知拆除了安全附件，起重机就失去了防止事故发生的保护功能，使其时时处在事故的边缘，这样做发生事故只是时间早晚的问题。

（二）把履带起重机械等同于一般的机械设备来管理和使用

作为特种设备之一，起重机械的管理与使用与一般机械设备有很大的区别。所谓特种设备，就是由国家认定的，因设备本身和外在因素的影响容易发生事故，并且一旦发生事故会造成人身伤亡及重大经济损失的危险性较大的设备。特种设备的危险性与特殊性要求企业把起重机械与一般机械设备区别对待，要有专门的管理制度和管理人员。管理制度应该涵盖起重机械的日常管理、使用、维修、保养、定期检查检验、操作人员培训等，并应严格执行，以保证起重机械的使用安全。而对起重机械的特殊性认识不足，导致相关管理制度形同虚设或根本就没有指定相应制度，也没有设置专门的管理人员，对起重机的管理处于放任状态，就无法保证起重机械的安全使用，无法充分发挥其应有的作用。

（三）对起重机质量要求不严格

有的企业认为起重机不影响企业所生产产品的质量，越便宜越好，能用就行。为了达到减少投入的目的，不顾生产工艺的要求，降低起重机械的工作级别及配置，而降低工作级别就意味着降低了起重机的安全系数和使用寿命。个别起重机械生产商进行低价位恶性竞争，在生产过程中降低起重机械的工作级别及基本配置，粗制滥造，对零部件以次充好，导致起重机械在使用过程中故障接连发生，磨损加剧，再加上维修保养不善，最后导致事故的发生。

（四）对操作人员培训不够重视

不少企业认为起重机的操作是简单工作，不需要进行专门的培训，导致操作人员缺乏基本知识和操作能力。操作人员不了解起重机的基本结构，不能按操作规程进行正确操作，会使起重机械发生不必要的故障与损害，而且在发生故障或事故以后，又不能进行及时有效的处理，会使故障或事故扩大化。

第二节 起重机械事故因素分析

起重机械作业工作范围广，工作对象经常变化，配备工具也不相同；同时起重机械作业又具有灵活性，同样的起重机械设备，其操作方法多种多样，且随着工作的环境而定。造成起重机械事故的主要原因是操作因素、设备因素和环境因素，除此之外，还有吊运物件因

素、吊运方案因素等。为了减少事故，保证安全生产，需要分析事故发生的原因和规律性，以便采取相应的措施，做到事前控制，有的放矢，化被动为主动，防患于未然。

一、人员操作因素分析

在履带起重机各种事故中，没有按照说明书要求进行安装的事故最多。履带起重机由于每次吊装前都需要组装，因此，防范事故必须抓人的因素。造成人员操作失误并导致事故的原因，主要有作业人员过度疲劳，作业人员素质差、培训不够，违反操作规程等。

（一）作业人员过度疲劳

履带起重机吊装作业的特点是吊装的进度是依据项目的进度来决定的，并且吊装时间一般比较长，一旦吊装开始之后，最好在最短的时间内吊装完成，这就要求作业人员连续作业。当作业人员体力不支时，就会没有足够的精力来处理事务，不仅使工作效率降低，还容易发生事故。

（二）作业人员技术素质低

起重作业是一个专业性很强的作业，并需要多工种的相互配合，如果作业人员技术素质低，对工作的熟练程度差，自我保护能力就低，就容易导致事故的发生。

（1）专业作业人员少。经验证明，一个专业的作业人员不仅能胜任工作，而且在分析问题、处理问题的能力、自我保护能力方面也都大大超过一般作业人员，甚至超过那些参加工作时间不长，现场经验不足的工程技术人员。诸如检查绑扎、安装、操作是否符合要求，吊装现场周围环境是否安全，以及对事故苗头的处理和自身防护等方面都有丰富经验。目前专业作业人员需求较大，专业作业人员缺乏的问题日益突出，应引起特别注意。

（2）纪律松弛，自由散漫。起重作业是多人在一起工作的劳动组合体，作业人员包括司机、指挥、司索以及电焊、测量等，要同时协调作业。这就要求所有作业人员必须遵守劳动纪律，坚守各自的工作岗位，如果纪律松弛、自由散漫，不听指挥，出现不协调的场面，十有八九要出事故。

（3）作业人员未经培训。履带起重机作业是一个专业性非常强的工种，普通起重作业人员如果不经过培训就去操纵履带起重机，常常会发生意想不到的事故。作为企业领导和安全管理人员，一定要重视对作业人员的技术培训和安全培训，未经培训、没有取得上岗证的不能上岗。

（三）违犯操作规程

操作规程是经验与教训的总结，在操作中具有权威性、指导性、标准性，是不允许随意改变的。违犯了操作规程，轻则伤人，重则机毁人亡。违反操作规程的情况主要有：

（1）不配戴安全帽和安全带。这种情况多出现于起重机安装、拆卸和检查检修中。作业人员需要在操作面极小的高处作业，随身又带有工具，稍有疏忽大意，便会发生恶性事故。作业人员因失手失足坠落，其后果更是不堪设想。

（2）起重机在操作中突然快速回转、制动、起钩、落钩。按照操作规程要求，起重机在操作时必须保持平稳、匀速，防止惯性及冲击力的产生。起重机的回转、起钩、落钩等动作在快速操作（包括快速运转、快速制动）时所引起的惯性力、冲击力，要超出平稳时的几倍、几十倍甚至上百倍，这样大的作用力会严重危及作业人员安全。

（3）操作程序错误。操作程序错误多出现在思想麻痹、疏于防范之时。例如使用履带起重机，把起臂误操作为爬臂，会导致回转半径增大，相应起重量减小，造成超载翻车或臂架折断事故发生。

（4）斜拉。在起重吊运过程中，有些作业人员常常为了省事而违反操作规程，斜吊和吊拔埋在地下或凝结在地面设备上的物件。这是一种严重的违规行为，应坚决禁止，不论是何种类型的起重机，都不允许斜吊构件。

（四）不讲科学、盲目蛮干

有些作业人员，包括领导干部和管理人员，缺乏起重知识和实际操作经验，在作业中不按科学办事，盲目蛮干。例如有人认为起重机铭牌上标定的起重量，便是能吊起的重量。例如铭牌上标有起重量为150t的起重机，就认为可以吊起150t，而不知起重量与臂长、吊臂角度以及路基的坚实状况等诸多因素有着密切关系。此外，起重机司机与起重指挥人员，工作中不协调，各持已见，不听指挥，盲目蛮干，也容易引发事故。

（五）判断决策失误

在起重吊装作业中，由于判断决策失误而造成事故的事例很多，属于常见多发事故。例如，在起重吊运过程中，重物已升到高处，突然出现了危险情况，是继续上升还是下降，或在空中处理这些险情，这就需要正确判断决策（这也是对技术素质高低的检验）。在未考虑清楚的情况下，不能盲目下决定。只有正确判断，决策不失误，才能避免事故的发生或扩大。

对于因人员操作导致的事故，在防范措施上，一是要建立完整的安全管理体制，企业应成立以管施工的经理、总工程师为首的安全工作领导班子，真正做到管生产的也管安全，组织、贯彻、执行国家安全生产方针、政策、法规，督促、检查本企业安全工作的执行情况，做到有专人管理。二是抓好作业人员的技术和安全培训，必须定期定时对作业人员（特别是一线生产工人）进行安全教育和培训，并且要有针对性和实用性，坚持未经安全培训教育不准上岗、作业人员必须经考试合格后持证上岗的制度。安全教育内容包括设备性能、操作规程、安全制度、严禁事项和其他注意事项、安全技术及自我防护技能等。三是建立健全安全管理制度，包括安全生产责任制度、安全检查制度、上岗检查制度、人员培训制度等。

二、机械设备因素分析

起重机质量的好坏，不仅直接影响到企业生产任务的完成，还影响到作业人员的安全，因机械出故障导致的事故屡见不鲜，对事故的发生起到重要作用。下面介绍机械设备因素造成事故的主要原因。

（一）安全装置不全，机构不合理

安全装置不全或机构不合理的现象，一般多见于自制的起重机械，有的设备没有经过计算审核，靠经验估计制作，安全装置不全或机构不合理，且使用多年一直没有改进或淘汰报废。

（二）零部件质量存在缺陷

起重机械由成千上万个零部件组成，如果零部件制造时有缺陷，质量达不到设计和规定标准，或者有的零部件设计疲劳强度不够，材质不好，就会发生故障。特别是一些易损件和关键部件，一旦损坏出了问题，很容易引发事故。

（三）机械失修、带病作业

起重机施工常年工作在露天野外，风吹沙打，日晒雨淋，酷暑严寒，恶劣的环境使机械磨损严重，老化快。同时，在起重机的使用中，有些使用单位为抢任务、争效益，对机械设备不注意爱护保养，使得机械设备得不到清洗、保养、维修。只有纠正这种对机械“重用轻管”或“重用不管”的思想，才能保证起重机械正常运转。

（四）制动失灵、保险装置失效

起重机械的制动装置及保险装置都是为保证机械安全工作而设置的，例如回转制动、起落钩制动、行走制动、各种限位器等。如果制动失灵、保险装置失效不灵，就有可能引发事故。

（五）工具损坏

因工具损坏而出事故，也是起重作业中常见的事故。工具损坏的原因有 3 点，第一是工具在使用时损坏，再次使用前没有仔细检查，留有隐患。第二是一些小企业生产的产品质量低劣。第三是自制工具制作本身就不科学规范，又在使用过程中被损坏。

（六）钢丝绳拉断

在起重吊运作业中钢丝绳拉断伤人也是常见事故。事故发生的原因有 3 点，第一是钢丝绳没有定期检查、保养，没能提前发现隐患。第二是捆绑构件的棱角未加保护，使钢丝绳应力集中。第三是未经过计算，钢丝绳受力过大，造成断绳伤人。

为了防范机械设备因素造成的事故，需要提高对机械设备安全的认识，重视机械设备的安全，建立有效的机械设备维修保养管理制度。第一是加强起重机械管理工作，抓好起重机械设备的管理、使用、保养、维修，提高设备的完好率、利用率。机械管理部门要坚持做到“三定”，即定人、定机、定岗位。把机械使用维修的每个环节、每项要求，具体落实到每个人身上，做到人人有岗位、事事有专职、设备有人管的竞技状态。第二是加强对起重机司机的培训，提高技术水平，对机械设备做到“四懂”，即懂原理、懂构造、懂性能、懂用途；“三会”，即会操作、会保养、会排除故障；坚持“十字作业法”，即清洁、润滑、调整、紧固、防腐。第三是认真贯彻执行有关规程规定，做好定期检查维护保养工作，杜绝拼设备的现象。

三、作业环境因素分析

起重作业与作业环境关系很大，尤其是露天作业，会遇到在高温、低温、阴雨天气，对作业人员造成影响。此外，起重作业要求作业现场有足够的空间，如果作业现场环境差，也会对作业造成影响，甚至导致事故的发生。下面介绍因环境因素影响起重作业安全的原因。

（一）障碍物未清除

障碍物未清除的情况有电力电线未拆除，电气设备未接地，其他障碍物未清除等。凡是影响起重吊装作业的障碍物未清除，都会影响工作，影响安全。

（二）路基不好

履带起重机对道路要求比较严，必须坚实平整，且具有规定的耐压力。因此，凡有明沟、暗槽或其他障碍物、隐蔽物，都应垫实、加固，加固的承载力应大于起重机单位面积荷载的两倍以上，否则就会影响起重机的正常使用，危及安全，轻则陷车，重则翻车伤人。

（三）噪声

噪声会对人体产生各种危害。高分贝的噪声会对人的神经系统、消化系统和内分泌系统等造成损害，引起头晕、耳鸣、恶心、呕吐、心动过速、血压升高、心烦意乱、听力减退等症状。除此之外，噪声过大，司机听不清哨音，高处与地面指挥人员的联系受到干扰，容易导致司机操作错误。

（四）气候不利

气候不利包括高温、低温、大风、阴雨雾天等。其中，在低温环境下操作最容易导致事故。例如在北方冬季，作业人员身着棉（皮）袄、棉（皮）裤，脚穿保暖鞋，头戴棉（皮）帽，手戴棉（皮）手套，身体不灵活，哨音听不清，手势不明显，给安全生产造成的威胁最大。

为了防范因作业环境因素造成的事故，企业需要加强作业现场的安全管理。在作业环境因素中，有的因素是无法控制的，如春夏秋冬的气候变化，风雨雪雾的变化，对于这些不利因素只能顺势而为，积极采取措施，消除其不利影响。对低温因素，从宏观上讲，应从土建施工进度开始抓起，尽量使起重作业时间错过冬季施工，特别是北方地区。从微观上讲，可以改变作业时间，如早上有霜冻时，可将工作时间向后移，等太阳出来气温升高，构件及脚手架上霜冻融化后再开始工作，以确保安全。阴雨、雾天应停止起重吊装作业。当风速达到5级时，必须停止起重作业，严格按操作说明书操作。道路不好、障碍物未清除以及噪声等因素，则是可以采取措施能够改变的，实际上通过改变以达到安全要求也并不难，关键在于领导干部和安全管理人员是否重视，是否有较强的安全意识。

四、吊运物因素分析

在起重作业中，因吊运物的原因造成的事故，例如吊环拉出、拉断等，虽然事故发生概率不高，但是这样的事故往往会造成严重后果。下面介绍造成事故的原因。

（一）构件制作质量差

构件制作时麻痹大意，责任心不强，检查不严，没有按设计要求和施工规范施工，造成质量不好或留下隐患，以致起重吊运受力时出现事故。需要特别注意预埋件（如吊环以及钢结构）的焊接质量差等问题，在吊运前有针对性地进行检查。

（二）设计差错

设计方面存在的问题，主要有设计强度不够，设计吊点位置不对，设计交底不清，节点构造不合理，计算简图错误等。

对于此类事故的防范，第一是提高设计水平，并加强图样审核。第二是加强生产时构件质量的控制，从原材料进场到产品检验，建立质量控制体系。第三是加强培训，提高施工人员、技术管理人员素质，提出预防措施及保证质量措施。

五、吊运方案因素分析

在起重作业中，需要根据不同的结构采取不同的吊运方法，才能保证任务的完成和作业的安全，所以，吊运方案是否恰当十分重要。因吊运方案不合理、不恰当而造成事故的原因主要有以下几方面。

（一）准备工作不细

包括起重机选用不合理，未察看现场就盲目进场，多机抬吊、受力分配不合理，工具准备不好等，例如钢丝绳扣过短，绳扣捆绑构件后，绳与构件的水平夹角过小，钢丝绳受力加大。据计算，夹角30°比45°约增大30%的力，这样很容易拉断钢丝绳而发生事故。

（二）安全措施不细、不清

安全措施是在吊运作业过程中保证人员、机械设备安全的技术保障方法。结构吊运过程中的安全措施，要根据建筑结构的特点、环境来制定，并在施工方案中说明。如果措施不详细，又未交代清楚，生产中难免发生事故。

（三）技术管理混乱，措施不力，交底不清

技术管理混乱是指技术资料档案不健全，技术审核制度不健全，技术管理工作中政令不通，有令不行，技术部门没有权威性等。技术措施是指从技术上所采取的保障方法。技术措施必须做到针对性强，能指导施工，保证安全。容易出现的问题有建筑结构在吊装过程中某些构件未能及时安装上。构件绑点不合理，构件平面布置不合理等。例如在准备吊运方案时，不按照规程进行平面布置，重远轻近，秩序颠倒，没有行车路线的平面布置，结果到吊运时，困难重重，费时又费力，还很容易发生事故。

防范吊运方案原因造成的事故需要采取的对策有三点，一是建立健全有效的规章制度，使工作规范化，做到有章可循，避免混乱。二是加强企业职能部门作用，尤其是技术部门和安全管理部门，对吊运方案中的安全措施是否合理、是否安全严格把关。三是在制定吊运方案时，应广泛征求意见，特别是生产、技术、安全等部门必须参加编制工作。

第三节　典型事故案例介绍

一、山东某工业园区“5·22”起重机倾覆事故

2013年5月22日，山东某公司南工业园区施工现场，发生一起起重机倾覆事故，无人员伤亡，直接经济损失1206.41万元，被认定为特种设备较大事故。

（一）事故概况

1. 事故发生过程

2013年5月20日，某吊装公司开始起吊火炬塔，吊装工程开始施工。5月20日上午第一节火炬（135t）吊装成功。5月21日上午起吊第二节火炬（110t），在已起吊的情况下，因风力过大，于当日10时左右停止作业，此时未完全卸载，也没有稳固放置在地面。5月22日早晨约6点，吊装公司经理武某携起重机副司机张某等5人，按照21日与火炬塔安装单位约定的时间到达现场（约定6点到场，7点开始作业），在安装单位安装人员、起重机机长刘某均未到达现场和指挥人员未就位前，副司机张某直接进入起重机操作室，于6时2分，发动起重机并进行工况设置和相关作业操作，6时27分起重机沿着与起吊方向垂直的履带行走方向向西发生侧翻倾覆（见图11-1），使起重机侧翻约90°，造成起重机臂架损毁、卷扬系统损坏，部分安全装置、电气系统、回转系统损伤，配重块散落（见图11-2）。造成现场一辆奥迪A4车、一辆农用四轮车和一辆拖拉机车斗、管廊工程办公室（帐篷）及室内用

品（计算机、打印机等）被倒下的臂架砸坏，物品不同程度受损，无人员伤亡，直接经济损失约 1206.41 万元。

图 11-1　起重机倾覆现场图（一）

图 11-2　起重机倾覆现场图（二）

2. 现场勘查和技术鉴定情况

（1）现场勘查情况。事故调查组邀请了 3 名起重机专家组成了专家组，专家组多次到事故现场进行勘验，并对路基板水平度进行了测量。事故调查组委托建筑工程质量监督检验测试中心对现场地基耐压力进行了检测，并出具了《检测报告》。

（2）技术鉴定分析。

1）路基情况。现场测量结果表明，承载履带的两块路基板（2-1 号和 2-2 号路基板）整体水平高差 187mm，倾斜度为 33.4‰（该设备说明书要求最大工作时路基板倾斜度不大于 5‰），使吊载 110t 的起重机臂架头部向起重机倾翻方向（西侧）偏离了 3.8m，造成起重机偏斜，产生过大的侧向力矩，增大了起重机倾翻的风险。

2）地基承载力情况。对地基地耐力检测表明，地基地耐力不均匀、部分区域地耐力偏低，起重机长时间承载 110t 载荷，加之起重机自重、配重等总计 750t（起重机超起塔式工况，其中主臂 72m、塔臂 42m，超起配重 100t、配重 180t、压重 40t、自重 320t，共重

640t，加上110t载荷共重750t)，易导致局部地基下沉，增大了起重机倾翻的风险。

3）现场作业情况。①在没有接到作业指令、现场无监护、指挥人员的情况下，起重机司机独立作业，开始吊装作业前，没有按规定对被吊物、地面和路基板情况进行检查；②在力矩限制器显示出现故障状态情况下，起重机司机仍启动设备进行吊装作业；③在发现起重机臂架偏斜的情况下，起重机司机采取了不当的调整措施；④在起重机出现危险状况时，起重机司机没有采取有效应急措施消除危险。

4）根据气象局提供的当日气象资料表明，作业时风速0.7～1.2m/s，风速对此次事故没有直接影响。

（二）事故原因

1. 直接原因

起重机副司机张某违章作业。该起重机副司机张某在没有接到作业指令、现场无监护人员和无指挥人员的情况下违章独立作业，操作起重机进行行走、回转、起升等动作；且开始吊装作业前，没有按规定对被吊物、地面和路基板情况进行检查；出现危险状况时，没有采取有效应急措施消除或减缓危险，致使该起重机倾覆。

2. 间接原因

(1) 吊装公司现场管理不力，管理制度落实不到位。吊装公司未严格按照《吊装方案》的要求组织施工；制作的地基地耐力不均匀，起重机倾覆后的履带着地区域地耐力偏低，不符合《吊装方案》对地基制作的要求，且未按照《吊装方案》的要求，由有资质的单位进行规范验收，增大了起重机倾覆的风险；现场管理人员未对起重机停止作业后带载停放行为进行纠正；对操作人员疏于管理，未对副司机张某按各方约定和规定，在甲方和监理方备案；吊装公司在作业条件不符合施工方案的情况下，仍开具了《吊装安全作业票》申请；在由于天气原因暂停作业时，没有按照投资公司的《吊装安全管理规定》收回《吊装作业票》；对副司机张某单独上车作业未予以制止；吊装公司违反《起重机械使用管理规则》第十八条“流动作业的起重机械跨原登记机关行政区域使用时，使用单位应当在使用前书面告知使用所在地的质监部门，并且接受其监督检查”的规定，未在使用前书面告知使用所在地的质监部门。

(2) 该起重机司机机长刘某违章作业，5月21日上午10点左右，停止了吊装作业后，被吊物没有安装就位，也没有稳固放置在地面，致使该起重机承载直至5月22日早晨6点，静承载时间达20个小时，使路基板水平高差严重超标，使起重机臂架头部向起重机倾翻方向严重偏离，造成起重机偏斜。

(3) 现场指挥人员崔某未持有特种设备作业人员证上岗。5月21日上午10点左右，在停止了吊装作业后，没有卸载复位，未尽到指挥责任。

(4) 投资公司现场监管不力，履行管理责任不到位。投资公司未在吊装前对吊装条件与监理公司组织联合检查；在未认真核实起重人员及（司机）指挥人员资质是否满足规定要求的情况下，本公司管理人员陈某（项目组施工负责人）、樊某（安环部负责人）就签发了《吊装安全作业票》。

(5) 监理公司未尽到监理职责。该公司在实施监理过程中，未及时发现存在的安全隐患，现场监理人员未认真履行监理职责，对地基验收把关不严，未认真检查各项安全措施，公司现场负责人、总监代表就签发了《吊装安全作业票》；未对起重机停止作业后带载停放行为进行纠正；对副司机张某没有按照规定备案进行检查和纠正；未在吊装前对吊装条件与投资公司组织联合检查。

（6）作为事故起重机的产权单位、起重机作业人员派出单位和吊装施工合同参与单位，安全生产规章制度落实不到位，未尽到《履带吊车吊装合同》规定的职责，对特种设备作业人员疏于管理。

（三）预防同类事故措施

预防措施如下：

（1）立即开展特种设备专项检查。要进一步加大巡查力度，严格查处违章操作等违法、违规行为。

（2）要全面落实企业安全生产主体责任，认真制定和严格执行有关特种设备安全管理的各项规章制度和安全操作规程，加强作业人员安全教育培训，切实治理违章指挥、违章作业和违反特种设备安全管理的各种非法行为。

（3）要加强外来、外派施工人员管理，严格审查外来施工单位资质、人员资质，认真履行建设单位、施工单位和监理单位的安全管理职责，加强现场安全生产的管理，避免特种设备事故的发生。

二、风电场履带起重机安装挤压事故

（一）事故概况

2011 年 1 月 7 日，江苏某公司使用一台 400t 履带起重机在吉林省白城市大唐向阳风电场第二标段安装 175 号风机机组。由于机舱起吊到塔筒顶端法兰安装高度后没有完全与法兰螺孔对准，1 名空中指挥进入机舱内用对讲机指挥地面起重机司机调整吊装高度。起重机司机调整几次后，终于将机舱落到法兰上。大约 5min 后，机舱忽然从塔筒顶端法兰上滑落，导致在机舱内的该名指挥人员被挤压在吊带与机舱壳之间死亡。

现场勘查与调查情况如下：

（1）履带起重机最大起重量 400t，事发时吊装机舱重约 70t。安装手册规定，吊装机舱就位落下后，吊机要留有 1/2 机舱重量（35t），将所有螺栓拧紧后，安装人员再进入机舱进行下一步工作。事故发生前，机舱落下后吊机负荷显示为 10t，只占机舱重量的 1/7。

（2）控制指挥人员未取得起重机械指挥作业资格，冒险进入机舱内，强行指挥起重作业。

（二）事故原因分析

吊装过程中起升钢丝绳有拧劲现象，且吊机显示负荷不满足安装手册的规定。但是起重司机没有停止吊装作业，而是听从无证指挥人员的指挥强行吊装机舱就位，致使机舱从法兰上滑落，将指挥人员挤入吊带与机舱壳之间，致其死亡。

（三）预防同类事故的措施

（1）加强作业人员安全意识教育和安全技能培训。特殊工况吊装作业应当进行技术交底，严格遵守操作规程和作业手册，严禁违章、鲁莽作业。

（2）加强起重作业现场安全管理，严禁无证作业。作业过程中发现存在安全隐患应当立即停止作业，查明原因。

（3）提高危险源的辨识及控制能力。结合施工特点，充分辨识可能存在的危险源，制定合理的防范、应对措施。

三、地基不牢造成吊车倾翻折臂事故

（一）事故概况

2003 年某月某日，某电建公司在用 250t 履带起重机（塔式工况）拆卸一 80t 塔式起重机之机台时（负荷率约 80%），在将机台吊起回转时履带起重机一侧履带发生下陷，致使履带起重机侧面倾覆折臂（如图 11-3 所示），所吊机台受损，履带起重机臂架系统报废，直接经济损失近千万元，幸亏未造成人员伤亡。

图 11-3　地基不牢导致起重机倾覆

（二）事故原因分析

履带起重机负荷率约 80%，拆卸塔式起重机机台正常情况下应该是绝对安全可靠的，经勘查现场和综合分析表明，事故原因是履带起重机一侧履带下铺垫了路基板，而另一侧履带下没有铺垫。而且，履带起重机下面的路基地面属非原土，即是开挖回填过的。很显然，本次事故直接原因就是操作人员没有坚持要求做到两侧履带下均要铺设路基板，从而造成两侧地面承载能力不一致。当履带起重机带载回转时，履带接地比压发生变化，造成未铺设路基板的一侧履带沉降从而使整个履带起重机倾斜、臂架扭转失稳，进而整机折臂倾覆。

（三）预防同类事故的措施

预防措施如下：

（1）起重机械操作人员一定要经过培训合格后方可上岗，要严格按照施工措施和起重机械安全操作规程操作。

（2）起重机械操作人员应事先了解起重机工作范围内地面情况，履带两侧的接地比压要满足履带起重机的工作要求。

（3）重视地基处理，杜绝违章作业。在起重机特别是超大型起重机基础处理时，必须严格遵守标准及相关作业文件的规定，保证基础倾斜度符合要求。现场施工出现异常情况时，必须暂停作业，进行认真、有效地查找和分析，并采取切实可行的措施，防止隐患扩大，保障生产安全。

四、擅入作业危险区域尾部挤人致死事故

（一）事故概况

1993年某月某日，某钢制品加工厂承包某公司一处打桩任务，在某工地打桩施工。某建筑工程公司一分公司承担制桩工作，并雇佣某建筑公司农民劳务工进行桩材分离工作。该钢制品厂履带起重机配合吊桩。在起重机作业范围内，双方在同一场地作业。为确保安全，机组指挥人员曾多次劝阻起模人员要远离起重机进行作业。当履带起重机吊第4根桩材时，高某为了抢先分离桩材，突然闯入起重机作业区，回转、行走的起重机将高某挤在起重机尾部与桩材夹缝之间，致使高某在送医途中死亡。

（二）事故原因分析

（1）起重作业现场管理不到位。尽管机组指挥人员也曾多次劝阻起模人员要远离起重机进行作业，但由于没有采取有效的防范措施，而施工工人又未接受安全教育，缺乏相应的安全知识，安全意识差，自我保护意识不够，从而造成高某违章闯入起重机作业危险区被挤身亡。

（2）起重机指挥人员指挥不当，对周围障碍及人员走动观察不够，导致事故发生。在此次施工作业中，有两个施工公司在同一场地作业，人员走动频繁，属于加强监护的作业环境，对此情况起重指挥和操作人员却并没有采取合理的应对措施，在观察和监护不到位的情况下进行指挥和操作，对于违章突然闯入的受害者未能及时发现制止，从而酿成事故。

（3）起重机指挥和操作人员未执行起重机械安全规程，使起重机尾部与桩材之间的距离小于安全标准的规定，导致受害者误入致死，这是发生此次事故的主要原因。

（三）预防同类事故的措施

（1）起重作业前，必须在作业区域周围拉安全绳、设置安全警示标语等，防止其他人员进入。

（2）起重机的所有运动部分（吊具和其他取物装置除外）与建筑物的净距要符合《起重机械安全规程》规定。

（3）起重机械作业现场至少设立一位监护人员，监护人员要监护到位。所有施工人员都必须定期进行安全教育，提高其安全意识和防事故能力。

五、作业场地水平度超标超载起吊发生倾覆事故

（一）事故概况

2009年3月4日，广东某水电公司的一台QUY70履带起重机，进行MQ600B/30型门座起重机的安装工作。门座起重机布置在水电站厂房下游护坦上，QUY70履带起重机在护坦斜坡上进行MQ600B/30型门座起重机安装作业。

在吊装门座起重机门架（含塔身）和两条门腿等时，当起重机从下游组装点吊起门架旋转至上游安装点准备就位时，QUY70履带起重机突然倾翻，履带起重机臂架插入厂房基坑，同时，门座起重机靠上游的两行走轮和底梁也侧翻。QUY70履带起重机倾翻，造成履带起重机臂架、门座起重机门腿报废，人员一死一伤的重大事故。

（二）事故原因分析

（1）QUY70履带起重机工作时，其作业场地未垫平。履带起重机在斜坡上作业，斜坡

是从下游向上游斜至厂房基坑的。当起重机吊起重物往上游回转时，起重机重心时刻发生变化，当超出倾覆线时，起重机失稳发生倾翻。

（2）在施工过程中，工作人员不是按照厂家提供的蓝图对每一起吊重量逐一核对，而是按照厂家的装车清单提供的大件重量进行计算，未加连接板、螺栓、梯子平台等物件的重量，因此出现了他们计算的吊装重量为 18.6t，而实际重量为 22.2t 的严重错误。这是严重超载。事实上，起重机此时就算是吊装 18.6t 的载荷，都已经到了额定载荷。

（三）预防同类事故的措施

（1）起重机必须放置在坚实、水平的支承面上（最大坡度为1%）。

（2）起重机的安全装置要齐全，力矩限制器要准确有效。

（3）提高危险源的辨识及控制能力。结合施工特点，充分辨识可能存在的危险源，制定合理的防范、应对措施。

（4）强化施工现场管理。严格落实施工方案，切实做好施工前的技术交底，充分了解现场作业条件，针对地质勘查、路基条件、环境影响等细化、完善施工方案。加强吊装作业质量体系的有效运行和持续改进，严格按照相关作业指导文件的要求进行吊装作业，并做好各项施工工作的见证记录。

第十二章
国家对履带起重机的监管要求

第一节　起重机械法律法规标准体系

一、起重机械安全监管的历史进程

起重机械的使用涉及人身和财产安全，国家对起重机械的安全监管经历以下历程：

1955 年，国家设立锅炉安全检查总局，开展了对锅炉、压力容器、起重机械的监督管理工作。但长期以来，我国对于起重机械的管理实际上处于多部门和多领域分块管理、交叉管理的格局。我国政府部门曾前后出台过工业产品生产许可证、出口质量许可证等有关起重机械的相关政策和《起重机械安全监察规定》（劳安字〔1991〕8 号）及部分规范性文件。

1988～2000 年，国家对危险性较大的生产设备进行了监管。包括电梯、起重机械、厂内机动车辆、防爆电气、避雷针等。

2000 年，《特种设备质量监督与安全监察规定》（国家质量技术监督局令第 13 号）首次提出特种设备的概念，将电梯、起重机械、厂内机动车辆、客运索道、游乐设施列为特种设备进行监管。

2003 年，《特种设备安全监察条例》（国务院令第 373 号），将锅炉、压力容器、压力管道、电梯、起重机械、场（厂）内机动车辆、客运索道、大型游乐设施等纳入特种设备进行监管。叉车和旅游观光车分别纳入起重机械和大型游乐设施进行安全监管。

2009 年，修订后的《特种设备安全监察条例》（国务院令第 549 号），将场（厂）专用机动车辆纳入监管范围，在增补的特种设备目录予以明确。另外监管的内容增加了节能和事故调查等要求，形成了真正意义的八大类特种设备。

2013 年，《中华人民共和国特种设备安全法》由第十二届全国人民代表大会常务委员会第三次会议通过，2014 年 1 月 1 日起施行。

二、起重机械法律法规体系结构及其进展

我国在制度上建立了一整套起重机械的法律法规、规章、安全技术规范和标准体系，形成了“法律、法规、规章、特种设备安全技术规范、强制性标准”五个层次的起重机械法律法规体系结构，如图 12-1 所示。

（一）法律

由全国人大制定，以国家主席令的形式发布，如《中华人民共和国特种设备安全法》。

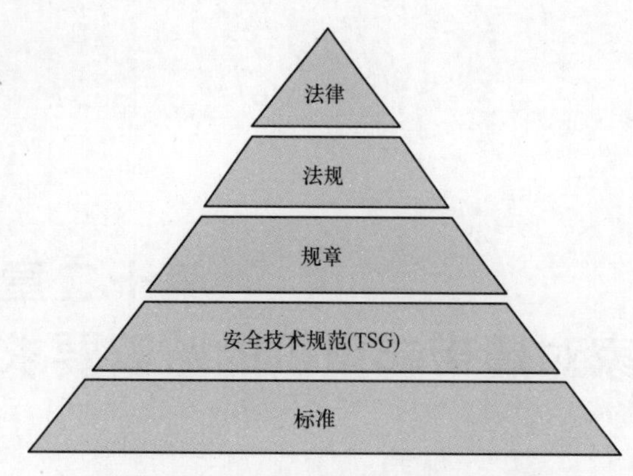

图 12-1 起重机械法律法规体系结构

相关法律还有《中华人民共和国安全生产法》《中华人民共和国标准化法》等。

（二）法规

法规分为国务院的行政法规和地方人大制定的地方法规两种。

1. 国务院行政法规及法规性文件

（1）《特种设备安全监察条例》（2003 年 2 月 19 日，国务院第 68 次常务会议通过，国务院令第 373 号公布；国务院令第 549 号修订，自 2009 年 5 月 1 日实施）。

（2）《生产安全事故报告和调查处理条例》（国务院令第 493 号，自 2007 年 6 月 1 日起施行）。

（3）《建设工程安全生产管理条例》（国务院令第 393 号，自 2004 年 2 月 1 日起施行）。

2. 地方法规

由省、自治区、直辖市人大及具有立法权的市制定 。如《江苏省特种设备安全条例》《浙江省特种设备安全管理条例》《山东省特种设备安全监察条例》《广东省特种设备安全条例》《深圳经济特区特种设备安全条例》等。

（三）规章

规章可分为国家部委规章和地方政府规章。当前与起重机械有关的规章主要是前者，包括：

（1）《起重机械安全监察规定》（国家质检总局令第 92 号）；

（2）《特种设备事故报告和调查处理规定》（国家质检总局令第 115 号）；

（3）《特种设备作业人员监督管理办法》（国家质检总局令第 140 号）；

（4）《危险性较大的分部分项工程安全管理规定》（住房和城乡建设部令第 37 号）；

（5）《建筑起重机械安全监督管理规定》（建设部令第 166 号）；

（6）《电力建设工程施工安全监督管理办法》（国家发改委令第 28 号）。

（四）安全技术规范及规范性文件

1. 特种设备安全技术规范（TSG）

特种设备安全技术规范是依据《特种设备安全法》《特种设备安全监察条例》，国务院负责特种设备安全监督管理的部门批准颁布，对特种设备的安全性能和相应的设计、制造、安装、改造、修理、使用和检验检测等做出一系列规定，并且必须强制执行的文件。安全技术规范是特种设备技术法规的重要组成部分，其作用是把法律、法规和行政规章的原则规定具体化。在特种设备安全监察与管理领域，所依据的就是安全技术规范。

常见形式有《×××规程》《×××规则》《×××细则》《×××大纲》。《特种设备安全监察条例》于 2003 年出台后，原国家质检总局 2004 年底开始策划启动 TSG 的建设工作，并提出 355 个的规划；根据需要，2006 年又提出将 TSG 的数量压缩为 150 个。现已出台特种设备 TSG 共 144 个：其中综合类 15 个（TSG Z），起重机械 16 个（TSG Q），详见表 12-1 和表 12-2。

表 12-1　　**TSG Q（起重机械安全技术规范）列表**

序号	代　号	名　称
1	TSG Q0002—2008	起重机械安全技术监察规程 ——桥式起重机
2	TSG Q7002—2007	桥式起重机型式试验细则
3	TSG Q7003—2007	门式起重机型式试验细则
4	TSG Q7004—2006	塔式起重机型式试验细则
5	TSG Q7005—2008	流动式起重机型式试验细则
6	TSG Q7006—2007	铁路起重机型式试验细则
7	TSG Q7007—2008	门座起重机型式试验细则
8	TSG Q7008—2007	升降机起重机型式试验细则
9	TSG Q7009—2007	缆索起重机型式试验细则
10	TSG Q7010—2007	桅杆起重机型式试验细则
11	TSG Q7011—2007	旋臂起重机型式试验细则
12	TSG Q7012—2008	轻小型起重设备型式试验细则
13	TSG Q7013—2006	机械式停车设备型式试验细则
14	TSG Q7014—2008	起重机械安全保护装置型式试验细则
15	TSG Q7015—2016	起重机械定期检验规则
16	TSG Q7016—2016	起重机械安装改造重大修理监督检验规则

表 12-2　　**TSG Z（特种设备综合类安全技术规范）列表**

序号	代　号	名　称
1	TSG Z0001—2009	特种设备安全技术规范制定程序导则
2	TSG-Z7001—2004	特种设备检验检测机构核准规则
3	TSG-Z7002—2004	特种设备检验检测机构鉴定评审细则
4	TSG-Z7003—2004	特种设备检验检测机构质量体系要求
5	TSG Z0003—2005	特种设备鉴定评审人员考核大纲
6	TSG Z0004—2007	特种设备制造、安装、改造、维修质量保证体系基本要求
7	TSG Z0005—2007	特种设备制造、安装、改造、维修许可鉴定评审细则
8	TSG Z0002—2009	特种设备信息化工作管理导则
9	TSG Z0000—2010	特种设备焊接作业人员考核细则
10	TSG Z7004—2011	特种设备型式试验机构核准规则
11	TSG Z6001—2013	特种设备作业人员考核规则
12	TSG Z8002—2013	特种设备检验检测人员考核规则
13	TSG Z8001—2013	特种设备无损检测人员考核规则
14	TSG 03—2015	特种设备事故报告和调查处理导则
15	TSG 08—2017	特种设备使用管理规则

2019 年 1 月 16 日，为深入贯彻落实《中共中央　国务院关于推进安全生产领域改革发展的意见》及国务院在全国推行“证照分离”改革的要求，推进《特种设备安全监管改革顶

层设计方案》实施，有效降低企业制度性交易成本，加强特种设备监管，经广泛征求意见，国家市场监管总局对现行特种设备生产许可项目、特种设备作业人员和检验检测人员资格认定项目进行了精简整合，制定了《特种设备生产单位许可目录》《特种设备作业人员资格认定分类与项目》《特种设备检验检测人员资格认定项目》。同年5月13日，为贯彻落实国务院关于深化“放管服”改革和“证照分离”的总体要求，推进特种设备行政许可改革，规范特种设备生产（设计、制造、安装、改造、修理）和充装单位许可工作，根据《中华人民共和国特种设备安全法》《中华人民共和国行政许可法》《特种设备安全监察条例》等有关法律法规，国家市场监管总局制定了《特种设备生产和充装单位许可规则》（TSG 07—2019）。

2. 规范性文件

由于起重机械的安全技术规范尚在制定完善过程中，一些要求体现在规范性文件中：

（1）《关于印发〈起重机械型式试验规程（试行）〉的通知》（国质检锅〔2003〕305号）；

（2）《质检总局办公厅关于进一步规范特种设备安装改造维修告知工作的通知》（质检办特函〔2013〕684号）；

（3）《质检总局关于修订〈特种设备目录〉的公告》（2014年第114号）；

（4）《关于实施〈特种设备使用管理规则〉中若干问题的通知》（质检办特函〔2017〕1015号）；

（5）《质检总局关于发布〈特种设备现场安全监督检查规则〉的公告》（2015年第5号）；

（6）《关于调整起重机械制造环节监督检验的通知》（质检办特〔2014〕294号）；

（7）《质检总局特种设备局关于进一步做好特种设备安装改造修理告知办理工作的通知》（质检特函〔2018〕7号）；

（8）《市场监管总局关于特种设备行政许可有关事项的公告》（总局公告2019年第3号）；

（9）《市场监管总局办公厅关于特种设备行政许可有关事项的实施意见》（市监特设〔2019〕32号）。

对于房屋建筑和市政基础设施工程，住房和城乡建设部颁发的规范性文件也应遵守：

（1）《建筑施工特种作业人员管理规定》（建设部建质〔2008〕75号）；

（2）《建筑起重机械备案登记办法》（建质〔2008〕76号）；

（3）《关于调整建筑起重机械备案管理有关工作的通知》（建办质函〔2014〕275号）；

（4）《住房城乡建设部关于印发〈建筑业企业资质标准〉的通知》（建市〔2014〕159号）；

（5）《关于实施〈危险性较大的分部分项工程安全管理规定〉有关问题的通知》（建办质〔2018〕31号）；

（6）《五项危险性较大的分部分项工程施工安全要点》（建安办函〔2017〕12号）；

（7）《住房城乡建设部关于印发工程质量安全手册（试行）的通知》（建质〔2018〕95号）；

（8）《住房城乡建设部办公厅推广使用房屋市政工程安全生产标准化指导图册的通知》（建办质函〔2019〕90号）。

（五）标准

起重机械国内标准包括国家标准（GB、GB/T）、行业标准、地方标准、团体标准和企业标准。

标准是特种设备安全技术规范的技术基础，由标准化组织制定，通常安全监察机构派代表参与标准的制定。截至 2018 年底，全国起重机械标准化技术委员会（TC227）归口管理的现行有效标准共计 302 项，其中国家标准 202 项、机械行业标准 100 项。标准已涵盖起重机械设计、制造、检验检测、使用、维护与保养、剩余寿命评估和报废的全寿命周期，供给侧标准体系结构日趋完善。

国家标准分为强制性标准、推荐性标准，行业标准、地方标准是推荐性标准。强制性标准必须执行。国家鼓励采用推荐性标准。强制性标准文本应当免费向社会公开。国家推动免费向社会公开推荐性标准文本。国家鼓励社会团体、企业制定高于推荐性标准相关技术要求的团体标准、企业标准。企业应当公开其执行的强制性标准、推荐性标准、团体标准或者企业标准的编号和名称。

履带起重机的主要标准有 GB/T 14560—2016《履带起重机》、JG 5055—1994《履带起重机安全规程》（该行业标准在相应的国家标准 GB 6067.2《起重机械安全规程　第 2 部分：流动式起重机》实施后，自行废止）；与履带起重机相关的标准详见表 12-3。

表 12-3　　履带起重机专业领域国内标准目录

序号	标准编号	标准名称	代替标准
1	GB/T 783—2013	起重机械　基本型的最大起重量系列	GB/T 783—1987
2	GB/T 3811—2008	起重机设计规范	GB/T 3811—1983
3	GB/T 4307—2005	起重吊钩　术语	GB/T 4307—1984
4	GB/T 5082—1985	起重吊运指挥信号	
5	GB/T 5905—2011	起重机试验规范和程序	GB/T 5905—1986
6	GB/T 5972—2016	起重机　钢丝绳　保养、维护、检验和报废	GB/T 5972—2009
7	GB/T 5973—2006	钢丝绳用楔形接头	GB/T 5973—1986
8	GB/T 5974.1—2006	钢丝绳用普通套环	GB/T 5974.1—1986
9	GB/T 5974.2—2006	钢丝绳用重型套环	GB/T 5974.2—1986
10	GB/T 5975—2006	钢丝绳用压板	GB/T 5975—1986
11	GB/T 5976—2006	钢丝绳夹	GB/T 5976—1986
12	GB 6067.1—2010	起重机械安全规程　第 1 部分：总则	GB 6067—1985
13	GB/T 6946—2008	钢丝绳　铝合金压制接头	GB/T 6946—1993
14	GB/T 6974.1—2008	起重机　术语　第 1 部分：通用术语	GB/T 6974.1—1986 GB/T 6974.5—1986
15	GB/T 6974.2—2017	起重机　术语　第 2 部分：流动式起重机	GB/T 6974.6—2010
16	GB/T 10051.1—2010	起重吊钩　第 1 部分：力学性能、起重量、应力及材料	GB/T 10051.1—1988
17	GB/T 10051.2—2010	起重吊钩　第 2 部分：锻造吊钩技术条件	GB/T 10051.2—1988
18	GB/T 10051.3—2010	起重吊钩　第 3 部分：锻造吊钩使用检查	GB 10051.3—1988
19	GB/T 10051.4—2010	起重吊钩　第 4 部分：直柄单钩毛坯件	GB/T 10051.4—1998
20	GB/T 10051.5—2010	起重吊钩　第 5 部分：直柄单钩	GB/T 10051.5—1988
21	GB/T 10051.6—2010	起重吊钩　第 6 部分：直柄双钩毛坯件	

续表

序号	标准编号	标准名称	代替标准
22	GB/T 10051.7—2010	起重吊钩　第7部分：直柄双钩	
23	GB/T 10051.8—2010	起重吊钩　第8部分：吊钩横梁毛坯件	
24	GB/T 10051.9—2010	起重吊钩　第9部分：吊钩横梁	
25	GB/T 10051.10—2010	起重吊钩　第10部分：吊钩螺母	
26	GB/T 10051.11—2010	起重吊钩　第11部分：吊钩螺母防松板	
27	GB/T 10051.12—2010	起重吊钩　第12部分：吊钩闭锁装置	
28	GB/T 10051.13—2010	起重吊钩　第13部分：叠片式吊钩技术条件	
29	GB/T 10051.14—2010	起重吊钩　第14部分：叠片式吊钩使用检查	
30	GB/T 10051.15—2010	起重吊钩　第15部分：叠片式单钩	
31	GB 12602—2009	起重机械超载保护装置	GB 12602—1990
32	GB/T 14560—2016	履带起重机	GB/T 14560—2011
33	GB 15052—2010	起重机　安全标志和危险图形符号总则	GB 15052—1994
34	GB/T 17908—1999	起重机和起重机械　技术性能和验收文件	
35	GB/T 17909.1—1999	起重机　起重机操作手册　第1部分：总则	
36	GB/T 17909.2—2010	起重机　起重机操作手册　第2部分：流动式起重机	
37	GB/T 18453—2001	起重机　维护手册　第1部分：总则	
38	GB/T 18874.1—2002	起重机　供需双方应提供的资料　第1部分：总则	
39	GB/T 18875—2002	起重机　备件手册	
40	GB/T 19924—2005	流动式起重机　稳定性的确定	
41	GB 20062—2006	流动式起重机　作业噪声限值及测量方法	
42	GB/T 20303.1—2016	起重机　司机室　第1部分：总则	GB/T 20303.1—2006
43	GB/T 20303.2—2006	起重机　司机室　第2部分：流动式起重机	
44	GB/T 20305—2006	起重用钢制圆环校准链正确使用和维护导则	
45	GB/T 20652—2006	M(4)、S(6) 和 T(8) 级焊接吊链	
46	GB/T 20776—2006	起重机械分类	
47	GB/T 20863.1—2007	起重机械　分级　第1部分：总则	
48	GB/T 20863.2—2016	起重机械　分级　第2部分：流动式起重机	GB/T 20863.2—2007
49	GB/T 21457—2008	起重机和相关设备　试验中参数的测量精度要求	
50	GB/T 20946—2007	起重用短环链　验收总则	
51	GB/T 21457—2008	起重机和相关设备　试验中参数的测量精度要求	
52	GB/T 21458—2008	流动式起重机　额定起重量图表	
53	GB/T 22166—2008	非校准起重圆环链和吊链　使用和维护	
54	GB/T 22414—2008	起重机　速度和时间参数的测量	
55	GB/T 22415—2008	起重机　对试验载荷的要求	
56	GB/T 22416.1—2008	起重机　维护　第1部分：总则	
57	GB/T 22437.1—2018	起重机　载荷与载荷组合的设计原则　第1部分：总则	GB/T 22437.1—2008

续表

序号	标准编号	标准名称	代替标准
58	GB/T 22437.2—2010	起重机　载荷与载荷组合的设计原则　第 2 部分：流动式起重机	
59	GB/T 23720.1—2009	起重机　司机培训　第 1 部分：总则	
60	GB/T 23721—2009	起重机　吊装工和指挥人员的培训	
61	GB/T 23722—2009	起重机　司机（操作员）、吊装工、指挥人员和评审员的资格要求	
62	GB/T 23723.1—2009	起重机　安全使用　第 1 部分：总则	
63	GB/T 23724.1—2016	起重机　检查　第 1 部分：总则	GB/T 23724.1—2009
64	GB/T 23725.1—2009	起重机　信息标牌　第 1 部分：总则	
65	GB/T 24809.1—2009	起重机　对机构的要求　第 1 部分：总则	
66	GB/T 24809.2—2015	起重机　对机构的要求　第 2 部分：流动式起重机	
67	GB/T 24810.1—2009	起重机　限制器和指示器　第 1 部分：总则	
68	GB/T 24810.2—2009	起重机　限制器和指示器　第 2 部分：流动式起重机	
69	GB/T 24811.1—2009	起重机和起重机械　钢丝绳选择　第 1 部分：总则	
70	GB/T 24811.2—2009	起重机和起重机械　钢丝绳选择　第 2 部分：流动式起重机　利用系数	
71	GB/T 24812—2009	4 级链条用锻造环眼吊钩	
72	GB/T 24813—2009	8 级链条用锻造环眼吊钩	
73	GB/T 24814—2009	起重用短环链　吊链等用　4 级普通精度链	
74	GB/T 24815—2009	起重用短环链　吊链等用　6 级普通精度链	
75	GB/T 24816—2017	起重用短环链　吊链等用　8 级普通精度链	GB/T 24816—2009
76	GB/T 24817.1—2016	起重机械　控制装置布置形式和特性　第 1 部分：总则	GB/T 24817.1—2009
77	GB/T 24817.2—2010	起重机械　控制装置布置形式和特性　第 2 部分：流动式起重机	
78	GB/T 24818.1—2009	起重机　通道及安全防护设施　第 1 部分：总则	
79	GB/T 24818.2—2010	起重机　通道及安全防护设施　第 2 部分：流动式起重机	
80	GB/T 25195.1—2010	起重机　图形符号　第 1 部分：总则	
81	GB/T 25195.2—2010	起重机　图形符号　第 2 部分：流动式起重机	
82	GB/T 25196.1—2010	起重机　状态监控　第 1 部分：总则	
83	GB/T 25850—2010	起重机　指派人员的培训	
84	GB/T 25851.1—2010	流动式起重机　起重机性能的试验测定　第 1 部分：倾翻载荷和幅度	
85	GB/T 25852—2017	8 级钢制锻造起重部件	GB/T 25852—2010
86	GB/T 25853—2010	8 级非焊接吊链	
87	GB/T 25854—2010	一般起重用 D 形和弓形锻造卸扣	
88	GB/T 25855—2010	索具用 8 级连接环	
89	GB/T 26472—2011	流动式起重机　卷筒和滑轮尺寸	

续表

序号	标准编号	标准名称	代替标准
90	GB/T 26477.1—2011	起重机　车轮和相关小车承轨结构的设计计算　第1部分：总则	
91	GB/T 27546—2011	起重机械　滑轮	
92	GB/T 27696—2011	一般起重用4级锻造　吊环螺栓	
93	GB/T 28264—2017	起重机械　安全监控管理系统	GB/T 28264—2012
94	GB/T 28758—2012	起重机　检查人员的资格要求	
95	GB/T 30023—2013	起重机　可用性　术语	
96	GB/T 30024—2013	起重机　金属结构能力验证	
97	GB/T 30025—2013	起重机　起重机及其部件质量的测量	
98	GB/T 31052.1—2014	起重机械　检查与维护规程　第1部分：总则	
99	GB/T 31052.2—2016	起重机械　检查与维护规程　第2部分：流动式起重机	
100	GB/T 35975—2018	起重吊具　分类	
101	GB 50278—2010	起重设备安装工程施工及验收规范	GB 50278—1998
102	GB 5226.1—2008	机械电气安全　机械电气设备　第1部分：通用技术条件	GB/T 5226.1—2002
103	GB 5226.6—2014	机械电气安全　机械电气设备　第6部分：建设机械技术条件	
104	JB/T 5242—2013	流动式起重机　回转机构试验规范	JB/T 5242—1991
105	JB/T 8521.1—2007	编织吊索　安全性　第1部分：一般用途合成纤维扁平吊装带	JB/T 8521—1997
106	JB/T 8521.2—2007	编织吊索　安全性　第2部分：一般用途合成纤维圆形吊装带	
107	JB/T 9006—2013	起重机　卷筒	JB/T 9006.1—1999 JB/T 9006.2—1999 JB/T 9006.3—1999
108	JB/T 9007.1—1999	起重滑车　型式、基本参数和尺寸	ZB J80008—1987
109	JB/T 9007.2—1999	起重滑车　技术条件	ZB J80009—1987
110	JB/T 9737—2013	流动式起重机　液压油　固体颗粒污染等级、测量和选用	JB/T 9737.1—2000 JB/T 9737.2—2000 JB/T 9737.3—2000
111	JB/T 10170—2013	流动式起重机　起升机构试验规范	JB/T 10170—2000
112	JB/T 10559—2018	起重机械无损检测　钢焊缝超声检测	JB/T 10559—2006
113	JB/T 11209—2011	流动式起重机　滑轮	
114	JB/T 12985—2015	流动式起重机行走机构试验规范	
115	DL/T 5248—2010	履带起重机安全操作规程	
116	JGJ 305—2013	建筑施工升降设备设施检验标准	
117	JGJ 33—2012	建筑机械使用安全技术规程	JGJ 33—2001
118	JGJ 160—2016	施工现场机械设备检查技术规程	JGJ 160—2008
119	JGJ 276—2012	建筑施工起重吊装安全技术规范	

续表

序号	标准编号	标准名称	代替标准
120	JGJ/T 429—2018	建筑施工易发事故防治安全标准	
121	NB/T 20385—2016	核电厂大件吊装通用技术要求	
122	HG/T 20201—2017	化工工程建设起重规范	HG 20201—2000
123	SH 3515—2003	大型设备吊装工程施工工艺标准	
124	SH/T 3536—2011	石油化工工程起重施工规范	
125	SY 6279—2008	大型设备吊装安全规程	
126	DL 5009.1—2014	电力建设安全工作规程　第1部分：火力发电	
127	DL 5009.2—2013	电力建设安全工作规程　第2部分：电力线路	
128	DL 5009.3—2013	电力建设安全工作规程　第3部分：变电站	
129	T/CEC 210—2019	火电工程大型起重机械安全管理导则	

三、GB/T 14560—2016《履带起重机》介绍

GB/T 14560—2011《履带起重机》从2007年起草直到2011年发布实施，期间履带起重机经历了高速发展，国内出现了400t、600t、750t、1000t、1600t等大吨位履带起重机。到2012年国内又出现了超大吨位履带起重机，如3200t和3600t履带起重机。随着超大吨位履带起重机的出现，履带起重机新技术、新工艺得到广泛应用，GB/T 14560—2011的部分条款已不适应于现有技术的发展要求。因此，有必要对GB/T 14560—2011进行修订。GB/T 14560—2016于2013年7月开始修订，于2016年2月24日批准发布。在修订过程中，标准起草组先后参考了ISO 4306-1：1990《起重机械　术语　第1部分：通用术语》、ISO 4306-2：2012《起重机　术语　第2部分：流动式起重机》、ISO 8566-1：2010《起重机　司机室和控制位置　第1部分：总则》、ISO 8566-2：1995《起重机　司机室　第2部分：流动式起重机》、EN 13000：2010《起重机　流动式起重机》、ANSI B30.5—2007《流动式起重机和铁路起重机安全标准》、JIS D6301：2001《流动式起重机的结构性能》、AS 1418.1—2002《起重机、提升机和绞车　通用技术要求》和AS 1418.5—2002《起重机、提升机和绞车　移动式起重机》等国际标准和国外先进标准，特别是在履带起重机的安全性方面，采纳了一些国际标准和国外先进标准的内容。

GB/T 14560—2016与GB/T 14560—2011相比，主要技术变化如下：

——增加了术语“主臂、副臂和最低稳定起升速度”；

——删除了术语“变幅副臂”；

——术语“超起机构”修改为“超起装置”；

——增加了“额定起重量图表”的要求；

——删除了“起重机主要部件的质量相对于公称值的误差不应大于3%”的要求和相应试验方法；

——删除了“对起重机在主臂工况下，起升机构、变幅机构和回转机构中任意两个机构应能同时工作”的要求；

——修改了“爬坡能力”的要求；

——增加了“载荷试验”的要求；

——删除了“最短主臂工况下起吊最大起重量或最长主臂工况下起吊相应额定起重量时，发动机熄火持续 15min，载荷或臂架端部下降距离不应超过 15mm 或主臂变幅油缸活塞杆的回缩量不超过 2mm”的要求；

——增加了“履带平均接地比压计算”的要求；

——修改了“司机室耳旁噪声”的要求；

——修改了“整机抗倾覆稳定性”的要求；

——修改了“起重机可靠性试验时间和试验方法”；

——增加了“焊接探伤”的要求；

——增加了“臂架头部侧向位移”的要求和试验方法；

——增加了“多卷扬同步单钩作业”的要求；

——删除了“气动系统”的要求；

——删除了“起重机操纵手柄动作方向的表和布置图”；

——修改了“超载保护装置”的要求；

——增加了“设置安全监控管理系统”的要求；

——修改了“最高起升速度和最低稳定起升速度”的试验方法；

——修改了“额定载荷试验、动载荷试验的试验工况和一次循环内容”；

——删除了“可靠性试验后的性能复试”的要求；

——删除了“工业性试验”；

——删除了“行驶状态下的结构试验”；

——删除了“参考文献”。

第二节 《特种设备安全法》解读

《中华人民共和国特种设备安全法》由中华人民共和国第十二届全国人民代表大会常务委员会第三次会议于 2013 年 6 月 29 日通过，2013 年 6 月 29 日中华人民共和国主席令第 4 号公布。《中华人民共和国特种设备安全法》分总则，生产、经营、使用，检验、检测，监督管理，事故应急救援与调查处理，法律责任，附则共 7 章 101 条，自 2014 年 1 月 1 日起施行。

第一章 总 则

第一条 为了加强特种设备安全工作，预防特种设备事故，保障人身和财产安全，促进经济社会发展，制定本法。

【学习与理解】 本条是关于特种设备安全法立法宗旨的规定。

第二条 特种设备的生产（包括设计、制造、安装、改造、修理）、经营、使用、检验、检测和特种设备安全的监督管理，适用本法。

本法所称特种设备，是指对人身和财产安全有较大危险性的锅炉、压力容器（含气瓶）、压力管道、电梯、起重机械、客运索道、大型游乐设施、场（厂）内专用机动车辆，以及法律、行政法规规定适用本法的其他特种设备。

国家对特种设备实行目录管理。特种设备目录由国务院负责特种设备安全监督管理的部门制定，报国务院批准后执行。

【学习与理解】 本条是关于特种设备安全法适用范围、特种设备的定义及特种设备目录的规定。

履带起重机属于特种设备八大类起重机械中的流动式起重机。2014年10月30日，质检总局根据《中华人民共和国特种设备安全法》《特种设备安全监察条例》的规定，修订了《特种设备目录》，经国务院批准，公布了《质检总局关于修订〈特种设备目录〉的公告》(2014年第114号)。该公告中明确：起重机械，是指用于垂直升降或者垂直升降并水平移动重物的机电设备，其范围规定为额定起重量大于或者等于0.5t的升降机；额定起重量大于或者等于3t（或额定起重力矩大于或者等于40t·m的塔式起重机，或生产率大于或者等于300t/h的装卸桥），且提升高度大于或者等于2m的起重机；层数大于或者等于2层的机械式停车设备。

品种“履带起重机”，代码为4820，种类为“起重机械”，类别为“流动式起重机”。

第三条　特种设备安全工作应当坚持安全第一、预防为主、节能环保、综合治理的原则。

【学习与理解】 本条是关于特种设备安全工作应当遵循的原则规定。

第四条　国家对特种设备的生产、经营、使用，实施分类的、全过程的安全监督管理。

【学习与理解】 本条是对特种设备生产、经营、使用环节的安全监管模式的规定。

分类监管是针对按照特种设备本身的特性和使用风险不同，采取不同的监管制度和措施。比如，根据TSG 07—2019《特种设备生产和充装单位许可规则》中流动式起重机的特别规定：流动式起重机的安装不需要取得许可，流动式起重机的制造（含安装、改造、修理）许可仅适用于制造、改造、修理活动；使用环节有首检和定期检验、使用登记的要求；安全管理人员、起重机指挥、起重机司机应持相应的作业资格证。

对特种设备实施全过程的安全监督管理，从宏观方面看是指企业承担安全主体责任、政府履行安全监管职责和社会发挥监督作用多元共治的全面监督管理；从微观方面看，特种设备安全涉及生产、经营、使用、检验检测。因此必须对涉及安全的各个重要环节实施监督管理，主要包括特种设备的设计、制造、安装、经营、使用、检验、修理、改造等涉及安全的各环节。

第五条　国务院负责特种设备安全监督管理的部门对全国特种设备安全实施监督管理。县级以上地方各级人民政府负责特种设备安全监督管理的部门对本行政区域内特种设备安全实施监督管理。

【学习与理解】 本条是关于特种设备安全监督管理体制和特种设备安全监督管理部门职责的规定。

本法所称特种设备安全监督管理部门，是指国家市场监督管理总局及各级地方市场监督管理局。

第七条　特种设备生产、经营、使用单位应当遵守本法和其他有关法律、法规，建立、健全特种设备安全和节能责任制度，加强特种设备安全和节能管理，确保特种设备生产、经营、使用安全，符合节能要求。

【学习与理解】 本条是关于特种设备生产、经营、使用单位的安全、节能方面的义务性规定。

特种设备安全、节能管理制度和安全责任制度是指从事特种设备各项活动的单位根据本法和有关法律的规定，结合本单位具体情况制定特种设备安全、节能管理的制度和具体负责人员的岗位责任制度。

第八条　特种设备生产、经营、使用、检验、检测应当遵守有关特种设备安全技术规范及相关标准。

特种设备安全技术规范由国务院负责特种设备安全监督管理的部门制定。

【学习与理解】　本条是特种设备安全技术规范及相关标准的规定。

本法所指安全技术规范规定了特种设备的安全性能和节能要求，以及相应的设计、制造、安装、修理、改造、使用管理和检验、检测方法等要求。安全技术规范是政府部门履行职责的依据之一，是直接指导特种设备安全工作的具有强制性约束力的规范。安全技术规范作为政府规定的强制性要求，违反其规定要承担相应的法律责任。

安全技术规范是对特种设备安全技术管理的基本要求和准则，本法确立了安全技术规范的法律地位。制定安全技术规范应当引入国家强制性规范和其他现实有效的技术标准，并保证其在特种设备的生产、经营、使用的全过程中强制实施。

第二章　生产、经营、使用

第一节　一般规定

第十三条　特种设备生产、经营、使用单位及其主要负责人对其生产、经营、使用的特种设备安全负责。

特种设备生产、经营、使用单位应当按照国家有关规定配备特种设备安全管理人员、检测人员和作业人员，并对其进行必要的安全教育和技能培训。

【学习与理解】　本条是关于特种设备生产、经营、使用单位及其主要负责人在特种设备安全方面的责任的规定，同时要求各单位按规定配备和培训安全管理、检验检测和作业人员。

生产、经营和使用特种设备活动的安全，除了有必要的物质保障和制度保障外，还要从人员上加以保障。生产、经营、使用单位配备特种设备安全管理、检验检测和作业人员的目的是为了加强安全管理，规范检验检测和作业行为，防止发生特种设备安全事故。

特种设备的安全管理，包括明确管理部门和责任人员，制定各项管理制度、操作规程，确定单位领导和管理人员的职责，制定日常检查的程序和要求，配合特种设备安全监督管理部门的工作，安排定期检验计划及其发生事故的紧急处理措施等。

国内外特种设备事故统计数据表明，操作失误和自行检查不到位是造成特种设备事故的最主要原因。特种设备的运行，离不开特种设备作业和检验检测人员，他们的行为对特种设备的安全使用具有至关重要的影响，同时，特种设备发生事故，他们往往也是最直接的受害者。

TSG 08—2017《特种设备使用管理规则》规定：使用单位，是指具有特种设备使用管理权的单位或者具备完全民事行为能力的自然人，一般是特种设备的产权单位（产权所有人），也可以是产权单位通过符合法律规定的合同关系确立的特种设备实际使用管理者。特种设备用于出租的，出租期间，出租单位是使用单位；法律另有规定或者当事人合同约定的，从其规定或者约定。

TSG 08－2017 还规定：特种设备使用单位主要义务如下：

（1）建立并且有效实施特种设备安全管理制度和高耗能特种设备节能管理制度，以及操作规程；

（2）采购、使用取得许可生产（含设计、制造、安装、改造、修理）并且经检验合格的特种设备，不得采购超过设计使用年限的特种设备，禁止使用国家明令淘汰和已经报废的特种设备；

（3）设置特种设备安全管理机构，配备相应的安全管理人员和作业人员，建立人员管理台账，开展安全与节能培训教育，保存人员培训记录；

（4）办理使用登记，领取《特种设备使用登记证设备》，注销时交回使用登记证；

（5）建立特种设备台账及技术档案；

（6）对特种设备作业人员作业情况进行检查，及时纠正违章作业行为；

（7）对在用特种设备进行经常性维护保养和定期自行检查，及时排查和消除事故隐患，对在用特种设备的安全附件、安全保护装置及其附属仪器仪表进行定期校验（检定、校准）、检修，及时提出定期检验和能效测试申请，接受定期检验和能效测试，并且做好相关配合工作；

（8）制定特种设备事故应急专项预案，定期进行应急演练；发生事故及时上报，配合事故调查处理等；

（9）保证特种设备安全、节能必要的投入；

（10）法律、法规规定的其他义务。

使用单位应当接受特种设备安全监管部门依法实施的监督检查。

TSG 08—2017 规定：特种设备安全管理机构是指使用单位中承担特种设备安全管理职责的内设机构。使用特种设备总量 50 台以上（含 50 台）的特种设备使用单位，应当设置特种设备安全管理机构。

对于履带起重机的使用单位，特种设备安全管理机构的职责是贯彻执行国家特种设备有关法律、法规和安全技术规范及相关标准，负责落实使用单位的主要义务。

主要负责人是指特种设备使用单位的实际最高管理者，对其单位所使用的特种设备安全负总责。

第十四条　特种设备安全管理人员、检测人员和作业人员应当按照国家有关规定取得相应资格，方可从事相关工作。特种设备安全管理人员、检测人员和作业人员应当严格执行安全技术规范和管理制度，保证特种设备安全。

【学习与理解】　本条是关于特种设备安全管理人员、检验检测人员和作业人员持证上岗的规定。

本法所规定的特种设备安全管理人员，包括生产单位的生产安全管理人员，经营、使用单位的安全使用管理人员。检验检测人员包括生产、经营、使用单位从事自行检验检测、检查的人员。作业人员包括生产活动中与安全有关的特殊工种人员，经营、使用经营活动中的设备操作、保养、修理等人员。

《特种设备作业人员监督管理办法》（国家质检总局令第 140 号）规定：锅炉、压力容器（含气瓶）、压力管道、电梯、起重机械、客运索道、大型游乐设施、场（厂）内专用机动车辆等特种设备的作业人员及其相关管理人员统称特种设备作业人员。

从事特种设备作业的人员当按照本办法的规定，经考核合格取得《特种设备作业人员证》，方可从事相应的作业或者管理工作。

2019年1月19日，国家市场监督管理总局发布《市场监管总局关于特种设备行政许可有关事项的公告》（2019年第3号），公布了《特种设备作业人员资格认定分类与项目》，与履带起重机有关的特种设备作业人员资格认定分类与项目详见表12-4。对于起重机械作业人员来说，《特种设备作业人员资格认定分类与项目》与原国家质检总局以2011年第95号公告发布的《特种设备作业人员作业种类与项目》的最大区别在于：考虑到起重机安装和修理属于企业行为且专业性强，人员技能由企业自行进行培训考核更具针对性，故将原起重机械安装维修和电气安装维修资格项目取消。

表12-4　与履带起重机有关的特种设备作业人员资格认定分类与项目

种类	作业项目	项目代号
特种设备安全管理	特种设备安全管理	A
起重机械作业	起重机指挥	Q1
	起重机司机（注）	Q2

注　可根据报考人员的申请需求进行范围限制，具体明确限制为桥式起重机司机、门式起重机司机、塔式起重机司机、门座式起重机司机、缆索式起重机司机、流动式起重机司机、升降机司机。如“起重机司机（限流动式起重机）”等。

TSG Z6001—2019《特种设备作业人员考核规则》规定：

持证人员应当在持证项目有效期届满的1个月以前，向工作所在地或者户籍（户口或居住证）所在地的发证机关提出复审申请。

桥式起重机司机、门式起重机司机、塔式起重机司机、流动式起重机司机、门座式起重机司机、升降机司机、缆索式起重机司机及相应指挥人员需要取得《特种设备作业人员证》。

从事起重机械司索作业人员、起重机械地面操作人员和遥控操作人员、桅杆式起重机和机械式停车设备司机不需要取得《特种设备作业人员证》，使用单位可参照起重机械作业考试大纲的内容，对相关人员的从业能力进行培训和管理。

TSG 08—2017规定：特种设备使用单位应当根据本单位特种设备的数量、特性等配备适当数量的安全管理员。使用各类特种设备总量20台以上（含20台）的特种设备使用单位，应当配备专职安全管理员，并且取得相应的特种设备安全管理人员资格证书，也就是说当履带起重机的总量在20台及以上的单位，应配备专职安全管理员，并取得起重机械安全管理人员资格证书。

TSG Z6001—2019《特种设备作业人员考核规则》附录A“特种设备安全管理和作业人员证件（样式）”中规定应在特种设备作业人员证书第9～11页形成聘用记录，如表12-5所示。

表12-5　聘用记录

项目代号	聘用起止日期	聘用单位（章）
	自　年　月　日 至　年　月　日	
	自　年　月　日 至　年　月　日	

对于房屋建筑和市政基础设施工程，根据《建筑施工特种作业人员管理规定》（建设部建质〔2008〕75号）的规定，建筑电工、建筑起重信号司索工等建筑施工特种作业人员，必须经建设主管部门考核合格，取得建筑施工特种作业人员操作资格证书（简称“资格证书”），方可上岗从事相应作业。资格证书有效期为两年，在全国通用。持有资格证书的人员，应当受聘于建筑施工企业或者建筑起重机械出租单位（简称用人单位），方可从事相应的特种作业。用人单位对于首次取得资格证书的人员，应当在其正式上岗前安排不少于3个月的实习操作。

第十五条　特种设备生产、经营、使用单位对其生产、经营、使用的特种设备应当进行自行检测和维护保养，对国家规定实行检验的特种设备应当及时申报并接受检验。

【学习与理解】 本条是关于特种设备生产、经营、使用单位应当履行自行检验检测、维护保养和申报接受检验义务的规定。

TSG 08—2017 规定：使用单位应当根据设备特点和使用状况，对特种设备进行经常性维护保养，维护保养应当符合有关安全技术规范和产品使用维护保养说明的要求。对发现的异常情况及时处理，并且做出记录，保证在用特种设备始终处于正常使用状态。

根据 GB/T 31052.1—2014《起重机械　检查与维护规程　第1部分：总则》和 GB/T 31052.2—2016《起重机械　检查与维护规程　第2部分：流动式起重机》，维护是指为使起重机械保持或恢复到能执行其规定功能的状态而进行的一系列工作，维护分为计划性维护和非计划性维护，维护工作包括保养和维修。计划性维护是指根据每台起重机的工作级别、工作环境、使用状态和起重机类型，制订具体的维护计划，确定计划性维护的内容和周期以保证起重机正常及安全运行，其内容至少应包括：清洁、润滑、紧固、调整、防腐、更换等。非计划性维护是指应在发生故障后或依据日常检查、定期检查、特殊检查的结果，对发现的缺陷，确定需要维修、保养的内容和要求并加以实施。保养是为保证起重机械正常及安全运行，而按计划所进行的必要的作业，包括：清洁、润滑、紧固、调整、防腐等。维修是指针对日常的或不正常的原因而造成影响起重机正常工作的设备损坏及故障等，通过修理或更换受损的零部件，使设备功能得到恢复的一系列工作。TSG 08－2017 规定：为保证特种设备的安全运行，特种设备使用单位应当根据所使用特种设备的类别、品种和特性进行定期自行检查。定期自行检查的时间、内容和要求，应当符合有关安全技术规范的规定及产品使用维护保养说明的要求。

根据 GB/T 31052.1—2014《起重机械　检查与维护规程　第1部分：总则》和 GB/T 31052.2—2016《起重机械　检查与维护规程　第2部分：流动式起重机》，检查是指为确保起重机械状态是否正常而进行的一系列工作，分为日常检查、定期检查和特殊检查。其中日常检查应在每个工作班次开始前，对起重机械进行目测检查和功能测试，以发现有无缺陷。定期检查按周期可分为周检、月检、季检、半年检和年检。应根据不同的起重机械确定具体的检查周期、检查项目和检查方法。年检时应为全项目检查。特殊检查是指起重机械本身或外界条件发生变化时，以及停用后再次启用前而进行的检查。

TSG Q7015—2016《起重机械定期检验规则》规定，履带起重机投入使用前检验，简称首次检验（即设备投入使用前检验，是指纳入《特种设备目录》没有实施安装监督检验或者以整机形式出厂，直接交付使用单位的起重机械，在办理使用登记前由所在地检验机构依据《起重机械定期检验规则》规定的检验项目及其内容、要求和方法进行的第一次检验）；履带起重机检验周期为一年，在检验有效期届满前1个月向检验检测机构提出定期检验申请；对于流动作业的履带起重机，使用单位应当向使用所在地的检验检测机构申请定期检验，并且将定期检验报告报原负责使用登记的质监部门。流动作业的履带起重机跨原登记机关行政区域使用时，使用单位应当在使用前书面告知使用所在地的质监部门，并且接受其监督检查。超过定期检验周期或者定期检验不合格的起重机械，不得继续使用。

第十七条　国家鼓励投保特种设备安全责任保险。

【学习与理解】 本条是鼓励投保特种设备安全责任保险的一种政策引导性条款。

《中华人民共和国保险法》规定："责任保险是指以被保险人对第三者依法应负的赔偿责任为保险标的的保险。"特种设备安全责任保险是以特种设备在运营、使用过程中发生意外事故，造成人身伤亡或财产损失，依法应由企业承担的经济赔偿责任为保险标的，保险公司按相关保险条款的约定对保险人以外的第三者进行赔偿的责任保险。

特种设备的工作运行具有高度危险性，其日常运行涉及社会公众的人身安全和财产利益，一旦发生特种设备安全事故，往往会带来高额的医疗救治、伤残补偿甚至死亡赔偿费用，且善后处理复杂，处置成本大，责任风险高。因此履带起重机一般都会投保特种设备安全责任保险。

第二节　生产

第十八条　国家按照分类监督管理的原则对特种设备生产实行许可制度。特种设备生产单位应当具备下列条件，并经负责特种设备安全监督管理的部门许可，方可从事生产活动：

（一）有与生产相适应的专业技术人员；

（二）有与生产相适应的设备、设施和工作场所；

（三）有健全的质量保证、安全管理和岗位责任等制度。

【学习与理解】 本条是对特种设备生产实施行政许可及特种设备生产单位条件的原则规定。

特种设备生产的许可类别、许可项目和子项目、许可参数和级别以及发证机关，按照市场监管总局发布的《特种设备生产单位许可目录》执行；许可项目和子项目中的设备种类、类别和品种按照《特种设备目录》执行。《市场监管总局关于特种设备行政许可有关事项的公告》公布了《特种设备生产单位许可目录》，其中流动式起重机A级（100t以上）制造单位许可（含安装、修理、改造）由总局实施，流动式起重机B级（100t及以下）制造单位许可由总局授权省级市场监管部门实施或由省级市场监管部门实施；流动式起重机修理单位许可（A、B级）由总局授权省级市场监管部门实施或由省级市场监管部门实施。TSG07—2019《特种设备生产和充装单位许可规则》附件II"起重机械生产单位许可条件"做出了流动式起重机特别规定：流动式起重机的安装不需要取得许可。流动式起重机的制造（含安装、改造、修理）许可仅适用于制造、改造、修理活动；流动式起重机的安装（含修理）许可仅适用于修理活动。

TSG 07—2019《特种设备生产和充装单位许可规则》规定了许可证书及有效期：《中华人民共和国特种设备生产许可证》有效期均为4年。

TSG 07—2019《特种设备生产和充装单位许可规则》对特种设备生产单位许可条件进行了详细的规定：

一般要求：申请特种设备生产的单位，应当具有法定资质，具有与许可范围相适应的资源条件，建立并且有效实施与许可范围相适应的质量保证体系、安全管理制度等，具备保障特种设备安全性能的技术能力。

1. 申请单位应当具有以下与许可范围相适应，并且满足生产需要的资源条件：

（1）人员，包括管理人员、技术人员、检测人员、作业人员等；

（2）工作场所，包括场地、厂房、办公场所、仓库等；

（3）设备设施，包括生产设备、工艺装备、检测仪器、试验装置等；

（4）技术资料，包括设计文件、工艺文件、施工方案、检验规程等；

（5）法规标准，包括法律、法规、规章、安全技术规范及相关标准。

流动式起重机制造单位和修理单位的具体资源条件和要求，详见 TSG 07—2019《特种设备生产和充装单位许可规则》附件 H“起重机械生产单位许可条件”。

2. 质量保证体系

申请单位应当按照本规则的要求，建立与许可范围相适应的质量保证体系，并且保持有效实施；其中，特种设备制造、安装、改造、修理单位的质量保证体系应当符合 TSG 07—2019《特种设备生产和充装单位许可规则》附件 M“特种设备生产单位质量保证体系基本要求”。

3. 保障特种设备安全性能和充装安全的技术能力

申请单位应当具备保障特种设备安全性能安全的技术能力，按照特种设备安全技术规范及相关标准要求进行产品设计、制造、安装、改造、修理活动。

第十九条　特种设备生产单位应当保证特种设备生产符合安全技术规范及相关标准的要求，对其生产的特种设备的安全性能负责。不得生产不符合安全性能要求和能效指标以及国家明令淘汰的特种设备。

【学习与理解】 本条是关于特种设备生产单位一般义务的规定。

第二十条　锅炉、气瓶、氧舱、客运索道、大型游乐设施的设计文件，应当经负责特种设备安全监督管理的部门核准的检验机构鉴定，方可用于制造。

特种设备产品、部件或者试制的特种设备新产品、新部件以及特种设备采用的新材料，按照安全技术规范的要求需要通过型式试验进行安全性验证的，应当经负责特种设备安全监督管理的部门核准的检验机构进行型式试验。

【学习与理解】 本条是关于特种设备设计文件鉴定和型式试验的规定。

起重机械设计文件无须鉴定。

特种设备产品、部件或材料的型式试验是指由特种设备安全监督管理部门核准的技术权威机构对产品是否满足安全要求而进行的全面的技术审查、检验测试和安全性能试验。

第二十一条　特种设备出厂时，应当随附安全技术规范要求的设计文件、产品质量合格证明、安装及使用维护保养说明、监督检验证明等相关技术资料和文件，并在特种设备显著位置设置产品铭牌、安全警示标志及其说明。

【学习与理解】 本条是关于特种设备出厂时，应当附有安全技术规范要求的相关资料和文件并设置产品铭牌、安全警示标志及其说明的规定。

第二十三条　特种设备安装、改造、修理的施工单位应当在施工前将拟进行的特种设备安装、改造、修理情况书面告知直辖市或者设区的市级人民政府负责特种设备安全监督管理的部门。

【学习与理解】 本条是关于特种设备安装、改造、修理施工前告知的规定。

TSG Q7015—2016 规定，流动作业的履带起重机跨原登记机关行政区域使用时，使用单位应当在使用前书面告知使用所在地的质监部门，并且接受其监督检查。

对于房屋建筑和市政基础设施工程的履带起重机，根据《建筑起重机械安全监督管理规定》(建设部令第 166 号) 的要求，在建筑起重机械首次出租前，自购建筑起重机械的使用单位在建筑起重机械首次安装前，产权单位应当持建筑起重机械特种设备制造许可证、产品合格证到本单位工商注册所在地县级以上地方人民政府建设主管部门办理备案，取得产权备案证明。安装前，安装单位应将建筑起重机械安装、拆卸工程专项施工方案，安装、拆卸人员名单，安装、拆卸时间等材料报施工总承包单位和监理单位审核后，告知工程所在地县级以上地方人民政府建设主管部门。

第二十四条 特种设备安装、改造、修理竣工后，安装、改造、修理的施工单位应当在验收后三十日内将相关技术资料和文件移交特种设备使用单位。特种设备使用单位应当将其存入该特种设备的安全技术档案。

【学习与理解】 本条规定了安装、改造、修理单位提供竣工资料的义务。

第二十五条 锅炉、压力容器、压力管道元件等特种设备的制造过程和锅炉、压力容器、压力管道、电梯、起重机械、客运索道、大型游乐设施的安装、改造、重大修理过程，应当经特种设备检验机构按照安全技术规范的要求进行监督检验；未经监督检验或者监督检验不合格的，不得出厂或者交付使用。

【学习与理解】 本条是关于锅炉、压力容器、压力管道元件等特种设备的制造过程和锅炉、压力容器、压力管道、电梯、起重机械、客运索道、大型游乐设施的安装、改造、重大修理过程监督检验的规定。

从本条可知，起重机械没有制造监督检验要求。TSG Q7001—2006《起重机械制造监督检验规则》自 2006 年 10 月 1 日施行，于 2013 年 12 月 31 日废止。履带起重机一直没有制造监督检验要求。

根据 TSG Q7016—2016《起重机械安装改造重大修理监督检验规则》和 TSG Q7015—2016，履带起重机安装无监检要求。但 TSG Q7016—2016 第三条规定：起重机械改造、重大修理的监检范围按照《特种设备目录》实施。《起重机械安全监察规定》指出了改造和重大修理的含义：改造，是指改变原起重机械主要受力结构件、主要材料、主要配置、控制系统，致使原性能参数与技术指标发生改变的活动。重大修理，是指拆卸或者更换原有主要受力结构件、主要配置、控制系统，但不改变起重机械的原性能参数与技术指标的修理活动。因此，起重机械施工单位（指实施改造、重大修理的单位）应当在施工前将拟进行的履带起重机的改造、重大修理情况书面告知设备使用地的市级特种设备安全监督管理部门；施工单位告知后，填写《起重机械安装改造重大修理监督检验申请表》，向检验机构申请检验；施工单位收到检验机构以《起重机械安装改造重大修理监督检验申请反馈单》形式书面回复后方可实施改造、重大修理作业。改造、重大修理监督检验合格，取得《起重机械安装改造重大修理监督检验证书》和《起重机械安装改造重大修理监督检验报告》后方可投入使用。

第二十六条 国家建立缺陷特种设备召回制度。因生产原因造成特种设备存在危及安全的同一性缺陷的，特种设备生产单位应当立即停止生产，主动召回。

国务院负责特种设备安全监督管理的部门发现特种设备存在应当召回而未召回的情

形时，应当责令特种设备生产单位召回。

【学习与理解】 本条确立了特种设备缺陷召回制度，明确了召回的条件，规定了生产企业主动召回的义务，以及特种设备安全监管部门责令召回的权力。

第三节　经营

第二十七条　特种设备销售单位销售的特种设备，应当符合安全技术规范及相关标准的要求，其设计文件、产品质量合格证明、安装及使用维护保养说明、监督检验证明等相关技术资料和文件应当齐全。

特种设备销售单位应当建立特种设备检查验收和销售记录制度。

禁止销售未取得许可生产的特种设备，未经检验和检验不合格的特种设备，或者国家明令淘汰和已经报废的特种设备。

【学习与理解】 本条是关于特种设备销售单位义务的规定，包括三个方面的要求。

第二十八条　特种设备出租单位不得出租未取得许可生产的特种设备或者国家明令淘汰和已经报废的特种设备，以及未按照安全技术规范的要求进行维护保养和未经检验或者检验不合格的特种设备。

【学习与理解】 本条是关于特种设备出租单位所出租的特种设备符合要求的规定，包括两个方面：

一是不得出租未取得许可生产的特种设备或者国家明令淘汰和已经报废的特种设备，即用于出租的特种设备本身应当是合法的。

二是不得出租未按照安全技术规范的要求进行维护保养和未经检验或者检验不合格的特种设备。特种设备出租单位一般是特种设备的产权单位，应当履行使用单位的义务，除保证出租的特种设备本身合法外，也应当保证其安全性能应满足使用要求，包括按照规定进行了维护保养和自行检验检测，并且在定期检验的周期内。不符合这些要求的特种设备不得用于出租。

第二十九条　特种设备在出租期间的使用管理和维护保养义务由特种设备出租单位承担，法律另有规定或者当事人另有约定的除外。

【学习与理解】 本条是关于特种设备出租期间，使用管理和维护保养责任的规定。

出租单位一般是特种设备产权者，理应负责其使用管理和维护保养，即提供给承租人的应当是合法、能够安全使用的特种设备。出租单位和承租单位的关系一般称为租赁关系。租赁的方式一般有两种形式，第一种是出租单位只提供设备，其实际使用操作由承租单位进行。这种形式有长期租用，也有短期临时租用。第二种是既提供设备又提供人员，即承租的设备由出租单位的人员进行使用操作，这一般是临时租用。履带起重机租赁一般属于第二种情况。

使用管理包括使用登记，资料和文件的保管，申报定期检验，进行修理工作，安全管理和作业人员的配备、教育和持证操作，自行检查，安全附件和安全保护装置的校验、检修等。维护保养作为使用管理中的一项重要工作，本条特意提出。这些工作，作为短期租赁或者临时租赁，一般由出租单位负责；对于长期租赁，也可以由承租单位负责。租赁期间这些责任的要求应当在特种设备租赁合同中做出明确规定。

当然，承租单位使用租赁来的设备，也要落实一定的使用操作责任。如长期租赁的，承租单位也可以承担除办理使用登记以外的本法规定的使用单位的义务并承担相应责任。这些要求，出租单位需要在租赁合同中做出明确规定。租赁合同中，对使用管理和维护保养没有规定或者规定不明确的，其责任由出租单位负责。

目前，还没有针对设备租赁的专门法律，在《中华人民共和国合同法》第十三章“租赁合同”中，对租赁合同的定义、合同内容、期限要求、租赁双方的责任等做出了规定。第四章也对融资租赁合同做出了规定。特种设备租赁合同也应当符合其基本要求。

第三十条　进口的特种设备应当符合我国安全技术规范的要求，并经检验合格；需要取得我国特种设备生产许可的，应当取得许可。

进口特种设备随附的技术资料和文件应当符合本法第二十一条的规定，其安装及使用维护保养说明、产品铭牌、安全警示标志及其说明应当采用中文。

特种设备的进出口检验，应当遵守有关进出口商品检验的法律、行政法规。

【学习与理解】　本条是关于进口特种设备的要求，包括安全要求、检验和许可规定、随附资料和文件要求、进出口检验的特殊要求。

第三十一条　进口特种设备，应当向进口地负责特种设备安全监督管理的部门履行提前告知义务。

【学习与理解】　本条是关于特种设备进口时的告知要求。

第四节　使用

第三十二条　特种设备使用单位应当使用取得许可生产并经检验合格的特种设备。

禁止使用国家明令淘汰和已经报废的特种设备。

【学习与理解】　本条是关于特种设备使用单位应当使用合法特种设备的规定。特种设备使用单位使用取得许可生产并经检验合格的特种设备是保证特种设备安全运行的最基本条件。

根据 TSG Q7015—2016《起重机械定期检验规则》的规定，实施首次检验的起重机械范围按照《实施首次检验的起重机械目录》（见表 12-6）执行。因此履带起重机属于实施首次检验的起重机械，定期检验周期为每年 1 次。对于流动作业的履带起重机，只要在定期检验有效期内，转移施工现场后，不需要重新进行检验。

表 12-6　　实施首次检验的起重机械目录

序号	类　别	品　种	备　注
1	桥式起重机	电动单梁起重机	—
2	流动式起重机	轮胎起重机	—
3		履带起重机	—
4		集装箱正面吊运起重机	—
5		铁路起重机	—
6	缆索式起重机	—	见注 1
7	桅杆式起重机	—	见注 2
8	门式起重机	轮胎式集装箱门式起重机	指采用整机滚装形式出厂的（见注 3）
9		轨道式集装箱门式起重机	
10		岸边集装箱起重机	
11		装卸桥（指卸船机）	

注　1. 缆索式起重机包括固定式缆索起重机、摇摆式缆索起重机、平移式缆索起重机和辐射式缆索起重机。
2. 桅杆式起重机包括固定式桅杆起重机、移动式桅杆起重机。
3. 整机滚装形式出厂的起重机械是指在厂内通电调试后不再拆卸，整体运输至使用现场不需要重新组装的起重机械。

第三十三条　特种设备使用单位应当在特种设备投入使用前或者投入使用后三十日内，向负责特种设备安全监督管理的部门办理使用登记，取得使用登记证书。登记标志应当置于该特种设备的显著位置。

【学习与理解】 本条是关于特种设备使用登记的规定。

TSG 08—2017《特种设备使用管理规则》规定了有关特种设备使用登记的实施细则：特种设备在投入使用前或者投入使用后 30 日内，使用单位应当向特种设备所在地的直辖市或者设区的市的特种设备安全监管部门申请办理使用登记。流动作业的特种设备，向产权单位所在地的登记机关申请办理使用登记。

《关于实施〈特种设备使用管理规则〉中若干问题的通知》（质检办特函〔2017〕1015 号）指出：流动作业的特种设备（起重机械除外）是指移动式压力容器、场（厂）内专用机动车辆等不需要拆卸、重新安装即可流动作业的特种设备。起重机械按照《起重机械安全监察规定》相关要求执行。

《起重机械安全监察规定》（国家质检总局 92 号令）关于使用登记的规定如下：起重机械在投入使用前或者投入使用后 30 日内，使用单位应当按照规定到登记部门办理使用登记。流动作业的起重机械，使用单位应当到产权单位所在地的登记部门办理使用登记。

《起重机械安全监察规定释义》中解释了流动作业起重机械的含义：流动作业的起重机械是指该起重机械在某一特定场所使用后，需要到使用注册登记地或使用注册地之外的区域施工作业的起重机械。常见的有各种履带起重机、轮胎起重机、塔式起重机、施工升降机、架桥机、门式起重机、门座起重机等。流动作业并需要重新安装的起重机械，是指不以整机转移，在转移过程前需要分拆，到了新的使用场所后需要重新进行组装成整机，甚至对固定起重机械的基础包括运行轨道等也需要重新制作和安装的起重机械，如塔式起重机、施工升降机、架桥机、门式起重机、门座起重机等。

TSG 08—2017 对使用登记程序、变更登记、停用、报废、使用标志做出规定：

使用单位申请办理特种设备使用登记时，应当逐台（套）填写使用登记表，向登记机关提交以下相应资料，并且对其真实性负责：

（1）使用登记表（一式两份）；

（2）含有使用单位统一社会信用代码的证明或者个人身份证明（适用于公民个人所有的特种设备）；

（3）特种设备产品合格证（含产品数据表）；

（4）特种设备监督检验证明（安全技术规范要求进行使用前首次检验的特种设备，应当提交使用前的首次检验报告）。

变更登记：按台登记的特种设备改造，变更使用单位或者使用单位更名，达到设计使用年限继续使用的，相关单位应当向登记机关申请变更登记。

改造变更：特种设备改造完成后，使用单位应当在投入使用前或者投入使用后 30 日内向登记机关提交原使用登记证、重新填写的使用登记表（一式两份）、改造质量证明资料及改造监督检验证书（需要监督检验的），申请变更登记，领取新的使用登记证。登记机关应当在原使用登记证和原使用登记表上做注销标记。

单位变更：

（1）特种设备需要变更使用单位，原使用单位应当持原使用登记证、使用登记表和有效期内的定期检验报告到登记机关办理变更；或者产权单位凭产权证明文件，持原使用登记证、使用登记表和有效期内的定期检验报告到登记机关办理变更。登记机关应当在原使用登记证和原使用登记表上做注销标记，签发《特种设备使用登记证变更证明》。

（2）新使用单位应当在投入使用前或者投入使用后 30 日内，持《特种设备使用登记证变更证明》、标有注销标记的原使用登记表和有效期内的定期检验报告，按照要求重新办理使用登记。

更名变更：使用单位或者产权单位名称变更时，使用单位或者产权单位应当持原使用登记证、单位名称变更的证明资料，重新填写使用登记表（一式两份），到登记机关办理更名变更，换领新的使用登记证。2 台以上批量变更的，可以简化处理。登记机关在原使用登记证和原使用登记表上做注销标记。

达到设计使用年限继续使用的变更：特种设备达到设计使用年限，使用单位认为可以继续使用的，应当按照安全技术规范及相关产品标准的要求，经检验或者安全评估合格，由使用单位安全管理负责人同意、主要负责人批准，办理使用登记变更后（登记机关应当在原使用登记证右上方标注“超设计使用年限”字样），方可继续使用。允许继续使用的，应当采取加强检验、检测和维护保养等措施，确保使用安全。

不得申请办理单位变更的情况：

有下列情形之一的特种设备，不得申请办理单位变更：①已经报废或者国家明令淘汰的；②进行过非法改造、修理的；③无特种设备产品合格证明、检验证明等技术资料的；④达到设计使用年限的；⑤检验结论为不合格的。

停用：特种设备拟停用 1 年以上的，使用单位应当采取有效的保护措施，并且设置停用标志，在停用后 30 日内填写《特种设备停用报废注销登记表》，告知登记机关。重新启用时，使用单位应当进行自行检查，到使用登记机关办理启用手续；超过定期检验有效期的，应当按照定期检验的有关要求进行检验。

报废：

对存在严重事故隐患，无改造、修理价值的特种设备，或者达到安全技术规范规定的报废期限的，应当及时予以报废，产权单位应当采取必要措施消除该特种设备的使用功能。特种设备报废时，按台登记的特种设备应当办理报废手续，填写《特种设备停用报废注销登记表》，向登记机关办理报废手续，并且将使用登记证交回登记机关。

非产权所有者的使用单位经产权单位授权办理特种设备报废注销手续时，需提供产权单位的书面委托或者授权文件。

使用单位和产权单位注销、倒闭、迁移或者失联，未办理特种设备注销手续的，登记机关可以采用公告的方式停用或者注销相关特种设备。

使用标志：

特种设备使用登记标志与定期检验标志合二为一，统一为“特种设备使用标志”。

起重机械使用单位应当将“特种设备使用标志”或者使用单位盖章或者签名确认的复印件悬挂或者固定在特种设备显著位置，当无法悬挂或者固定时，可存放在使用单位的安全技术档案中，同时将使用登记证编号标注在特种设备产品铭牌上或者其他可见部位。

新投入使用的特种设备，办理使用登记时，由登记机关签发“特种设备使用标志”并且加盖登记机关公章，检验机构一栏填写最近一次的检验机构名称（包括首次检验、安装监督检验、制造监督检验等）。该特种设备进行定期检验后，“特种设备使用标志”由定期检验机构签发，并且加盖检验专用章。

对于房屋建筑和市政基础设施工程的履带起重机，根据《建筑起重机械安全监督管理规定》（建设部令第166号）的要求，使用单位应当自建筑起重机械安装验收合格之日起30日内，将建筑起重机械安装验收资料、建筑起重机械安全管理制度、特种作业人员名单等，向工程所在地县级以上地方人民政府建设主管部门办理建筑起重机械使用登记。登记标志置于或者附着于该设备的显著位置。

第三十四条　特种设备使用单位应当建立岗位责任、隐患治理、应急救援等安全管理制度，制定操作规程，保证特种设备安全运行。

【学习与理解】 本条是关于特种设备使用单位应当建立健全安全管理制度，保证特种设备安全运行的要求。

一、特种设备使用单位应当建立健全特种设备安全管理制度

特种设备安全管理制度是指从事特种设备各项活动的单位根据有关的法律、法规、规章和安全技术规范的规定，结合本单位具体情况制定的特种设备安全管理规章、制度。特种设备安全管理制度包括建立岗位责任、隐患治理、应急救援等内容，目的是为了保证特种设备安全运行。

（一）岗位责任制

岗位责任制是指特种设备使用单位应根据各个工作岗位的性质和所承担活动的特点，明确规定其职责、权限，并按照规定的标准进行考核及奖惩而建立起来的制度，一般包括岗位职责、交接班制度、巡回检查制度等。实施岗位责任制一般应遵循才能与岗位相统一的原则、职责与权利相统一的原则、考核与奖惩相一致的原则，定岗到人，明确各种岗位的工作内容、数量和质量，应承担的责任等，以保证各项工作有秩序地进行。

（二）建立隐患治理制度

特种设备使用单位应加强对事故隐患的预防和管理，以防止、预防和减少事故的发生，保障员工生命财产安全为目的，建立隐患排查治理长效机制的安全管理制度。本制度所称事故隐患，是指违反安全生产法律、法规、规章、标准、规程和安全生产管理制度的规定，或者因其他因素在生产经营活动中存在可能导致事故发生的物的危险状态、人的不安全行为和管理上的缺陷。

事故隐患可以分为一般事故隐患和重大事故隐患。一般事故隐患是指危害和整改难度较小，发现后能够立即整改排除的隐患；重大事故隐患是指危害和整改难度较大，应当全部或者局部停产停业，并经过一定时间整改治理方能排除的隐患，或者因外部因素影响致使生产经营单位自身难以排除的隐患。

特种设备使用单位开展隐患排查，一般按照“谁主管，谁负责”的原则，针对各岗位可能发生的隐患建立安全检查制度，在规定时间、内容和频次对该岗位进行检查，及时收集、查找并上报发现的事故隐患，并积极采取措施进行整改。

（三）建立应急救援制度

特种设备使用单位应结合本单位所使用的特种设备的主要失效模式、失效后果，建立应

急救援制度，即针对特种设备引起的突发、具有破坏力的紧急事件而有计划地、有针对性和可操作性地采取预防、预备、应急处置、应急救援和恢复活动的安全管理制度。

特种设备应急救援制度的内容，一般应当包括应急指挥机构、职责分工、设备危险性评估、应急响应方案、应急队伍及装备、应急演练及救援修订等。

TSG 08—2017 规定：特种设备使用单位应当按照特种设备相关法律、法规、规章和安全技术规范的要求建立健全特种设备使用安全节能管理制度。管理制度至少包括以下内容：

（1）特种设备安全管理机构（需要设置时）和相关人员岗位职责；

（2）特种设备经常性维护保养、定期自行检查和有关记录制度规定；

（3）特种设备使用登记、定期检验、锅炉能效测试报检和实施管理制度规定；

（4）特种设备隐患排查治理制度；

（5）特种设备安全管理人员与作业人员管理和培训制度；

（6）特种设备采购、安装、改造、修理、报废等管理制度；

（7）特种设备应急救援管理制度；

（8）特种设备事故报告和处理制度；

二、制定操作规程

特种设备操作规程是指特种设备使用单位为保证设备正常运行制定的具体作业指导文件和程序，内容和要求应当结合本单位的具体情况，符合特种设备使用维修保养说明书要求。特种设备使用安全管理人员和操作人员在操作这些特种设备时必须遵循这些文件或程序。建立特种设备操作规程，严格按照规程实施工作，是保证特种设备安全使用的具体实施步骤。

TSG 08—2017 规定：使用单位应当根据所使用设备运行特点等，制定操作规程。操作规程一般包括设备运行参数、操作程序和方法、维护保养要求、安全注意事项、巡回检查和异常情况处置规定，以及相应记录等。

第三十五条　特种设备使用单位应当建立特种设备安全技术档案。安全技术档案应当包括以下内容：

（一）特种设备的设计文件、产品质量合格证明、安装及使用维护保养说明、监督检验证明等相关技术资料和文件；

（二）特种设备的定期检验和定期自行检查记录；

（三）特种设备的日常使用状况记录；

（四）特种设备及其附属仪器仪表的维护保养记录；

（五）特种设备的运行故障和事故记录。

【学习与理解】　本条是关于建立特种设备档案的规定。

档案包括设备本身技术文件和使用管理、检查有关记录等两个方面。建立完善的设备档案并保持完整，也反映了特种设备使用单位的管理水平。

履带起重机使用单位应当逐台建立特种设备安全与节能技术档案。安全技术档案至少包括以下内容：

（1）使用登记证；

（2）《特种设备使用登记表》；

（3）特种设备的设计、制造技术资料和文件，包括设计文件、产品质量合格证明（含合格证及其数据报告、质量证明书)、安装及使用维护保养说明、监督检验证书、型式试验证书等；

(4) 特种设备的安装、改造和修理的方案、材料质量证明书和施工质量证明文件、安装改造维修监督检验报告、验收报告等技术资料；

(5) 特种设备的定期自行检查记录和定期检验报告；

(6) 特种设备的日常使用状况记录；

(7) 特种设备及其附属仪器仪表的维护保养记录；

(8) 特种设备安全附件和安全保护装置校验（检定、校准)、修理、更换记录和有关报告；

(9) 特种设备的运行故障和事故记录及事故处理报告。

使用单位应当在设备使用地保存 (1)、(2)、(5)、(6)、(7)、(8)、(9) 项资料和特种设备节能技术档案的原件或者复印件，以便备查。

第三十六条　电梯、客运索道、大型游乐设施等为公众提供服务的特种设备的运营使用单位，应当对特种设备的使用安全负责，设置特种设备安全管理机构或者配备专职的特种设备安全管理人员；其他特种设备使用单位，应当根据情况设置特种设备安全管理机构或者配备专职、兼职的特种设备安全管理人员。

【学习与理解】 具有一定规模的特种设备使用单位，应该设立专门的安全管理机构和专职安全监督管理人员；一般规模较小的单位，可在其单位内的一些类似职能的管理机构内配置专门负责特种设备的安全管理人员，也可以配置兼职人员，兼管特种设备的安全管理工作。无论是专职或兼职的，其职能和责任都是一样的，必须具备特种设备安全管理的专业知识和管理水平，按照规定取得相应资格。

第三十七条　特种设备的使用应当具有规定的安全距离、安全防护措施。

与特种设备安全相关的建筑物、附属设施，应当符合有关法律、行政法规的规定。

【学习与理解】 本条是关于建立特种设备安全距离、安全防护的规定。

第三十九条　特种设备使用单位应当对其使用的特种设备进行经常性维护保养和定期自行检查，并做出记录。

特种设备使用单位应当对其使用的特种设备的安全附件、安全保护装置进行定期校验、检修，并做出记录。

【学习与理解】 本条是关于特种设备使用单位维护保养的规定。履带起重机维护保养和检查的要求参见第十五条的“学习与理解”。

GB/T 31052.1—2014《起重机械　检查与维护规程　第1部分：总则》和 GB/T 31052.2—2016《起重机械　检查与维护规程　第2部分：流动式起重机》对检查记录及检查报告、维护记录要求如下：

1. 检查记录及检查报告

(1) 日常检查应有检查记录；定期检查应有检查记录，出现不合格项时应出具检查报告；特殊检查应有检查记录和检查报告。

(2) 检查记录应至少包括以下内容：检查日期和地点；检查人员签名和其所属单位名称；被检查设备的名称、型号、出厂编号及主要参数；各检查项目的检查结果。

(3) 定期检查和特殊检查的检查报告内容可参见 GB/T 31052.1—2014 的附录 B。

2. 维护记录

维护记录应包括保养记录和维修记录。维护记录应至少包括以下内容：维护日期和地点；维护人员签字和其所属单位的名称；被维护设备的名称、型号、出厂编号及主要参数；各维护项目、维护方法及维护结果；对维护结果验证的说明。

第四十条　特种设备使用单位应当按照安全技术规范的要求，在检验合格有效期届满前一个月向特种设备检验机构提出定期检验要求。

特种设备检验机构接到定期检验要求后，应当按照安全技术规范的要求及时进行安全性能检验。特种设备使用单位应当将定期检验标志置于该特种设备的显著位置。

未经定期检验或者检验不合格的特种设备，不得继续使用。

【学习与理解】 本条是关于定期检验的规定。

使用登记标记结合检验合格标记，是证明该设备合法使用的证明。置于显著位置，提示使用者（乘坐者）在有效期内可以安全使用。这对使用者是一种提示；同时对安全监督管理部门是一种告示，告知该设备使用是否合法。

第四十一条　特种设备安全管理人员应当对特种设备使用状况进行经常性检查，发现问题应当立即处理；情况紧急时，可以决定停止使用特种设备并及时报告本单位有关负责人。

特种设备作业人员在作业过程中发现事故隐患或者其他不安全因素，应当立即向特种设备安全管理人员和单位有关负责人报告；特种设备运行不正常时，特种设备作业人员应当按照操作规程采取有效措施保证安全。

【学习与理解】 本条是关于使用单位安全管理人员进行经常性检查的义务和与作业人员处理紧急事务的规定。

TSG 08—2017 规定安全管理员的主要职责如下：

（1）组织建立特种设备安全技术档案；

（2）办理特种设备使用登记；

（3）组织制定特种设备操作规程；

（4）组织开展特种设备安全教育和技能培训；

（5）组织开展特种设备定期自行检查；

（6）编制特种设备定期检验计划，督促落实定期检验和隐患治理工作；

（7）按照规定报告特种设备事故，参加特种设备事故救援，协助进行事故调查和善后处理；

（8）发现特种设备事故隐患立即进行处理，情况紧急时可以决定停止使用特种设备，并且及时报告本单位安全管理负责人；

（9）纠正和制止特种设备作业人员的违章行为。

起重机械安全管理人员工作时应当随身携带《特种设备作业人员证》，并且自觉接受质监部门的监督检查。

与履带起重机有关的流动式起重机司机、机械安装维修人员、电气安装维修人员、起重机械指挥等特种设备作业人员应当取得相应的特种设备作业人员资格证书，其主要职责如下：

（1）严格执行特种设备有关安全管理制度，并且按照操作规程进行操作；

（2）按照规定填写作业、交接班等记录；

（3）参加安全教育和技能培训；

（4）进行经常性维护保养，对发现的异常情况及时处理，并且做出记录；

（5）作业过程中发现事故隐患或者其他不安全因素，应当立即采取紧急措施，并且按照规定的程序向特种设备安全管理人员和单位有关负责人报告；

（6）参加应急演练，掌握相应的应急处置技能。

起重机械作业人员作业时应当随身携带《特种设备作业人员证》，并且自觉接受使用单位的安全管理和质监部门的监督检查。

第四十二条　特种设备出现故障或者发生异常情况，特种设备使用单位应当对其进行全面检查，消除事故隐患，方可继续使用。

【学习与理解】 本条规定了特种设备发现故障和异常情况，使用单位应当消除的义务。

TSG 08—2017 规定：

使用单位应当按照隐患排查治理制度进行隐患排查，发现事故隐患应当及时消除，待隐患消除后方可继续使用。

特种设备在使用中发现异常情况的，作业人员或者维护保养人员应当立即采取应急措施，并且按照规定的程序向使用单位特种设备安全管理人员和单位有关负责人报告。

使用单位应当对出现故障或者发生异常情况的特种设备及时进行全面检查，查明故障和异常情况原因，并且及时采取有效措施，必要时停止运行，安排检验、检测，不得带病运行、冒险作业。待故障、异常情况消除后，方可继续使用。

第四十七条　特种设备进行改造、修理，按照规定需要变更使用登记的，应当办理变更登记，方可继续使用。

【学习与理解】 本条是关于特种设备改造、修理后变更使用登记的规定。具体参见第三十三条的“学习与理解”。

第四十八条　特种设备存在严重事故隐患，无改造、修理价值，或者达到安全技术规范规定的其他报废条件的，特种设备使用单位应当依法履行报废义务，采取必要措施消除该特种设备的使用功能，并向原登记的负责特种设备安全监督管理的部门办理使用登记证书注销手续。

前款规定报废条件以外的特种设备，达到设计使用年限可以继续使用的，应当按照安全技术规范的要求通过检验或者安全评估，并办理使用登记证书变更，方可继续使用。允许继续使用的，应当采取加强检验、检测和维护保养等措施，确保使用安全。

【学习与理解】 本条是关于特种设备报废的规定。

第三章　检验、检测

第五十条　从事本法规定的监督检验、定期检验的特种设备检验机构，以及为特种设备生产、经营、使用提供检测服务的特种设备检测机构，应当具备下列条件，并经负责特种设备安全监督管理的部门核准，方可从事检验、检测工作：

（一）有与检验、检测工作相适应的检验、检测人员；

（二）有与检验、检测工作相适应的检验、检测仪器和设备；

（三）有健全的检验、检测管理制度和责任制度。

【学习与理解】 本条是关于检验、检测工作的基本含义，以及应当具备的条件和需要核准的规定。

第五十一条 特种设备检验、检测机构的检验、检测人员应当经考核，取得检验、检测人员资格，方可从事检验、检测工作。

特种设备检验、检测机构的检验、检测人员不得同时在两个以上检验、检测机构中执业；变更执业机构的，应当依法办理变更手续。

【学习与理解】 本条是对检验、检测人员资格的要求和执业行为的一般规定。

第五十二条 特种设备检验、检测工作应当遵守法律、行政法规的规定，并按照安全技术规范的要求进行。

特种设备检验、检测机构及其检验、检测人员应当依法为特种设备生产、经营、使用单位提供安全、可靠、便捷、诚信的检验、检测服务。

【学习与理解】 本条对特种设备检验、检测工作提出总体要求，包括职业道德。

第五十三条 特种设备检验、检测机构及其检验、检测人员应当客观、公正、及时地出具检验、检测报告，并对检验、检测结果和鉴定结论负责。

特种设备检验、检测机构及其检验、检测人员在检验、检测中发现特种设备存在严重事故隐患时，应当及时告知相关单位，并立即向负责特种设备安全监督管理的部门报告。

负责特种设备安全监督管理的部门应当组织对特种设备检验、检测机构的检验、检测结果和鉴定结论进行监督抽查，但应当防止重复抽查。监督抽查结果应当向社会公布。

【学习与理解】 本条是关于保证检验、检测工作质量的规定。

第五十四条 特种设备生产、经营、使用单位应当按照安全技术规范的要求向特种设备检验、检测机构及其检验、检测人员提供特种设备相关资料和必要的检验、检测条件，并对资料的真实性负责。

【学习与理解】 本条是对特种设备生产、经营、使用单位为配合特种设备检验、检测机构开展相关特种设备检验、检测活动的规定。

第五十五条 特种设备检验、检测机构及其检验、检测人员对检验、检测过程中知悉的商业秘密，负有保密义务。

特种设备检验、检测机构及其检验、检测人员不得从事有关特种设备的生产、经营活动，不得推荐或者监制、监销特种设备。

【学习与理解】 本条是对检验、检测机构及检验、检测人员行为规范的相关规定。

第五十六条 特种设备检验机构及其检验人员利用检验工作故意刁难特种设备生产、经营、使用单位的，特种设备生产、经营、使用单位有权向负责特种设备安全监督管理的部门投诉，接到投诉的部门应当及时进行调查处理。

【学习与理解】 本条是对特种设备检验违规行为投诉和处理的规定。

第四章 监督管理

第六十条 负责特种设备安全监督管理的部门对依法办理使用登记的特种设备应当建立完整的监督管理档案和信息查询系统；对达到报废条件的特种设备，应当及时督促特种设备使用单位依法履行报废义务。

【学习与理解】 本条是对特种设备安全监督管理部门建立监督管理档案和信息查询系统及督促使用单位依法报废的规定。

第六十二条　负责特种设备安全监督管理的部门在依法履行职责过程中，发现违反本法规定和安全技术规范要求的行为或者特种设备存在事故隐患时，应当以书面形式发出特种设备安全监察指令，责令有关单位及时采取措施予以改正或者消除事故隐患。紧急情况下要求有关单位采取紧急处置措施的，应当随后补发特种设备安全监察指令。

【学习与理解】 本条是关于特种设备安全监察指令的规定。

使用特种设备安全监察指令，应当符合下列要求：

（1）有权使用特种设备安全监察指令的只能是特种设备安全监督管理部门。

（2）特种设备安全监察指令的收受人，是特种设备生产、使用单位或检验检测机构。

（3）特种设备安全监察指令的使用条件，是在监督检查时发现有违反本法规定和安全技术规范要求的行为或者使用的特种设备存在安全隐患。

（4）特种设备安全监察指令应当以书面形式发出。

（5）特种设备安全监察指令的内容，主要是责任有关单位及时采取措施、改正违法行为、消除安全隐患等。

（6）发出特种设备安全监察指令应当履行相应的法律程序，指令应当以特种设备安全监督管理部门的名义发出，并盖有部门有效印章。紧急情况下，可以先采取紧急处置措施，随后补办书面通知。

第六十三条　负责特种设备安全监督管理的部门在依法履行职责过程中，发现重大违法行为或者特种设备存在严重事故隐患时，应当责令有关单位立即停止违法行为、采取措施消除事故隐患，并及时向上级负责特种设备安全监督管理的部门报告。接到报告的负责特种设备安全监督管理的部门应当采取必要措施，及时予以处理。

对违法行为、严重事故隐患的处理需要当地人民政府和有关部门的支持、配合时，负责特种设备安全监督管理的部门应当报告当地人民政府，并通知其他有关部门。当地人民政府和其他有关部门应当采取必要措施，及时予以处理。

【学习与理解】 本条是关于实施特种设备安全监察情况报告制度的规定。

第五章　事故应急救援与调查处理

第六十九条　国务院负责特种设备安全监督管理的部门应当依法组织制定特种设备重特大事故应急预案，报国务院批准后纳入国家突发事件应急预案体系。

县级以上地方各级人民政府及其负责特种设备安全监督管理的部门应当依法组织制定本行政区域内特种设备事故应急预案，建立或者纳入相应的应急处置与救援体系。

特种设备使用单位应当制定特种设备事故应急专项预案，并定期进行应急演练。

【学习与理解】 本条是关于特种设备事故应急预案制定、不同级别政府负责特种设备安全监督管理的部门或特种设备使用单位所制定预案应当纳入的体系，以及对特种设备使用单位进行应急演练的规定。

TSG 08—2017 规定：按照本规则要求设置特种设备安全管理机构和配备专职安全管理员的使用单位，应当制定特种设备事故应急专项预案，每年至少演练一次，并且做出记录；其他使用单位可以在综合应急预案中编制特种设备事故应急的内容，适时开展特种设备事故应急演练，并且做出记录。

履带起重机使用单位制定的应急预案，应当突出针对性和可操作性，即结合本单位使用的履带起重机的特性，制定专项应急预案，重在对事故现场的应急处置和应急救援上。特种设备事故应急预案的内容一般应当包括：应急指挥机构、职责分工、现场涉及设备危险性评估、应急响应方案、应急队伍及装备等保障措施、应急演练及预案修订等。

第七十条　特种设备发生事故后，事故发生单位应当按照应急预案采取措施，组织抢救，防止事故扩大，减少人员伤亡和财产损失，保护事故现场和有关证据，并及时向事故发生地县级以上人民政府负责特种设备安全监督管理的部门和有关部门报告。

与事故相关的单位和人员不得迟报、谎报或者瞒报事故情况，不得隐匿、毁灭有关证据或者故意破坏事故现场。

【学习与理解】本条是关于特种设备事故抢险和事故报告的规定。

TSG 08—2017 规定：发生特种设备事故的使用单位，应当根据应急预案，立即采取应急措施，组织抢救，防止事故扩大，减少人员伤亡和财产损失，并且按照《特种设备事故报告和调查处理规定》的要求，向特种设备安全监管部门和有关部门报告，同时配合事故调查和做好善后处理工作。

发生自然灾害危及特种设备安全时，使用单位应当立即疏散、撤离有关人员，采取防止危害扩大的必要措施，同时向特种设备安全监管部门和有关部门报告。

第七十二条　特种设备发生特别重大事故，由国务院或者国务院授权有关部门组织事故调查组进行调查。

发生重大事故，由国务院负责特种设备安全监督管理的部门会同有关部门组织事故调查组进行调查。

发生较大事故，由省、自治区、直辖市人民政府负责特种设备安全监督管理的部门会同有关部门组织事故调查组进行调查。

发生一般事故，由设区的市级人民政府负责特种设备安全监督管理的部门会同有关部门组织事故调查组进行调查。

事故调查组应当依法、独立、公正开展调查，提出事故调查报告。

【学习与理解】本条是关于特种设备事故调查主体和事故调查组工作原则与核心任务的规定。

第七十三条　组织事故调查的部门应当将事故调查报告报本级人民政府，并报上一级人民政府负责特种设备安全监督管理的部门备案。有关部门和单位应当依照法律、行政法规的规定，追究事故责任单位和人员的责任。

事故责任单位应当依法落实整改措施，预防同类事故发生。事故造成损害的，事故责任单位应当依法承担赔偿责任。

【学习与理解】本条是关于事故调查报告的报告、事故责任的依法追究、同类事故的预防及事故造成损害的赔偿的规定。

《特种设备安全监察条例》（国务院令第 549 号）给出了特种设备事故分级，与起重机械有关特种设备事故分级如下：

有下列情形之一的，为特别重大事故：

（一）特种设备事故造成30人以上死亡，或者100人以上重伤（包括急性工业中毒，下同），或者1亿元以上直接经济损失的；

……

有下列情形之一的，为重大事故：

（一）特种设备事故造成10人以上30人以下死亡，或者50人以上100人以下重伤，或者5000万元以上1亿元以下直接经济损失的；

……

有下列情形之一的，为较大事故：

（一）特种设备事故造成3人以上10人以下死亡，或者10人以上50人以下重伤，或者1000万元以上5000万元以下直接经济损失的；

（二）起重机械整体倾覆的；

……

有下列情形之一的，为一般事故：

（一）特种设备事故造成3人以下死亡，或者10人以下重伤，或者1万元以上1000万元以下直接经济损失的；

（二）起重机械主要受力结构件折断或者起升机构坠落的；

……

第六章　法律责任

第七十四条　违反本法规定，未经许可从事特种设备生产活动的，责令停止生产，没收违法制造的特种设备，处十万元以上五十万元以下罚款；有违法所得的，没收违法所得；已经实施安装、改造、修理的，责令恢复原状或者责令限期由取得许可的单位重新安装、改造、修理。

【学习与理解】　本条是关于未经许可从事特种设备生产活动的法律责任的规定。

第七十七条　违反本法规定，特种设备出厂时，未按照安全技术规范的要求随附相关技术资料和文件的，责令限期改正；逾期未改正的，责令停止制造、销售，处二万元以上二十万元以下罚款；有违法所得的，没收违法所得。

【学习与理解】　本条是关于特种设备出厂时未按照安全技术规范的要求随附有关技术资料和文件的法律责任的规定。

第八十二条　违反本法规定，特种设备经营单位有下列行为之一的，责令停止经营，没收违法经营的特种设备，处三万元以上三十万元以下罚款；有违法所得的，没收违法所得：

（一）销售、出租未取得许可生产，未经检验或者检验不合格的特种设备的；

（二）销售、出租国家明令淘汰、已经报废的特种设备，或者未按照安全技术规范的要求进行维护保养的特种设备的。

违反本法规定，特种设备销售单位未建立检查验收和销售记录制度，或者进口特种设备未履行提前告知义务的，责令改正，处一万元以上十万元以下罚款。

【学习与理解】　本条第一款是关于销售、出租未取得许可生产，未经检验、检验不合格的或者国家明令淘汰、已经报废的特种设备的法律责任的规定。承担法律责任的主体是特种设备经营单位，主要包括销售单位和出租单位。

本条第二款是关于销售单位未建立检查验收和销售记录制度，或者进口特种设备未履行提前告知义务的法律责任的规定。承担法律责任的主体是特种设备销售单位或者进口单位。

第八十三条　违反本法规定，特种设备使用单位有下列行为之一的，责令限期改正；逾期未改正的，责令停止使用有关特种设备，处一万元以上十万元以下罚款：

（一）使用特种设备未按照规定办理使用登记的；

（二）未建立特种设备安全技术档案或者安全技术档案不符合规定要求，或者未依法设置使用登记标志、定期检验标志的；

（三）未对其使用的特种设备进行经常性维护保养和定期自行检查，或者未对其使用的特种设备的安全附件、安全保护装置进行定期校验、检修，并做出记录的；

（四）未按照安全技术规范的要求及时申报并接受检验的；

（五）未制定特种设备事故应急专项预案的。

【学习与理解】

一、承担法律责任的主体

本条规定的承担法律责任的主体为特种设备使用单位，包括自然人、法人、其他组织。

二、应当承担法律责任的违法行为

承担本条规定的法律责任的违法行为有以下情形：

(1) 未在特种设备投入使用前或投入使用后三十日内，向负责特种设备安全监督管理的部门办理使用登记，取得使用登记证书的。

(2) 未按规定建立特种设备安全技术档案，或者未依法设置使用登记标志、定期检验标志的，包括：①未建立特种设备安全技术档案的；②特种设备安全技术档案未包括本法第三十五条第（一）项至第（五）项内容的；③未设置使用登记标志或者未将使用登记标志置于该特种设备的显著位置的；④未设置定期检验标志或者未将定期检验标志置于该特种设备的显著位置的。

(3) 未履行经常性维护保养和定期自行检查义务，或者未履行校检、检修义务的，包括：①未对其使用的特种设备进行经常性维护保养和定期自行检查，并做出记录的；②未对其使用的特种设备的安全附件、安全保护装置进行定期校验、检修，并做出记录的。

(4) 未按照安全技术规范的要求及时申报并接受检验的。

(5) 未制定特种设备事故应急专项预案的。

三、责任形式

承担本条规定的法律责任的形式为行政法律责任，分为两个层次：

(1) 责令限期改正。责令限期改正，一方面要求应当尽快改正，另一方面也要根据实际情况给予一个合理的时间，具体的期限没有法律、行政法规明确规定的，按照《质量技术监督行政处罚程序规定》第三十条的规定，一般不超过 30 日。

(2) 逾期未改正的，责令停止使用有关特种设备，处一万元以上十万元以下罚款。

第八十四条　违反本法规定，特种设备使用单位有下列行为之一的，责令停止使用有关特种设备，处三万元以上三十万元以下罚款：

（一）使用未取得许可生产，未经检验或者检验不合格的特种设备，或者国家明令淘汰、已经报废的特种设备的；

（二）特种设备出现故障或者发生异常情况，未对其进行全面检查、消除事故隐患，继续使用的；

（三）特种设备存在严重事故隐患，无改造、修理价值，或者达到安全技术规范规定的其他报废条件，未依法履行报废义务，并办理使用登记证书注销手续的。

【学习与理解】

一、承担法律责任的主体

本条规定的承担法律责任的主体为特种设备使用单位，包括自然人、法人、其他组织。

二、应当承担法律责任的违法行为

承担本条规定的法律责任的违法行为有以下情形：

(1) 使用存在严重安全隐患的特种设备，包括：①使用未取得许可生产的特种设备的；②使用未经检验的特种设备的；③使用检验不合格的特种设备的；④使用国家明令淘汰的特种设备的；⑤使用已经报废的特种设备的。

(2) 特种设备出现故障或者发生异常情况，未对其进行全面检查、消除事故隐患，继续使用的。

(3) 未依法履行报废义务，并办理使用登记证书注销手续的，包括：①特种设备存在严重事故隐患，无改造、修理价值，使用单位未依法履行报废义务，采取必要措施消除该特种设备的使用功能，并向原登记的负责特种设备安全监督管理的部门办理使用登记证书注销手续的；②特种设备达到安全技术规范规定的其他报废条件，使用单位未依法履行报废义务，采取必要措施消除该特种设备的使用功能，并向原登记的负责特种设备安全监督管理的部门办理使用登记证书注销手续的。

三、责任形式

承担本条规定的法律责任的形式为行政法律责任，包括以下两方面内容：

（一）责令停止使用有关特种设备。

（二）处三万元以上三十万元以下罚款。

第八十六条　违反本法规定，特种设备生产、经营、使用单位有下列情形之一的，责令限期改正；逾期未改正的，责令停止使用有关特种设备或者停产停业整顿，处一万元以上五万元以下罚款：

（一）未配备具有相应资格的特种设备安全管理人员、检测人员和作业人员的；

（二）使用未取得相应资格的人员从事特种设备安全管理、检测和作业的；

（三）未对特种设备安全管理人员、检测人员和作业人员进行安全教育和技能培训的。

【学习与理解】　本条是关于特种设备生产、经营、使用单位违法配备、使用特种设备安全管理人员、检测人员和作业人员及未对特种设备安全管理人员、检测人员和作业人员进行安全教育和技能培训的法律责任的规定。

第八十九条　发生特种设备事故，有下列情形之一的，对单位处五万元以上二十万元以下罚款；对主要负责人处一万元以上五万元以下罚款；主要负责人属于国家工作人员的，并依法给予处分：

（一）发生特种设备事故时，不立即组织抢救或者在事故调查处理期间擅离职守或者逃匿的；

（二）对特种设备事故迟报、谎报或者瞒报的。

【学习与理解】 本条是关于发生特种设备事故时，不立即组织抢救或者在事故调查处理期间擅离职守或者逃匿的，对特种设备事故迟报、谎报或者瞒报的法律责任的规定。

第九十条　发生事故，对负有责任的单位除要求其依法承担相应的赔偿等责任外，依照下列规定处以罚款：

（一）发生一般事故，处十万元以上二十万元以下罚款；

（二）发生较大事故，处二十万元以上五十万元以下罚款；

（三）发生重大事故，处五十万元以上二百万元以下罚款。

【学习与理解】 本条是关于对特种设备事故发生负有责任的单位的法律责任的规定。

第九十一条　对事故发生负有责任的单位的主要负责人未依法履行职责或者负有领导责任的，依照下列规定处以罚款；属于国家工作人员的，并依法给予处分：

（一）发生一般事故，处上一年年收入百分之三十的罚款；

（二）发生较大事故，处上一年年收入百分之四十的罚款；

（三）发生重大事故，处上一年年收入百分之六十的罚款。

【学习与理解】 本条是关于对特种设备事故发生负有责任的单位的主要负责人未依法履行职责或者负有领导责任的法律责任的规定。

第九十二条　违反本法规定，特种设备安全管理人员、检测人员和作业人员不履行岗位职责，违反操作规程和有关安全规章制度，造成事故的，吊销相关人员的资格。

【学习与理解】

（一）承担法律责任的主体

本条规定的法律责任的承担主体为：特种设备安全管理人员、检验检测人员和作业人员。

（二）应当承担法律责任的违法行为

承担本条规定的法律责任的违法行为是：特种设备安全管理人员、检验检测人员、作业人员不履行岗位职责，违反操作规程和有关安全规章制度，造成事故的行为。

“不履行岗位职责，违反操作规程和有关安全规章制度，造成事故的行为”包括：违反安全技术规范和相关标准，造成事故的行为。

（三）责任形式

承担本条规定的法律责任的责任形式只有行政责任，具体为行政处罚，即吊销相关人员的资格。上述相关人员的资格包括特种设备作业人员证、特种设备检验检测人员证等。

执法机关吊销相关人员的资格应当按照《中华人民共和国行政处罚法》的规定实施。被吊销资格的人员有权依法提起行政复议和行政诉讼。

第九十五条　违反本法规定，特种设备生产、经营、使用单位或者检验、检测机构拒不接受负责特种设备安全监督管理的部门依法实施的监督检查的，责令限期改正；逾期未改正的，责令停产停业整顿，处二万元以上二十万元以下罚款。

特种设备生产、经营、使用单位擅自动用、调换、转移、损毁被查封、扣押的特种设备或者其主要部件的，责令改正，处五万元以上二十万元以下罚款；情节严重的，吊销生产许可证，注销特种设备使用登记证书。

【学习与理解】 本条是关于特种设备生产、经营、使用单位或者检验、检测机构拒不接受依法实施的监督检查；特种设备生产、经营、使用单位擅自动用、调换、转移、损毁被查封、扣押的特种设备或者其主要部件的法律责任的规定。

第九十七条　违反本法规定，造成人身、财产损害的，依法承担民事责任。

违反本法规定，应当承担民事赔偿责任和缴纳罚款、罚金，其财产不足以同时支付时，先承担民事赔偿责任。

【学习与理解】 本条是关于违法主体违反本法规定被依法吊销许可证后所要承担的加重惩戒的法律后果的规定。

第九十八条　违反本法规定，构成违反治安管理行为的，依法给予治安管理处罚；构成犯罪的，依法追究刑事责任。

【学习与理解】 本条是关于违反本法依法承担民事责任，以及违法主体因违反本法，同时需要承担民事赔偿责任和行政责任的罚款、刑事责任的罚金，而其财产不足以同时支付时，承担不同法律责任的先后顺序的规定。

第七章　附则

第一百条　军事装备、核设施、航空航天器使用的特种设备安全的监督管理不适用本法。

铁路机车、海上设施和船舶、矿山井下使用的特种设备以及民用机场专用设备安全的监督管理，房屋建筑工地、市政工程工地用起重机械和场（厂）内专用机动车辆的安装、使用的监督管理，由有关部门依照本法和其他有关法律的规定实施。

【学习与理解】 本条是关于不属于本法调整的范围的规定和既受本法又受其他有关法律调整的范围的规定。

（1）核设施使用的特种设备由于其特殊性，因此涉及其安全的监督管理不适用本法。但是目前核设施主管单位国家核安全局未制定有关核设施如核电厂起重机械相关规定。

（2）房屋建筑工地、市政工程工地用起重机械和场（厂）内专用机动车辆的安装、使用的监督管理适用本法和其他有关法律。

对于起重机械检验，分为强制检验和委托检验；强制检验主要包括型式试验、监督检验、首次检验和定期检验；委托检验主要针对房屋建筑工地、市政工程工地用起重机械的检验。国务院安全生产委员会安委办函〔2006〕45 号《关于 2006 年安全生产控制指标中房屋建筑及市政工程范围有关问题复函》中指出，工矿工程建筑指除厂房外的矿山和工厂生产设施、设备的施工和安装，以及海洋石油平台的施工，包括电力工程施工与发电机组设备安装（如水力发电、火力发电、核能发电、风力发电等）；工厂生产设施、设备的施工与安装（如炼化、焦化设备，大型储油、储气罐、塔，大型锅炉，冶炼设备，以及大型成套设备、起重设备、生产线等）不属于房屋建筑工地和市政工程工地；因此，这些施工现场的起重机进行强制检验。对于履带起重机，须进行首检或定期检验。

第一百零一条　本法自 2014 年 1 月 1 日起施行。

【学习与理解】 本条是关于特种设备安全法施行的起始日期的规定。

（备注：与起重机械无关条文，未进行解读释义。）

参 考 文 献

[1] 全国起重机械标准化技术委员会 . GB/T 14560—2016 履带起重机 [S]. 北京：中国标准出版社，2016.
[2] 中国国家标准化管理委员会 . GB 12602—2009 起重机械超载保护装置 [S]. 北京：中国标准出版社，2009.
[3] 中国国家标准化管理委员会 . GB 5226. 1—2008 机械电气安全　机械电气设备　第 1 部分：通用技术条件 [S]. 北京：中国标准出版社，2008.
[4] 全国起重机械标准化技术委员会 . GB/T 28264—2012 起重机械　安全监控管理系统 [S]. 北京：中国标准出版社，2012.
[5] 中华人民共和国住房和城乡建设部 . GB 50009—2012 建筑结构荷载规范 [S]. 北京：中国建筑工业出版社，2012.
[6] 中华人民共和国住房和城乡建设部 . GB 50007—2011 建筑地基基础设计规范 [S]. 北京：中国建筑工业出版社，2011.
[7] 刘忠，杨国平 . 工程机械液压传动原理、故障诊断与排除 [M]. 北京：机械工业出版社，2004.
[8] 全国起重机械标准化技术委员会 . GB 6067. 1—2010 起重机械安全规程　第 1 部分：总则 [S]. 北京：中国标准出版社，2010.
[9] 全国起重机械标准化技术委员会 . GB/T 3811—2008 起重机设计规范 [S]. 北京：中国标准出版社，2008.
[10] 吴旭正 . 特种设备典型事故案例集 [M]. 北京：化学工业出版社，2015.
[11] 田复兴 . 起重机械事故案例分析与预防 [M]. 北京：中国水利水电出版社，2005.
[12] 实务全书编委会 . 中华人民共和国特种设备安全法实务全书 [M]. 北京：中国法制出版社，2015.
[13] 国家质量监督检验检疫总局法规司、特种设备安全监察局 . 起重机械安全监察规定释义 [M]. 北京：中国标准出版社，2007.